MATLAB 2012数学计算与工程分析从入门到精通

三维书屋工作室

甘勤涛 聂永川 王微 胡仁喜 等编著

机械工业出版社

本书主要讲解了利用 MATLAB 2012 进行数学计算和工程分析的各种方法和技巧，主要内容包括 MATLAB 的入门和基础知识、数据可视化与绘图、试验数据分析与处理、矩阵分析、数学分析、微分方程、优化设计、MATLAB 联合编程等内容。本书内容覆盖面广，涵盖数学计算与工程分析等各个方面；实例丰富而典型，全书通过近 400 个实例指导读者有的放矢地进行学习。

本书内容由浅入深，既有 MATLAB 基本函数的介绍，也有用 MATLAB 编写的专门计算程序，所以既可作为初学者的入门用书，也可作为工程技术人员、硕士生、博士生的工具用书。

图书在版编目（CIP）数据

MATLAB 2012 数学计算与工程分析从入门到精通/胡仁喜等编著. —北京：机械工业出版社，2011.12

ISBN 978-7-111-38368-0

Ⅰ.①M… Ⅱ.①胡… Ⅲ.①工程计算—计算机辅助计算—Matlab 软件 Ⅳ.①TB115-39

中国版本图书馆 CIP 数据核字（2012）第 096047 号

机械工业出版社（北京市百万庄大街 22 号 邮政编码 100037）
策划编辑：曲彩云 责任编辑：曲彩云
责任印制：杨 曦
北京中兴印刷有限公司印刷
2012 年 8 月第 1 版第 1 次印刷
184mm×260mm · 26 印张 · 644 千字
0 001—4 000 册
标准书号：ISBN 978-7-111-38368-0
定价：66.00 元

前　言

MATLAB 是美国 MathWorks 公司出品的一个优秀的数学计算软件，其强大的数值计算能力和数据可视化能力令人震撼。经过多年的发展，MATLAB 已经发展到了 2012a 版本，功能日趋完善。MATLAB 已经发展成为多种学科必不可少的计算工具，成为自动控制、应用数学、信息与计算科学等专业大学生与研究生必须掌握的基本技能。

MATLAB 主要具有以下五大功能：

1）数值计算功能；

2）符号计算功能；

3）图形与数据可视化功能；

4）可视化建模与仿真功能；

5）与其他环境联合编程的功能。

作者在学习和工作中，应用 MATLAB 解决了很多工程问题，本书就是作者对 MATLAB 多年使用经验和感想的总结。

本书的主要内容包括：

第 1 章　MATLAB 入门，介绍 MATLAB 环境的基本组成。

第 2 章　MATLAB 基础知识，主要包括数据类型、运算符、数值运算、符号运算、M 文件、MATLAB 程序设计、MATLAB 函数句柄等。

第 3 章　数据可视化与绘图，主要包括 MATLAB 中离散数据与连续数据的可视化、二维和三维绘图、特殊图形的绘制、图像处理与动画演示等。

第 4 章　试验数据分析与处理，主要包括利用 MATLAB 实现拟合与插值、回归分析、方差分析、正交试验分析、判别分析、多元数据相关分析等数据处理方法。

第 5 章　矩阵分析，包括 MATLAB 中矩阵的基本运算、矩阵的特征值与特征向量、矩阵对角化、标准形、矩阵反射与旋转变换、矩阵分解、利用矩阵求解线性方程等。

第 6 章　数学分析，包括 MATLAB 在微积分、级数求和、积分变换、多元函数分析等方面的应用。

第 7 章　微分方程，包括 MATLAB 对常微分方程的数值与符号解法，以及对偏微分方程的解法等。

第 8 章　优化设计，包括 MATLAB 对线性规划、无约束优化、约束优化、最小二乘优化、多目标规划等最优化问题的解法。

第 9 章　MATLAB 联合编程，包括 MATLAB 与.NET 环境的联合编程、与 Excel 环境的联合编程、与 C/C++语言的联合编程等内容。

本书由三维书屋工作室策划，由军械工程学院的甘勤涛博士、河北省科技评估中心的聂永川老师、吉林省松原市实验高中的王微老师以及军械工程学院的胡仁喜博士等编写。黄兆东、阎凤玉、阳平华、王敏、张俊生、王培合、王义发、王艳池、王玉秋等也参加了部分编写工作。

由于作者学识有限，加上时间仓促，如有疏漏之处请登录www.sjzsanweishuwu.com或通过邮件联系作者，电子邮箱为 win760520@126.com。读者如需要本书源程序文件，请登录wangmin770520@126.com后进入网盘下载，密码为 770621。

作　者

目 录

第 1 章

MATLAB 入门

MATLAB 是一种功能非常强大的科学计算软件。在正式使用 MATLAB 之前，应该对它有一个整体的认识。本章主要介绍了 MATLAB 的发展历程、MATLAB 最新版本的主要特点及其使用方法。

 学 习 要 点

- ◎ MATLAB 的特点、发展历程，以及最新的 MATLAB R2012a 的特性
- ◎ MATLAB 工作平台的各种窗口
- ◎ MATLAB 的各种帮助系统
- ◎ MATLAB 的搜索路径设置方法

1.1 MATLAB 概述

1.1.1 什么是 MATLAB

MATLAB 是 Matrix Laboratory（矩阵实验室）的缩写。它是以线性代数软件包 LINPACK 和特征值计算软件包 EISPACK 中的子程序为基础发展起来的一种开放式程序设计语言，是一种高性能的工程计算语言，其基本的数据单位是没有维数限制的矩阵。它的指令表达式与数学、工程中常用的形式十分相似，故用 MATLAB 来计算问题要比用仅支持标量的非交互式的编程语言（如 C、FORTRAN 等语言）简捷得多，尤其是解决那些包含了矩阵和向量的工程技术中的问题。在大学中，它是很多数学类、工程和科学类的初等和高等课程的标准指导工具。在工业上，MATLAB 是产品研究、开发和分析经常选择的工具。

MATLAB 将高性能的数值计算、可视化和编程集成在一个易用的开放式环境中，在此环境下，用户可以按照符合其思维习惯的方式和熟悉的数学表达形式来书写程序，并且可以非常容易地对其功能进行扩充。除具备卓越的数值计算能力之外，MATLAB 还具有专业水平的符号计算和文字处理能力；集成了 2D 和 3D 图形功能，可完成可视化建模仿真和实时控制等功能。其典型的应用主要包括如下几个方面：

- ◆ 数值分析和计算
- ◆ 算法开发
- ◆ 数据采集
- ◆ 系统建模、仿真和原型化
- ◆ 数据分析、探索和可视化
- ◆ 工程和科学绘图
- ◆ 数字图像处理
- ◆ 应用软件开发，包括图形用户界面的建立

MATLAB 的一个重要特色就是具有一系列称为工具箱(Toolbox)的特殊应用子程序。工具箱是 MATLAB 函数的子程序库，每一个工具箱都是为某一类学科和应用而定制的，可以分为功能性工具箱和学科性工具箱。功能性工具箱主要用来扩充 MATLAB 的符号计算、可视化建模仿真、文字处理以及与硬件实时交互的功能，用于多种学科；而学科性工具箱则是专业性比较强的工具箱，例如控制工具箱、信号处理工具箱、通信工具箱等都属于此类。简言之，工具箱是 MATLAB 函数（M 文件）的全面综合，这些文件把 MATLAB 的环境扩展到解决特殊类型问题上，如信号处理、控制系统、神经网络、模糊逻辑、小波分析、系统仿真等。

此外，开放性使 MATLAB 广受用户欢迎。除内部函数以外，所有 MATLAB 核心文件和各种工具箱文件都是可读可修改的源文件，用户可通过对源程序进行修改或加入自己编写的程序构造新的专用工具箱。

MATLAB Compiler 是一种编译工具，它能够将 MATLAB 编写的函数文件生成函数库或可执行文件 COM 组件等，以提供给其他高级语言如 C++、C# 等进行调用，由此扩展 MATLAB 的应用范围，将 MATLAB 的开发效率与其他高级语言的运行效率结合起来，取长补短，丰富

程序开发的手段。

　　Simulink 是基于 MATLAB 的可视化设计环境，可以用来对各种系统进行建模、分析和仿真。它的建模范围面向任何能够使用数学来描述的系统，如航空动力学系统、航天控制制导系统、通信系统等。Simulink 提供了利用鼠标拖放的方法建立系统框图模型的图形界面，还提供了丰富的功能模块，利用它几乎可以不书写代码就完成整个动态系统的建模工作。

　　此外，MATLAB 还有基于有限状态机理论的 Stateflow 交互设计工具以及自动化的代码设计生成工具 Real-Time Workshop 和 Stateflow Coder。

1.1.2　MATLAB 的发展历程

　　20世纪70年代中期，Cleve Moler博士及其同事在美国国家科学基金的资助下开发了调用EISPACK和LINPACK的FORTRAN子程序库。EISPACK是求解特征值的FOTRAN程序库，LINPACK是求解线性方程的程序库。在当时，这两个程序库代表矩阵运算的最高水平。

　　70年代后期，时任美国新墨西哥大学计算机科学系主任的Cleve Moler教授在给学生讲授线性代数课程时，想教给学生使用EISPACK和LINPACK程序库，但他发现学生用FORTRAN编写接口程序很费时间，出于减轻学生编程负担的目的，为学生设计了一组调用LINPACK和EISPACK 库程序的"通俗易用"的接口，此即用FORTRAN编写的萌芽状态的MATLAB。在此后的数年里，MATLAB在多所大学里作为教学辅助软件使用，并作为面向大众的免费软件广为流传。

　　1983年春天，Cleve Moler教授到斯坦福大学讲学，他所讲授的关于MATLAB的内容深深地吸引了工程师John Little。John Little敏锐地觉察到MATLAB在工程领域的广阔前景，同年，他和Cleve Moler、Steve Bangert一起用C语言开发了第二代专业版MATLAB。这一代的MATLAB语言同时具备了数值计算和数据图示化的功能。

　　1984年，Cleve Moler和John Little成立了MathWorks公司，正式把MATLAB推向市场，并继续进行MATLAB的研究和开发。从这时起，MATLAB的内核采用C语言编写。

　　MATLAB 以商品形式出现后，仅短短几年，就以其良好的开放性和可靠性，将原先控制领域里的封闭式软件包（如 UMIST、LUND、SIMNON、KEDDC 等）纷纷淘汰，而改以 MATLAB为平台加以重建。20 世纪 90 年代初期，MathWorks 公司顺应多功能需求的潮流，在其卓越数值计算和图示能力的基础上又率先拓展了其符号计算、文字处理、可视化建模和实时控制能力，开发了适合多学科要求的新一代产品。经过多年的竞争，在国际上三十几个数学类科技应用软件中，MATLAB 已经占据了数值软件市场的主导地位。

　　MathWorks 公司于 1993 年推出 MATLAB 4.0 版本，从此告别 DOS 版。4.x 版在继承和发展其原有的数值计算和图形可视能力的同时，出现了以下几个重要变化：

　　1）推出了 Simulink。这是一个交互式操作的动态系统建模、仿真、分析集成环境。它的出现使人们有可能考虑许多以前不得不做简化假设的非线性因素、随机因素，从而大大提高了人们对非线性、随机动态系统的认知能力。

　　2）开发了与外部进行直接数据交换的组件，打通了 MATLAB 进行实时数据分析、处理和硬件开发的道路。

　　3）推出了符号计算工具包。1993 年，MathWorks 公司从加拿大滑铁卢大学购得 Maple 的使用权，以 Maple 为引擎开发了 Symbolic Math Toolbox 1.0。MathWorks 公司此举结束了国际上数值计算、符号计算孰优孰劣的长期争论，促成了两种计算的互补发展。

4）构造了 Notebook。MathWorks 公司瞄准应用范围最广的 Word，运用 DDE 和 OLE，实现了 MATLAB 与 Word 的无缝连接，从而为专业科技工作者创造了融科学计算、图形可视化、文字处理于一体的高水准环境。

1997 年春，MATLAB 5.0 版问世，紧接着是 5.1、5.2，以及 1999 年春的 5.3 版。2003 年，MATLAB 7.0 问世。现在，最新的 MATLAB 版本已经是 MATLAB 7.14（即 MATLAB R2012a）。与以往的版本相比，现在的 MATLAB 拥有更丰富的数据类型和结构、更友善的面向对象的开发环境、更快速精良的图形可视化界面、更广博的数学和数据分析资源、更多的应用开发工具。

时至今日，经过 MathWorks 公司的不断完善，MATLAB 已经发展成为适合多学科、多种工作平台的功能强大的大型软件。在欧美高校，MATLAB 已经成为诸如应用代数、数理统计、自动控制、数字信号处理、模拟与数字通信、时间序列分析、动态系统仿真等高级课程的基本教学工具，这几乎成了 90 年代教科书与旧版书籍的区别性标志。在那里，MATLAB 是攻读学位的大学生、硕士生、博士生必须掌握的基本工具。在国际学术界，MATLAB 已经被确认为准确、可靠的科学计算标准软件。在许多国际一流学术刊物上（尤其是信息科学刊物），都可以看到 MATLAB 的应用。在研究单位和工业部门，MATLAB 被认为是进行高效研究、开发的首选软件工具，如美国 National Instruments 公司信号测量、分析软件 LabVIEW，Cadence 公司信号和通信分析设计软件 SPW 等，或者直接建立在 MATLAB 之上，或者以 MATLAB 为主要支撑；又如 HP 公司的 VXI 硬件、TM 公司的 DSP、Gage 公司的各种硬卡和仪器等都接受 MATLAB 的支持。可以说，无论你从事工程方面的哪个学科，都能在 MATLAB 里找到合适的功能。

从 2006 年开始，MATLAB 分别在每年的 3 月和 9 月进行两次产品发布，每次发布都涵盖产品家族中的所有模块，包含已有产品的新特性和 bug 修订，以及新产品的发布。其中，3 月发布的版本被称为"a"，9 月发布的版本被称为"b"，如 2006 年的两个版本分别是 R2006a 和 R2006b。在 2006 年 3 月 1 日发布的 R2006a 版本中，更新了 74 个产品，包括当时最新的 MATLAB 7.2 与 Simulink 6.4，增加了两个新产品模块（Builder for .net 和 SimHydraulics），增加了对 64 位 Windows 的支持。其中值得一提的是 Builder for .net，也就是.net 工具箱，它扩展了 MATLAB Compiler 的功能，集成了 MATLAB Builder for COM 的功能，可以将 MATLAB 函数打包，使网络程序员可以通过 C#、VB.net 等语言访问这些函数，并将源自 MATLAB 函数的错误作为一个标准的管理异常来处理。

1.1.3　MATLAB 语言的特点

MATLAB 提供了一种交互式的高级编程语言——M 语言，用户可以利用 M 语言编写脚本或用函数文件来实现自己的算法。

一种语言之所以能如此迅速地普及，显示出如此旺盛的生命力，是由于它有着不同于其他语言的特点，正如同FORTRAN和C等高级语言使人们摆脱了需要直接对计算机硬件资源进行操作一样。被称为第四代计算机语言的MATLAB，利用其丰富的函数资源，使编程人员从繁琐的程序代码中解放出来。MATLAB最突出的特点就是简洁。MATLAB用更直观的、符合人们思维习惯的代码，代替了C语言和FORTRAN语言的冗长代码。MATLAB给用户带来的是最直观、最简洁的程序开发环境。下面简要介绍一下MATLAB的主要特点。

1）语言简洁紧凑，使用方便灵活，库函数极其丰富。MATLAB程序书写形式自由，利用丰富的库函数避开了繁杂的子程序编程任务，压缩了一切不必要的编程工作。由于库函数都由本领域的专家编写，用户不必担心函数的可靠性。可以说，用MATLAB进行科技开发是站在专家的肩膀上。

利用FORTRAN或C语言去编写程序，尤其是当涉及矩阵运算和画图时，编程会很麻烦。例如，用FORTRAN和C这样的高级语言编写求解一个线性代数方程的程序，至少需要四百多行，调试这种几百行的计算程序很困难，而使用MATLAB编写这样一个程序则很直观简洁。

例：用MATLAB求解下列方程，并求解矩阵A的特征值。

Ax=b,其中：

A= 32   13   45   67
   23   79   85   12
   43   23   54   65
   98   34   71   35

b= 1
    2
    3
    4

解：x=A\b；设A的特征值组成的向量为e，e=eig（A）。

要求解x及A的特征值，只需要在MATLAB命令窗口输入几行代码，如下：

```
>> A=[32    13    45    67;23    79    85    12;43    23    54    65;98    34    71    35]

A =

    32    13    45    67
    23    79    85    12
    43    23    54    65
    98    34    71    35

>> b=[1;2;3;4]

b =

    1
    2
    3
    4
```

```
>> x=A\b

x =

     0.1809
     0.5182
    -0.5333
     0.1862
>> e=eig(A)

e =

   193.4475
    56.6905
   -48.1919
    -1.9461
```

其中，">>"为运算提示符。

可见，MATLAB的程序极其简短。更为难能可贵的是，MATLAB甚至具有一定的智能，比如解上面的方程时，MATLAB会根据矩阵的特性选择方程的求解方法。

2）运算符丰富。由于MATLAB是用C语言编写的，MATLAB提供了和C语言几乎一样多的运算符，灵活使用MATLAB的运算符将使程序变得极为简短。

3）MATLAB既具有结构化的控制语句（如for循环、while循环、break语句和if语句），又有面向对象编程的特性。

4）程序设计自由度大。例如，在MATLAB里，用户无需对矩阵预定义就可使用。

5）程序的可移植性很好，基本上不作修改就可以在各种型号的计算机和操作系统上运行。

6）图形功能强大。在FORTRAN和C语言里，绘图都很不容易，但在MATLAB里，数据的可视化非常简单。MATLAB还具有较强的编辑图形界面的能力。

7）与其他高级程序相比，程序的执行速度较慢。由于MATLAB的程序不用编译等预处理，也不生成可执行文件，程序为解释执行，所以速度较慢。

8）功能强大的工具箱。MATLAB包含两个部分：核心部分和各种可选的工具箱。核心部分中有数百个核心内部函数。工具箱又分为两类：功能性工具箱和学科性工具箱。这些工具箱都是由该领域内学术水平很高的专家编写的，所以用户无需编写自己学科范围内的基础程序，而直接进行高、精、尖的研究。

9）源程序的开放性。

1.1.4 MATLAB 系统

MATLAB系统主要包括以下五个部分：

（1）桌面工具和开发环境 MATLAB由一系列工具组成，这些工具大部分是图形用户界面，方便用户使用MATLAB的函数和文件，包括MATLAB桌面和命令窗口、编辑器和调试器、代码分析器和用于浏览帮助、工作空间、文件的浏览器。

（2）数学函数库　MATLAB数学函数库包括了大量的计算算法，从初等函数(如加法、正弦、余弦等)到复杂的高等函数(如矩阵求逆、矩阵特征值、贝塞尔函数和快速傅里叶变换等)。

（3）语言　MATLAB语言是一种高级的基于矩阵/数组的语言，具有程序流控制、函数、数据结构、输入/输出和面向对象编程等特色。用户可以在命令窗口中将输入语句与执行命令同步，以迅速创立快速抛弃型程序，也可以先编写一个较大的复杂的M文件后再一起运行，以创立完整的大型应用程序。

（4）图形处理　MATLAB具有方便的数据可视化功能，以将向量和矩阵用图形表现出来，并且可以对图形进行标注和打印。它的高层次作图包括二维和三维的可视化、图像处理、动画和表达式作图。低层次作图包括完全定制图形的外观，以及建立基于用户的MATLAB应用程序的完整的图形用户界面。

（5）外部接口　外部接口是一个使MATLAB语言能与C、FORTRAN等其他高级编程语言进行交互的函数库，它包括从MATLAB中调用程序（动态链接）、调用MATLAB为计算引擎和读写mat文件的设备。

1.1.5　MATLAB R2012a 的新特性

2012 年 3 月 2 日，MathWorks 正式发布了 R2012a 版 MATLAB 和 Simulink 产品系列（MATLAB 7.14、Simulink 7.9）。此次改版包括 MATLAB®、Simulink® 和 Polyspace®产品的新功能，以及对其他 84 种产品若干新功能的更新和除错，其中包括 10 个主要产品更新，及 4 个变动产品。

R2012a 版本，MATLAB 平台有以下新特性：

1）MATLAB：统一整合了用于 1-D,2-D 及 3-D 数值积分的函数，并提升了基本数学和插值函数(interpolation functions)的性能。

2）MATLAB Compiler™：可以下载 MATLAB Compiler Runtime (MCR)，简化编译后的程序和组件的分配。

3）Image Processing Toolbox™：通过亮度指标优化(intensity metric optimization)可进行自动图像配准(image registration)。

4）Statistics Toolbox™：增强了使用线性、广义线性和非线性回归进行拟合、预测和绘图的界面。

5）System Identification Toolbox™：识别连续时间传递函数累计四大项，百余小项。

R2012a 版本，Simulink 产品家族有如下几项产品更新：

1）Simulink：可从目标硬件可从目标硬件（包括 LEGO® MINDSTORMS® NXT™ 和 BeagleBoard™ ）上直接执行 Simulink 模型。

2）SimMechanics™：具有新 3D 可视化功能的第二代多体建模和仿真技术。

3）Real-Time Windows Target™：不需转程序代码，即可用 Simulink 标准模式实时执行 WindowsR 中的模型。

R2012a 版本，程序代码产生相关产品有如下几项产品更新：

1）HDL Coder™：可替代 Simulink HDL Coder 的新产品，增加了直接从 MATLAB 生成 HDL 代码的功能。

2）HDL Verifier™：可替代 EDA Simulator Link 的新产品，并增加了 Altera FPGA 循环 (FPGA-in-the-Loop)混合仿真(cosimulatio)的功能支持。

3）MATLAB Coder™：可从用户定义的系统对象生成代码并自动生成动态共享库。

4）Embedded Coder™：与 AUTOSAR 4.0 兼容，减少了数据副本，并通过 Simulink Web 视图实现代码生成报告的链接。

R2012a 还新增了以下可用于在 MATLAB 和 Simulink 中进行设计的系统工具箱：

1）Computer Vision System Toolbox™：Viola-Jones 对象检测、MSER 特征检测和 CAMShift 跟踪。

2）Communications System Toolbox™：USRP 无线电支持、LTE MIMO 信道模型，以及 LDPC、Turbo 解码器和其他算法的 GPU 支持。

本书以 R2012a 为工具，介绍利用 MATLAB 进行工程计算的方法与技巧。

1.2 MATLAB 7.14 的工作环境

本节通过介绍 MATLAB 7.14 的工作环境界面,使读者初步认识 MATLAB 7.14 的主要窗口,并掌握其操作方法。

1.2.1 启动 MATLAB

启动 MATLAB 有多种方式。最常用的启动方式就是用鼠标左键双击桌面上的 MATLAB 图标；也可以在"开始"菜单中单击 MATLAB 的快捷方式；还可以在 MATLAB 的安装路径中的 bin 文件夹中双击可执行文件 Matlab.exe。

要退出 MATLAB 程序，可以选择以下几种方式：

1）在"File"菜单中选择"Exit MATLAB"命令项。

2）用鼠标单击窗口右上角的关闭图标 ⊠ 。

3）用鼠标双击命令窗口左上角的图标在命令窗口输入命令 quit 或 exit。

4）使用快捷键 Ctrl+q。

第一次使用 MATLAB 7.14，将进入其默认设置的工作界面，如图 1-1 所示。

MATLAB 7.14 的工作界面形式简洁，主要由菜单栏、工具栏、当前工作目录窗口（Current Folder）、命令窗口（Command Window）、工作空间管理窗口（Workspace）和历史命令窗口（Command History）等组成。

菜单栏下方为工具栏，工具栏以图标方式汇集了常用的操作命令。下面简要介绍工具栏中部分常用按钮的功能。

🗋🗁：新建或打开一个 M 文件。

✂🗐📋：剪切、复制或粘贴已选中的对象。

↩↪：撤销或恢复上一次操作。

- ：打开 Simulink 主窗口。
- ：打开用户界面设计窗口。
- ：打开 Profiler 主窗口。
- ：打开 MATLAB 帮助系统。

Current Folder: C:\Program Files\MATLAB\R2012a\bin ：当前路径设置栏。

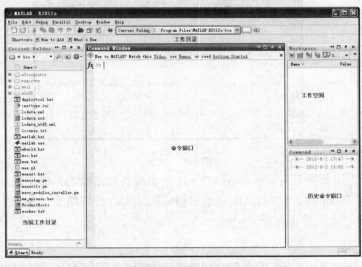

图 1-1　MATLAB 默认桌面平台

工具栏下方是 MATLAB 新产品快捷按钮 Shortcuts ☑ How to Add ☑ What's New，单击它将进入该版本 MATLAB 新添加产品的说明。如果用户为某一句或某一段表达式或命令创建了快捷按钮，该快捷按钮也将出现在 Shortcuts 栏。

MATLAB 7.14 主窗口的左下角有一个与计算机操作系统类似的 Start 按钮，单击该按钮可以打开各种 MATLAB 工具、进行工具演示、查看工具的说明文档，如图 1-2 所示。在这里寻找帮助，要比 help 窗口中更方便、更简洁明了。

图 1-2　MATLAB 快捷菜单

1.2.2 命令窗口

命令窗口如图 1-3 所示，在该窗口中可以进行各种计算操作，也可以使用命令打开各种 MATLAB 工具，还可以查看各种命令的帮助说明等。

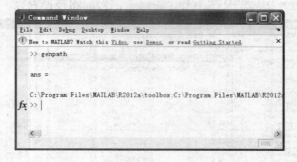

图 1-3　命令窗口

其中，">>" 为运算提示符，表示 MATLAB 处于准备就绪状态。如在提示符后输入一条命令或一段程序后按 Enter 键，MATLAB 将给出相应的结果，并将结果保存在工作空间管理窗口中，然后再次显示一个运算提示符。

 注意

在 MATLAB 命令窗口中输入汉字时，会出现一个输入窗口，在中文状态下输入的括号和标点等不被认为是命令的一部分，所以，在输入命令的时候一定要在英文状态下进行。

在命令窗口的右上角，用户可以单击相应的按钮最大化、还原或关闭窗口。单击右上角的 按钮，则可使命令窗口脱离主窗口成为一个独立的窗口。单击独立窗口右上角的 按钮，则可将该独立窗口嵌入主窗口中。单击 按钮，可将命令窗口最小化到主窗口左侧，以页签形式存在，当鼠标指针移到上面时，显示窗口内容。此时单击该窗口右上角的 按钮，即可恢复显示。

1.2.3 历史窗口

历史窗口主要用于记录所有执行过的命令，如图 1-4 所示。在默认条件下，它会保存自安装以来所有运行过的命令的历史记录，并记录运行时间，以方便查询。

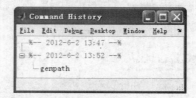

图 1-4　历史窗口

在历史窗口中双击某一命令，命令窗口中将执行该命令。

1.2.4　当前目录窗口

当前目录窗口如图 1-5 所示，可显示或改变当前目录，查看当前目录下的文件，单击 按钮可以在当前目录或子目录下搜索文件。

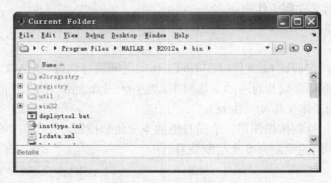

图 1-5　当前目录窗口

单击 按钮，在弹出的下拉菜单中可以执行常用的操作。例如，在当前目录下新建文件或文件夹（还可以指定新建文件的类型）、生成文件分析报告、查找文件、显示/隐藏文件信息、将当前目录按某种指定方式排序和分组等。图 1-6 所示是对当前目录中的代码进行分析，提出一些程序优化建议并生成报告。

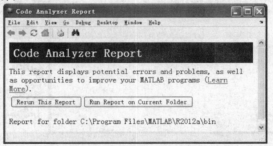

图 1-6　M 文件分析报告

1.2.5　工作空间管理窗口

工作空间管理窗口如图 1-7 所示。它可以显示目前内存中所有的 MATLAB 变量名、数据结构、字节数与类型。不同的变量类型有不同的变量名图标。

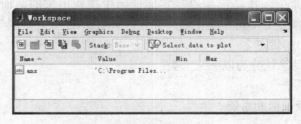

图 1-7　工作空间管理窗口

工作空间管理窗口是 MATLAB 一个非常重要的数据分析与管理窗口，它的主要按钮功能如下：

    ：新建一个数据变量。；

    ：打开所选择的数据对象。单击该按钮之后，进入图 1-8 所示的数组编辑窗口，在这里可以对数据进行各种编辑操作。

    ：导入数据文件到工作空间。

    ：保存变量。

    ：删除变量。

  Stack: Base ▼：在调试 M 文件时在不同工作间之间进行切换。MATLAB 在执行 M 文件时，会把 M 文件的数据保存到其对应的工作间中。为了区别命令窗口的工作间以及全局变量的工作间，前者被标记为基本工作间（Base）。

  plot(a) ▼：绘制数据图形。单击右侧的下三角形按钮，弹出图 1-9 所示的列表，用户在这里可以选择用不同的绘制命令来绘制变量。

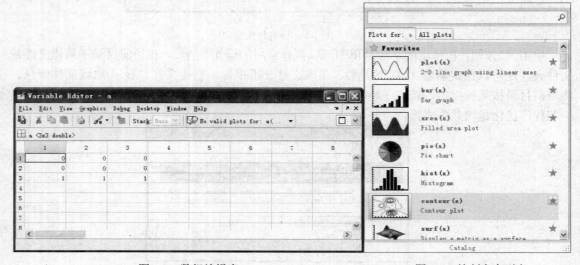

图 1-8　数组编辑窗口　　　　　　　　　　　　图 1-9　绘制命令列表

1.3　MATLAB 的帮助系统

要想掌握好 MATLAB，一定要学会使用它的帮助系统，因为任何一本书都不可能涵盖它的所有内容，更多的命令、技巧都是要在实际使用中摸索出来的，而在这个摸索的过程中，MATLAB 的帮助系统是必不可少的工具。并且，MATLAB 与其他科学计算工具相比，帮助资源非常丰富是其突出的优点之一。

MATLAB 的帮助系统分为以下三大类：

◆　联机帮助系统
◆　命令窗口查询帮助系统
◆　联机演示系统

读者可以在使用 MATLAB 的过程中，充分利用这些帮助资源。

1.3.1　联机帮助系统

MATLAB 的联机帮助系统非常系统全面，进入联机帮助系统的方法有以下几种：

◆　按下 MATLAB 主窗口的  按钮

◆　在命令窗口执行 helpwin、helpdesk 或 doc 命令

◆　在菜单栏"help"下拉菜单中选择"Product Help"

联机帮助窗口如图 1-10 所示，其中，左侧是帮助向导页面，右侧是帮助显示页面。帮助向导页面上方是一个查询工具框（见图 1-11）。

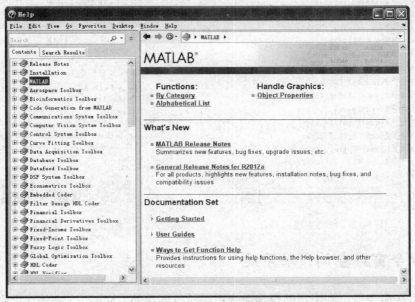

图 1-10　联机帮助窗口

图 1-11　查询工具框

单击 ＾ 按钮，可以隐藏帮助向导页面。单击 ˅ 按钮则恢复显示。

帮助向导页面包含两个按钮，分别为帮助主题（Contents）和查询结果（Search Results）。帮助主题如图 1-12 所示，以树状形式提供帮助文件的列表。

搜索结果如图 1-13 所示。单击搜索结果列表中的某个结果，右侧的帮助显示页面将显示对应的帮助信息。

帮助显示页面的顶部有四个工具，其作用简要介绍如下：

◆：返回前一个帮助页面。

➡：调用下一个帮助页面。

⚙▾：当前可执行的操作，例如刷新当前页面、打印当前的帮助页面、查找帮助内容、显示当前帮助页面的源文件等。

🔾▸ Vehicle Network Toolbox ▸ User's Guide ▸ Property Reference ▸ ▾：显示当前显示的帮助页面的路径。

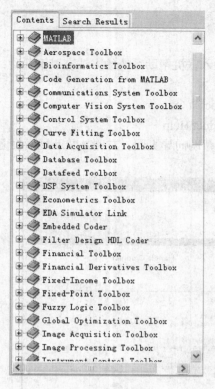

图 1-12 帮助主题

图 1-13 搜索结果

1.3.2 命令窗口查询帮助系统

用户可以在命令窗口利用帮助查询命令更快地得到帮助。MATLAB 的帮助命令主要分为 help 系列、lookfor 系列和其他帮助命令。

◆ help 命令

help 命令是最常用的命令。在命令窗口直接输入 help 命令将会显示当前帮助系统中包含的所有项目，即搜索路径中所有的目录名称，结果如下：

```
>> help
HELP topics:

matlabxl\matlabxl          - MATLAB Builder EX
matlab\demos               - Examples and demonstrations.
matlab\graph2d             - Two dimensional graphs.
matlab\graph3d             - Three dimensional graphs.
matlab\graphics            - Handle Graphics.
matlab\plottools           - Graphical plot editing tools
matlab\scribe              - Annotation and Plot Editing.
matlab\specgraph           - Specialized graphs.
```

```
matlab\uitools                    - Graphical user interface components and tools
…………
wavelet\compression               - (No table of contents file)
xpc\xpc                           - xPC Target
xpcblocks\thirdpartydrivers       - (No table of contents file)
build\xpcblocks                   - xPC Target -- Blocks
xpc\xpcdemos                      - xPC Target -- demos and sample script files.
```

◆　help+函数名

help+函数名，是实际应用中最有用的一个帮助命令。当用户知道某个函数的名称，却不知道具体的用法时，这个命令可以帮助用户详细了解该函数的使用方法，辅助用户进行深入的学习。尤其是在下载安装了 MATLAB 的中文帮助文件之后，可以在命令窗口查询中文帮助。

例：

>> help inv

求逆矩阵。

用法：B=inv(A)，其中 A 为数值或符号方阵，B 返回 A 的逆。

例如：

```
inv([1 2;3 4])                %数值
syms a b c d;inv([a,b;c,d])   %符号
```

```
INV    Matrix inverse.
   INV(X) is the inverse of the square matrix X.
   A warning message is printed if X is badly scaled or
   nearly singular.

   See also slash, pinv, cond, condest, NNLS, lscov.

   Overloaded functions or methods (ones with the same name in other directories)
      help gf/inv.m
      help lti/inv.m
      help idmodel/inv.m
      help atom/inv.m
      help ndlft/inv.m
      help ufrd/inv.m
      help umat/inv.m
      help uss/inv.m
      help sym/inv.m

   Reference page in Help browser
      doc inv
```

◆　lookfor 函数

当用户想查找某个不知道确切名称的函数名时，就要用到 lookfor 命令了，它可以根据用户提供的关键字搜索到需要的相关函数。

例：

```
>> lookfor inv
KEYBOARD Invoke keyboard from M-file.
RETURN Return to invoking function.
INVHILB Inverse Hilbert matrix.
IPERMUTE Inverse permute array dimensions.
ACOS     Inverse cosine, result in radians.
ACOSD    Inverse cosine, result in degrees.
ACOSH    Inverse hyperbolic cosine.
ACOT     Inverse cotangent, result in radian.
ACOTD    Inverse cotangent, result in degrees.
ACOTH    Inverse hyperbolic cotangent.
ACSC     Inverse cosecant, result in radian.
ACSCD    Inverse cosecant, result in degrees.
ACSCH    Inverse hyperbolic cosecant.
ASEC     Inverse secant, result in radians.
ASECD    Inverse secant, result in degrees.
...........
```

lookfor 命令的查询机理是：对 MATLAB 搜索路径中的每个 M 文件的注释区的第一行进行扫描，一旦发现此行中含有所查询的字符串，则将该函数名及第一行注释显示在命令窗口中。用户可以根据这个机理在自己的文件中加入在线注释。

此外，MATLAB 还有其他一些常用的查询、帮助命令，如下所示：

◆ demo　　运行 MATLAB 演示程序
◆ exist　　变量检验函数
◆ what　　目录中文件列表
◆ who　　内存变量列表
◆ whos　　内存变量详细信息
◆ which　　确定文件位置

1.3.3 联机演示系统

MATLAB 的联机演示系统可以形象、直观地向用户展示各种函数的使用方法，对初学者尤其有用。

进入联机演示系统可以参照图 1-2，单击 MATLAB 主窗口左下方的 Start 按钮，在弹出的菜单中选择"Demos"；或在 MATLAB 的命令窗口中键入 demos 命令。联机演示系统如图 1-14 所示。

MATLAB 的帮助演示有四种类型，单击右侧向导页面中的文件夹，左侧页面中将出现该文件夹下的所有演示文档及其类型。

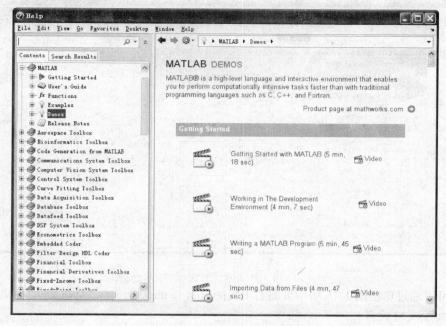

图 1-14　联机演示系统

◆　M 文件型：包括 M 语言源代码、注释、输出结果等。

打开方式：在右侧的演示列表页面中单击演示文件名（如 earthmap.m），然后在弹出的页面左上角单击Open earthmap.m in the Editor链接文本，如图 1-15 所示，即可弹出这个演示的 M 文件，如图 1-16 所示。

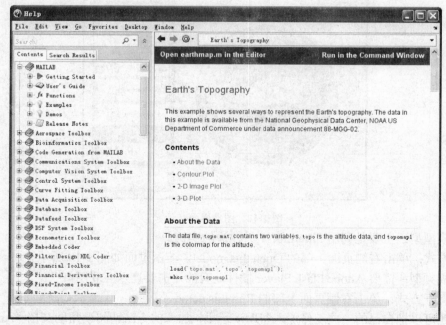

图 1-15　演示页面

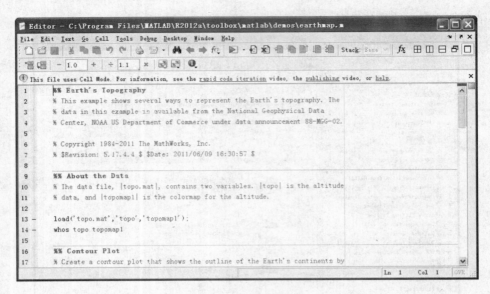

图 1-16　M 文件型演示

用户可以通过单击图 1-15 所示页面右上角的 Run in the Command Window，进入命令窗口一步一步执行该 M 文件。

◆　M 图形界面型：打开方式：在右侧的演示列表页面中单击演示文件名（例如 World Traveler 3-D Globe），然后在弹出的页面左上角单击 Run this demo 链接文本，演示页面如图 1-17 所示。

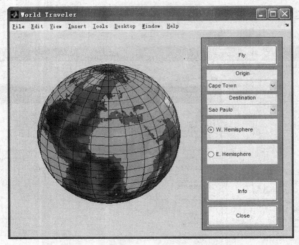

图 1-17　图形界面演示

◆　模型型：主要是利用 Simulink 工具建模的实例。

打开方式：单击右侧页面上部的 Open this model，演示页面如图 1-18 所示。

◆　视频型：需要 Adobe Flash Player 插件，有的还需要连入互联网。

打开方式：单击右侧页面上部的 Run this demo。

用户还可以把自己的一些工作加入帮助演示里，加入的方法请阅读帮助文档"Adding Your Own Toolboxes to the Development Environment"。

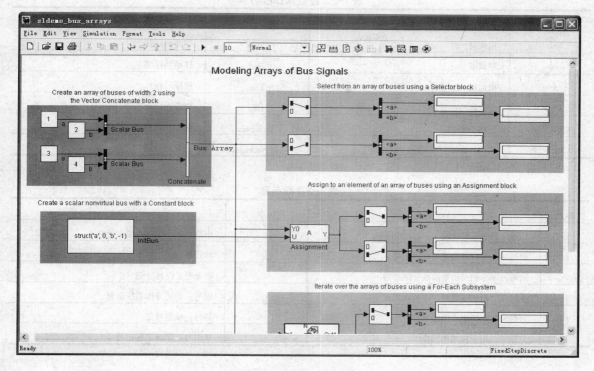

图 1-18　模型演示

1.3.4　常用命令和技巧

◆　通用命令　表 1-1 列出了一些 MATLAB 的通用命令。

表 1-1　通用命令表

命　令	说　明	命　令	说　明
cd	改变当前目录	hold	图形保持开关
dir	显示文件夹目录	disp	显示变量或文字内容
type	显示文件内容	path	显示搜索目录
clear	清理内存变量	save	保存内存变量到指定文件
clf	清理图形窗口	load	加载指定文件的变量
pack	收集内存碎片	diary	文本记录命令
clc	清除工作窗内容	quit	退出 MATLAB
echo	工作窗信息显示开关	!	调用 DOS 命令

◆　键盘操作技巧　MATLAB 有一些键盘输入技巧，使用这些技巧可以使命令窗口的行操作变得简单易行，起到事半功倍的效果。表 1-2 列出了一些键盘操作技巧。

◆　标点

M 语言中，一些标点符号被赋予特殊的意义，见表 1-3。

表 1-2　键盘操作技巧表

键盘按键	说　明	键盘按键	说　明
↑	重调前一行	Home	移动到行首
↓	重调下一行	End	移动到行尾
←	向前移一个字符	Esc	清除一行
→	向后移一个字符	Del	删除光标处字符
Ctrl+←	左移一个字	Backspace	删除光标前的一个字符
Ctrl+→	右移一个字	Alt+Backspace	删除到行尾

表 1-3　标点表

标点	定　义	标点	定　义
:	冒号：具有多种功能	.	小数点：小数点及域访问符
;	分号：区分行及取消运行显示等	…	续行符号
,	逗号：区分列及函数参数分隔符等	%	百分号：注释标记
()	圆括号：指定运算过程中的优先顺序	!	叹号：调用操作系统运算
[]	方括号：矩阵定义的标志	=	等号：赋值标记
{}	大括号：用于构成单元数组	'	单引号：字符串标记符

1.4　MATLAB 的搜索路径与扩展

MATLAB 的操作是在它的搜索路径（包括当前路径）中进行的，如果调用的函数在搜索路径之外，MATLAB 就会认为该函数不存在。初学者往往会遇到这种问题，明明自己编写的函数在某个路径下，但 MATLAB 就是报告此函数不存在。其实只要把程序所在的目录扩展成为 MATLAB 的搜索路径就可以了。

1.4.1　MATLAB 的搜索路径

默认的 MATLAB 搜索路径是 MATLAB 的主安装目录和所有工具箱的目录，用户可以通过以下几种形式查看搜索路径：
◆　搜索路径设置对话框　在 MATLAB 主窗口中选择"File"菜单中的"Set Path"选项，进入搜索路径设置对话框，如图 1-19 所示。
◆　在该对话框右侧列出的目录就是 MATLAB 的所有搜索目录，左侧是两组按钮控件，其具体含义如下：
◆　 Move to Top ：将选中的目录移到搜索路径顶端。
◆　 Move Up ：将选中的目录在搜索路径中上移一位。
◆　 Move Down ：将选中的目录在搜索路径中下移一位。
◆　 Move to Bottom ：将选中的目录移到搜索路径底端。

◆ [Remove] ：将选中的目录移出搜索路径。

◆ [Default] ：恢复到原始的 MATLAB 默认路径。

◆ [Revert] ：恢复上次改变搜索路径前的设置。

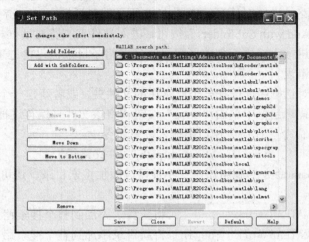

图 1-19　搜索路径设置对话框

◆ path 命令　在命令窗口中输入命令 path 可得到 MATLAB 的所有搜索路径，如下所示：
>> path

MATLABPATH

C:\Documents and Settings\Administrator\My Documents\MATLAB

C:\Program Files\MATLAB\R2012a\toolbox\hdlcoder\matlabhdlcoder\matlabhdlcoder

C:\Program Files\MATLAB\R2012a\toolbox\hdlcoder\matlabhdlcoder

C:\Program Files\MATLAB\R2012a\toolbox\matlabxl\matlabxl

C:\Program Files\MATLAB\R2012a\toolbox\matlabxl\matlabxldemos

……

C:\Program Files\MATLAB\R2012a\toolbox\rtw\targets\xpc\xpc

C:\Program

Files\MATLAB\R2012a\toolbox\rtw\targets\xpc\target\build\xpcblocks\thirdpartydrive
rs

C:\Program Files\MATLAB\R2012a\toolbox\rtw\targets\xpc\target\build\xpcblocks

C:\Program Files\MATLAB\R2012a\toolbox\rtw\targets\xpc\xpcdemos

C:\Program Files\MATLAB\R2012a\toolbox\rtw\targets\xpc\xpc\xpcmngr

◆ genpath 命令　在命令窗口中输入命令 genpath 可以得到由 MATLAB 所有搜索路径连接而成的长字符串。

◆ editpath 或 pathtool 命令　在命令窗口输入命令 editpath 或 pathtool 进入搜索路径设置对话框。

1.4.2 MATLAB 搜索路径扩展

扩展 MATLAB 搜索路径有以下几种方法：

◆ 利用搜索路径设置对话框　在图 1-19 所示的对话框中，单击"Add Folder"按钮，或者单击"Add with Subfolders"按钮，进入文件夹浏览对话框。前者只把某一目录下的文件包含进搜索范围而忽略子目录，后者将子目录也包含进来。最好选后者以避免一些可能的错误。

在文件夹浏览对话框中，选择一个已存在的文件夹，或者新建一个文件夹，单击"确定"，然后在搜索路径设置对话框中单击"Save"按钮就将该文件夹保存进搜索路径了。

◆ 利用 path 命令　在命令窗口中输入以下命令：

$$path(path,'文件夹路径')$$

◆ 利用 addpath 命令　利用该命令不仅可以添加搜索目录，还可以设置新目录的位置。
例如：

```
addpath  c:\MATLAB\work  -end    将新目录添加到整个搜索路径的末尾
addpath  c:\MATLAB\work  -begin   将新目录添加到整个搜索路径的开始
```

第一条语句是将新的目录追加到整个搜索路径的末尾；第二条语句是将新的目录追加到整个搜索路径的开始。

◆ 利用 editpath 或 pathtool 命令　首先利用这两个命令引导至搜索路径设置对话框，然后选择"Set Path"选项。

第 2 章

MATLAB 基础知识

本章简要介绍 MATLAB 的三大基本功能：数值计算功能、符号计算功能和图形处理功能。正是因为有了这三项强大的基本功能，才使得 MATLAB 成为世界上最优秀、最受用户欢迎的数学软件。

- ◎ MATLAB 的主要数据类型
- ◎ MATLAB 的运算符
- ◎ MATLAB 的数值运算与符号运算
- ◎ M 文件的使用
- ◎ MATLAB 语言的主要语法

2.1　数据类型

MATLAB 的数据类型主要包括：数字、字符串、向量、矩阵、单元型数据及结构型数据。矩阵是 MATLAB 语言中最基本的数据类型，从本质上讲它是数组。向量可以看做只有一行或一列的矩阵（或数组）；数字也可以看做矩阵，即一行一列的矩阵；字符串也可以看做矩阵（或数组），即字符矩阵（或数组）；而单元型数据和结构型数据都可以看做以任意形式的数组为元素的多维数组，只不过结构型数据的元素具有属性名。

本书中，在不需要强调向量的特殊性时，向量和矩阵统称为矩阵（或数组）。

2.1.1　变量与常量

1. 变量

变量是任何程序设计语言的基本元素之一，MATLAB 语言当然也不例外。与常规的程序设计语言不同的是，MATLAB 并不要求事先对所使用的变量进行声明，也不需要指定变量类型，MATLAB 语言会自动依据所赋予变量的值或对变量所进行的操作来识别变量的类型。在赋值过程中，如果赋值变量已存在，则 MATLAB 将使用新值代替旧值，并以新值类型代替旧值类型。在 MATLAB 中变量的命名应遵循如下规则：

◆　变量名必须以字母开头，之后可以是任意的字母、数字或下划线。

◆　变量名区分字母的大小写。

◆　变量名不超过 31 个字符，第 31 个字符以后的字符将被忽略。

与其他的程序设计语言相同，在 MATLAB 语言中也存在变量作用域的问题。在未加特殊说明的情况下，MATLAB 语言将所识别的一切变量视为局部变量，即仅在其使用的 M 文件内有效。若要将变量定义为全局变量，则应当对变量进行说明，即在该变量前加关键字 global。一般来说，全局变量均用大写的英文字符表示。

2. 常量

MATLAB 语言本身也具有一些预定义的变量，这些特殊的变量称为常量。表 2-1 给出了 MATLAB 语言中经常使用的一些特殊变量。

例 2-1：显示圆周率 pi 的值。

解：在 MATLAB 命令窗口提示符"＞＞"后输入 pi，然后按回车（Enter）键，出现以下内容：

```
>> pi
ans =
    3.1416
```

这里"ans"是指当前的计算结果，若计算时用户没有对表达式设定变量，系统就自动将当前结果赋给"ans"变量。

在定义变量时应避免与常量名相同，以免改变这些常量的值。如果已经改变了某个常量的值，可以通过"clear+常量名"命令恢复该常量的初始设定值。当然，重新启动 MATLAB 也可以恢复这些常量值。

表 2-1　MATLAB 中的特殊变量

变量名称	变量说明
ans	MATLAB 中默认变量
pi	圆周率
eps	浮点运算的相对精度
inf	无穷大，如 1/0
NaN	不定值，如 0/0、∞/∞、$0*\infty$
i(j)	复数中的虚数单位
realmin	最小正浮点数
realmax	最大正浮点数

例 2-2：给圆周率 pi 赋值 1，然后恢复。

解：MATLAB 程序如下：

```
>> pi=1
pi =
    1
>> clear pi
>> pi
ans =
    3.1416
```

😊 小技巧

若不想让 MATLAB 每次都显示运算结果，只需在运算式最后加上分号（;）即可；若要显示变量 a 的值，直接键入 a 即可，例如：>>a。

2.1.2　数值

MATLAB 以矩阵为基本运算单元，而构成矩阵的基本单元是数值。为了更好地学习和掌握矩阵的运算，首先对数值的基本知识作简单介绍。

1. 数值变量的计算

将数字的值赋给变量，那么此变量称为数值变量。在 MATLAB 下进行简单数值运算，只需将运算式直接键入提示号（>>）之后，并按 Enter 键即可。例如，要计算 145 与 25 的乘积，可以直接输入：

```
>> 145*25
ans =
    3625
```

用户也可以输入：

```
>> x=145*25

 x =

     3625
```

此时 MATLAB 就把计算值赋给指定的变量 x 了。

在 MATLAB 中，一般代数表达式的输入就如同在纸上运算一样，如四则运算就直接用+、-、*、/ 即可，而乘方、开方运算分别由^符号和 sqrt 来实现。例如：

```
>>x= 95^3
x =
    857375
>>y= sqrt(x)
y =
925.9455
```

当表达式比较复杂或重复出现的次数太多时，更好的办法是先定义变量，再由变量表达式计算得到结果。

例 2-3：分别计算 $y = \dfrac{1}{\sin x + \exp(-x)}$ 在 x=20、40、60、80 处的函数值。

解：MATLAB 程序如下：

```
>> x=20:20:80;
>> y=1./(sin(x)+exp(-x))        %点除运算 "./" 是对每一个 x 做除法运算
                                %点除的具体用法在本章第 2 节中介绍

y =

    1.0954    1.3421    -3.2807    -1.0061
```

在上例中，sin 是正弦函数，exp 是指数函数，这些都是 MATLAB 常用到的数学函数。MATLAB 常用的基本数学函数及三角函数见表 2-2。

2. 数字的显示格式

一般而言，在 MATLAB 中数据的存储与计算都是以双精度进行的，但有多种显示形式。在默认情况下，若数据为整数，就以整数表示；若数据为实数，则以保留小数点后 4 位的精度近似表示。

用户可以改变数字显示格式。控制数字显示格式的命令是 format，其调用格式见表 2-3。

例 2-4：控制数字显示格式示例。

解：MATLAB 程序如下：

```
>> format long , pi
ans =
    3.141592653589793
```

表 2-2　基本数学函数与三角函数

名称	说　明	名称	说　明
abs(x)	数量的绝对值或向量的长度	sign(x)	符号函数(Signum function)。当 x<0 时，sign(x)=-1；当 x=0 时，　sign(x)=0；当 x>0 时，sign(x)=1
angle(z)	复数 z 的相角（Phase angle）	sin(x)	正弦函数
sqrt(x)	开平方	cos(x)	余弦函数
real(z)	复数 z 的实部	tan(x)	正切函数
imag(z)	复数 z 的虚部	asin(x)	反正弦函数
conj(z)	复数 z 的共轭复数	acos(x)	反余弦函数
round(x)	四舍五入至最近整数	atan(x)	反正切函数
fix(x)	无论正负，舍去小数至最近整数	atan2(x, y)	四象限的反正切函数
floor(x)	向负无穷大方向取整	sinh(x)	超越正弦函数
ceil(x)	向正无穷大方向取整	cosh(x)	超越余弦函数
rat(x)	将实数 x 化为分数表示	tanh(x)	超越正切函数
rats(x)	将实数 x 化为多项分数展开	asinh(x)	反超越正弦函数
rem	求两整数相除的余数	acosh(x)	反超越余弦函数
		atanh(x)	反超越正切函数

表 2-3　format 调用格式

调用格式	说　明
format short	5 位定点表示（默认值）
format long	15 位定点表示
format short e	5 位浮点表示
format long e	15 位浮点表示
format short g	在 5 位定点和 5 位浮点中选择最好的格式表示，MATLAB 自动选择
format long g	在 15 位定点和 15 位浮点中选择最好的格式表示，MATLAB 自动选择
format hex	16 进制格式表示
format +	在矩阵中，用符号+、-和空格表示正号、负号和零
format bank	用美元与美分定点表示
format rat	以有理数形式输出结果
format compact	变量之间没有空行
format loose	变量之间有空行

2.1.3　字符串

字符和字符串运算是各种高级语言必不可少的部分。MATLAB 作为一种高级的数字计算语言，字符串运算功能同样是很丰富的，特别是 MATLAB 增加了自己的符号运算工具箱（Symbolic toolbox）之后，字符串函数的功能进一步得到增强。而且此时的字符串已不再是简单的字符串运算，而是 MATLAB 符号运算表达式的基本构成单元。

1. 字符串的生成

➢ 直接赋值生成

在 MATLAB 中，所有的字符串都应用单引号设定后输入或赋值（yesinput 命令除外）。

例 2-5： 利用单引号生成字符串示例。

```
>> s='matrix laboratory'
s =
    matrix laboratory
```

说明： 1）在 MATLAB 中，字符串与字符数组基本上是等价的。可以用函数 size 来查看数组的维数。如：

```
>> size(s)
ans=
    1    17
```

2）字符串的每个字符（包括空格）都是字符数组的一个元素。如：

```
>> s(8)
ans =
    l
```

➢ 由函数 char 来生成字符数组

例 2-6： 用函数 char 来生成字符数组示例。

```
>> s3=char('s','y','m','b','l','i','c');
>> s3'
ans =
    symblic
```

2. 数值数组和字符串之间的转换

数值数组和字符串之间的转换，可由表 2-4 中的函数实现。

表 2-4　数值数组合字符串之间的转换函数表

命令名	说　明	命令名	说　明
num2str	数字转换成字符串	str2num	字符串转换为数字
in2str	整数转换成字符串	spintf	将格式数据写成字符串
mat2str	矩阵转换成字符串	sscanf	在格式控制下读字符串

例 2-7： 数字数组和字符串转换示例。

解： MATLAB 程序如下：

```
>> x=[1:5];
>> y=num2str(x);
>> x*2
ans =
    2    4    6    8    10
>> y*2
ans =
```

```
Columns 1 through 10

    98      64      64     100      64      64     102      64      64     104

Columns 11 through 13

    64      64     106
```

 注意

　　数值数组转换成字符数组后，虽然表面上形式相同，但注意它此时的元素是字符而非数字，因此要使字符数组能够进行数值计算，应先将它转换成数值。

3．字符串操作

　　MATLAB 对字符的串操作与 C 语言完全相同，见表 2-5。

表 2-5　字符串操作函数表

命令名	说　明	命令名	说　明
strcat	链接串	strrep	以其他串代替此串
strvcat	垂直链接串	strtok	寻找串中记号
strcmp	比较串	upper	转换串为大写
strncmp	比较串的前 n 个字符	lower	转换串为小写
findstr	在其他串中找此串	blanks	生成空串
strjust	证明字符数组	deblank	移去串内空格
strmacth	查找可能匹配的字符串		

2.1.4　向量

1．向量的生成

向量的生成有直接输入法、冒号法和利用 MATLAB 函数创建三种方法。

➢　直接输入法

生成向量最直接的方法就是在命令窗口中直接输入。格式上的要求如下：
◆　向量元素需要用"[ ]"括起来
◆　元素之间可以用以空格、逗号或分号分隔
　说明：用空格和逗号分隔生成行向量，用分号分隔形成列向量。
　例 2-8：向量的生成的直接输入法示例。
　解：MATLAB 程序如下：

```
>> x=[2 4 6 8]
x =
     2     4     6     8
```

又如

```
>> x=[1;2;3]
x =
     1
     2
     3
```

➢ 冒号法

基本格式是 x=first：increment：last，表示创建一个从 first 开始，到 last 结束，数据元素的增量为 increment 的向量。若增量为 1，上面创建向量的方式简写为 x=first：last。

例 2-9： 创建一个从 0 开始，增量为 2，到 10 结束的向量 x。

解： MATLAB 程序如下：

```
>> x=0:2:10
x =
     0     2     4     6     8    10
```

➢ 利用函数 linspace 创建向量

linspace 通过直接定义数据元素个数，而不是数据元素直接的增量来创建向量。此函数的调用格式如下：

◆ linspace(first_value, last_value, number)

该调用格式表示创建一个从 first_value 开始 last_value 结束，包含 number 个元素的向量。

例 2-10： 创建一个从 0 开始，到 10 结束，包含 6 个数据元素的向量 x。

```
>> x=linspace(0,10,6)
x =
     0     2     4     6     8    10
```

➢ 利用函数 logspace 创建一个对数分隔的向量

与 linspace 一样，logspace 也通过直接定义向量元素个数，而不是数据元素之间的增量来创建数组。logspace 的调用格式如下：

◆ logspace(first_value, last_value, number)

表示创建一个从 10^{first_value} 开始，到 10^{last_value} 结束，包含 number 个数据元素的向量。

例 2-11： 创建一个从 10 开始，到 10^3 结束，包含 3 个数据元素的向量 x。

解： MATLAB 程序如下：

```
>> x=logspace(1,3,3)
```

```
x =

        10          100         1000
```

2. 向量元素的引用

向量元素引用的方式见表 2-6。

表 2-6　向量元素引用的方式

格式	说明
x(n)	表示向量中的第 n 个元素
x(n1:n2)	表示向量中的第 n1 至 n2 个元素

例 2-12： 向量元素的引用示例。

解： MATLAB 程序如下：

```
>> x=[1 2 3 4 5];
>> x(1:3)
ans =

     1     2     3
```

2.1.5　矩阵

MATLAB 即 Matrix Laboratory（矩阵实验室）的缩写，可见该软件在处理矩阵问题上的优势。本节主要介绍如何用 MATLAB 来进行"矩阵实验"，即如何生成矩阵，如何对已知矩阵进行各种变换等。

1. 矩阵的生成

矩阵的生成主要有直接输入法、M 文件生成法和文本文件生成法等。

➢　直接输入法

在键盘上直接按行方式输入矩阵是最方便、最常用的创建数值矩阵的方法，尤其适合较小的简单矩阵。在用此方法创建矩阵时，应当注意以下几点：

◆　输入矩阵时要以"[　]"为其标识符号，矩阵的所有元素必须都在括号内
◆　矩阵同行元素之间由空格（个数不限）或逗号分隔，行与行之间用分号或回车键分隔
◆　矩阵大小不需要预先定义
◆　矩阵元素可以是运算表达式
◆　若"[　]"中无元素，表示空矩阵
◆　如果不想显示中间结果，可以用"；"结束

例 2-13： 创建一个带有运算表达式的矩阵。

解： MATLAB 程序如下：

```
>> B=[sin(pi/3),cos(pi/4);log(3),tanh(6)]

B =
```

```
0.8660      0.7071
1.0986      1.0000
```

 注意

在输入矩阵时，MATLAB 允许方括号里还有方括号，例如下面的语句是合法的：
>> [[1 2 3];[2 4 6];7 8 9]，其结果是一个 3 维方阵。

> 利用 M 文件创建

当矩阵的规模比较大时，直接输入法就显得笨拙，出差错也不易修改。为了解决这些问题，可以将所要输入的矩阵按格式先写入一文本文件中，并将此文件以 m 为其扩展名，即 M 文件。

M 文件是一种可以在 MATLAB 环境下运行的文本文件，它可以分为命令式文件和函数式文件两种。在此处主要用到的是命令式 M 文件，用它的简单形式来创建大型矩阵。在 MATLAB 命令窗中输入 M 文件名，所要输入的大型矩阵即可被输入到内存中。

例 2-14：编制一个名为 abc.m 的 M 文件。

解：在 M 文件编辑器中输入：

```
%abc.m
%创建一个M文件，用以输入大规模矩阵
gmatrix=[378 89 90   83 382 92 29;
         3829 32 9283 2938 378 839 29;
         388 389 200 923 920 92 7478;
         3829 892 66 89 90 56 8980;
         7827 67 890 6557 45  123 35]
```

以文件名 "abc.m" 保存，然后在MATLAB命令窗口中输入文件名，得到下面的结果：

```
>>abc
gmatrix =


Columns 1 through 5


378          89          90           83          382
3829         32          9283         2938        378
388          389         200          923         920
3829         892         66           89          90
7827         67          890          6557        45


Columns 6 through 7
```

92	29
839	29
92	7478
56	8980
123	35

在通常的使用中，上例中的矩阵还不算"大型"矩阵，此处只是借例说明。

 注意

M 文件中的变量名与文件名不能相同，否则会造成变量名和函数名的混乱。

➢ 利用文本创建

MATLAB 中的矩阵还可以由文本文件创建，即在文件夹（通常为 work 文件夹）中建立 txt 文件，在命令窗口中直接调用此文件名即可。

例 2-15：用文本文件创建矩阵 x，其中

x=　1　1　1
　　1　2　3
　　1　3　6

解：事先在记事本中建立文件：

1　　1　　1
1　　2　　3
1　　3　　6

并以 data.txt 保存，在 **MATLAB** 命令窗口中输入：

```
>> load data.txt
>> data
data =
     1     1     1
     1     2     3
     1     3     6
```

➢ 特殊矩阵的生成

在工程计算以及理论分析中，经常会遇到一些特殊的矩阵，比如全 0 矩阵、单位矩阵、随机矩阵等。对于这些矩阵，在 MATLAB 中都有相应的命令可以直接生成。下面我们就介绍一些常用的命令。常用的特殊矩阵生成命令见表 2-7。

例 2-16：特殊矩阵生成示例。

解：在 **MATLAB** 命令窗口中输入以下命令：

```
>> zeros(3)
ans =
```

0	0	0
0	0	0
0	0	0

表 2-7　特殊矩阵生成命令

命令名	说　明
zeros(m)	生成 m 阶全 0 矩阵
zeros(m, n)	生成 m 行 n 列全 0 矩阵
zeros(size(A))	创建与 A 维数相同的全 0 矩阵
eye(m)	生成 m 阶单位矩阵
eye(m, n)	生成 m 行 n 列单位矩阵
eye(size(A))	创建与 A 维数相同的单位矩阵
ones(m)	生成 m 阶全 1 矩阵
ones(m, n)	生成 m 行 n 列全 1 矩阵
ones(size(A))	创建与 A 维数相同的全 1 矩阵
rand(m)	在[0,1]区间内生成 m 阶均匀分布的随机矩阵
rand(m, n)	生成 m 行 n 列均匀分布的随机矩阵
rand(size(A))	在[0,1]区间内创建一个与 A 维数相同的均匀分布的随机矩阵
magic(n)	生成 n 阶魔方矩阵
hilb(n)	生成 n 阶希尔伯特(Hilbert)矩阵
invhilb(n)	生成 n 阶逆希尔伯特(Hilber)矩阵
compan(P)	创建系数向量是 P 的多项式的伴随矩阵
diag(v)	创建一向量 v 中的元素为对角的对角阵
hilb(n)	创建 n×n 的希尔伯特矩阵

```
>> zeros(3, 2)
ans =
    0    0
    0    0
    0    0
>> ones(3, 2)
ans =
    1    1
    1    1
    1    1
>> ones(3)
ans =
    1    1    1
    1    1    1
    1    1    1
>> rand(3)
ans =
```

```
           0.8147      0.9134      0.2785
           0.9058      0.6324      0.5469
           0.1270      0.0975      0.9575
>> rand(3, 2)
ans =
           0.9649      0.9572
           0.1576      0.4854
           0.9706      0.8003
>> magic(3)
ans =
           8           1           6
           3           5           7
           4           9           2
>> hilb(3)
ans =
           1.0000      0.5000      0.3333
           0.5000      0.3333      0.2500
           0.3333      0.2500      0.2000
>> invhilb(3)
ans =
           9          -36          30
         -36          192        -180
          30         -180         180
```

如果矩阵中只含有少量的非零元素，则这样的矩阵称为稀疏矩阵。在实际问题中，经常会碰到大型稀疏矩阵。对于一个用矩阵描述的联立线性方程组来说，含有 N 个未知数的问题会设计成一个 N×N 的矩阵，那么解这个方程组就需要 N 的平方个字节的内存空间和正比于 N 的立方的计算时间。但在大多数情况下矩阵往往是稀疏的，为了节省存储空间和计算时间，MATLAB 考虑到矩阵的稀疏性，在对它进行运算时有特殊的命令。

稀疏矩阵的创建由函数 sparse 来实现，具体的调用格式有如下 5 种：

1）函数调用格式 1：

$$S = sparse(A)$$

这个函数格式的功能是将矩阵 A 转化为稀疏矩阵形式，即由 A 的非零元素和下标构成稀疏矩阵 S。若 A 本身为稀疏矩阵，则返回 A 本身。

2）函数调用格式 2：

$$S = sparse(m,n)$$

这个函数格式的功能是生成一个 m×n 的所有元素都是 0 的稀疏矩阵

3）函数调用格式 3：

$$S = sparse(i,j,s)$$

这个函数格式的功能是：生成一个由长度相同的向量 i、j 和 s 定义的稀疏矩阵 S。其中 i、

j 是整数向量，定义稀疏矩阵的元素位置(i,j)；s 是一个标量或与 i、j 长度相同的向量，表示在(i,j)位置上的元素。

4）函数调用格式 4：

$$S = sparse(i,j,s,m,n)$$

这个函数格式的功能是生成一个 m×n 的稀疏矩阵，(i,j)对应位置元素为 si，m = max(i)，n =max(j)。

5）函数调用格式 5：

$$S = sparse(i,j,s,m,n,nzmax)$$

这个函数格式的功能是生成一个 m×n 的含有 nzmax 个非零元素的稀疏矩阵 S，nzmax 的值必须大于或等于向量 i 和 j 的长度。

例 2-17： 生成稀疏矩阵示例。

解： 在 MATLAB 命令窗口中输入以下命令：

```
>> S=sparse(1:10,1:10,1:10)
S =
(1,1)        1
(2,2)        2
(3,3)        3
(4,4)        4
(5,5)        5
(6,6)        6
(7,7)        7
(8,8)        8
(9,9)        9
(10,10)      10
>> S=sparse(1:10,1:10,5)
S =
(1,1)        5
(2,2)        5
(3,3)        5
(4,4)        5
(5,5)        5
(6,6)        5
(7,7)        5
(8,8)        5
(9,9)        5
(10,10)      5
```

2．矩阵元素的引用

矩阵元素的引用格式见表 2-8。

表 2-8　矩阵元素的引用格式

格式	说　明
X(m,:)	表示矩阵中第 m 行的元素
X(:,n)	表示矩阵中第 n 列的元素
X(m,n1:n2)	表示矩阵中第 m 行中第 n1 至 n2 个元素

例 2-18：矩阵元素的引用示例。

解：在 MATLAB 命令窗口中输入以下命令：

```
>> x=[1 2 3;4 5 6;7 8 9];
>> x(:,3)
ans =
     3
     6
     9
```

3. 矩阵元素的修改

矩阵建立起来之后，还需要对其元素进行修改。表 2-9 列出了常用的矩阵元素修改命令。

表 2-9　矩阵元素修改命令

命令名	说　明
D=[A;B C]	A 为原矩阵，B、C 中包含要扩充的元素，D 为扩充后的矩阵
A(m,:)=[]	删除 A 的第 m 行
A(:,n)=[]	删除 A 的第 n 列
A(m,n)=a; A(m,:)=[a b…]; A(:,n)=[a b…]	对 A 的第 m 行第 n 列的元素赋值；对 A 的第 m 行赋值；对 A 的第 n 列赋值

例 2-19：矩阵的修改示例。

解：在 MATLAB 命令窗口中输入以下命令：

```
>> A=[1 2 3;4 5 6];
>> B=eye(2);
>> C=zeros(2,1);
>> D=[A;B C]
D =
     1     2     3
     4     5     6
     1     0     0
     0     1     0
```

4. 矩阵的变维

矩阵的变维可以用符号 ":" 法和 reshape 函数法。reshape 函数的调用形式如下：

◆ reshape(X, m, n) 将已知矩阵变维成 m 行 n 列的矩阵。

例 2-20：矩阵的变维示例。

解：在 MATLAB 命令窗口中输入以下命令：

```
>> A=1:12;
>> B=reshape(A, 2, 6)
B =
     1      3      5      7      9     11
     2      4      6      8     10     12
>> C=zeros(3, 4);              %用 ":" 法必须先设定修改后矩阵的形状
>> C(:)=A(:)
C =
     1      4      7     10
     2      5      8     11
     3      6      9     12
```

5. 矩阵的变向

常用的矩阵变向命令见表 2-10。

表 2-10　矩阵变向命令

命令名	说　明
Rot(90)	将 A 逆时针方向旋转 90°
Rot(90, k)	将 A 逆时针方向旋转 90° *k，k 可为正整数或负整数
Fliplr(X)	将 X 左右翻转
flipud(X)	将 X 上下翻转
flipdim(X, dim)	dim=1 时对行翻转，dim=2 时对列翻转

例 2-21：矩阵的变向示例。

解：C =

```
     1      4      7     10
     2      5      8     11
     3      6      9     12
```

在 MATLAB 命令窗口中输入以下命令：

```
>> flipdim(C, 1)
ans =
     3      6      9     12
     2      5      8     11
     1      4      7     10
>> flipdim(C, 2)
ans =
    10      7      4      1
    11      8      5      2
```

| 12 | 9 | 6 | 3 |

6. 矩阵的抽取

对矩阵元素的抽取主要是指对角元素和上（下）三角阵的抽取。对角矩阵和三角矩阵的抽取命令见表 2-11。

表 2-11　对角矩阵和三角矩阵的抽取命令

命令名	说　明
diag(X,k)	抽取矩阵 X 的第 k 条对角线上的元素向量。k 为 0 时即抽取主对角线，k 为正整数时抽取上方第 k 条对角线上的元素，k 为负整数时抽取下方第 k 条对角线上的元素
diag(X)	抽取主对角线
diag(v,k)	使得 v 为所得矩阵第 k 条对角线上的元素向量
diag(v)	使得 v 为所得矩阵主对角线上的元素向量
tril(X)	提取矩阵 X 的主下三角部分
tril(X, k)	提取矩阵 X 的第 k 条对角线下面的部分（包括第 k 条对角线）
triu(X)	提取矩阵 X 的主上三角部分
triu(X, k)	提取矩阵 X 的第 k 条对角线上面的部分（包括第 k 条对角线）

例 2-22：矩阵抽取示例。

解：MATLAB 程序如下：

```
>> A=magic(4)
A =
    16     2     3    13
     5    11    10     8
     9     7     6    12
     4    14    15     1
>> v=diag(A,2)
v =
     3
     8
>> tril(A,-1)
ans =
     0     0     0     0
     5     0     0     0
     9     7     0     0
     4    14    15     0
>> triu(A)
ans =
    16     2     3    13
     0    11    10     8
     0     0     6    12
     0     0     0     1
```

2.1.6　单元型变量

单元型变量是以单元为元素的数组，每个元素称为单元，每个单元可以包含其他类型的数组，如实数矩阵、字符串、复数向量。单元型变量通常由"{}"创建，其数据通过数组下标来引用。

1. 单元型变量的创建

单元型变量的定义有两种方式，一种是用赋值语句直接定义，另一种是由 cell 函数预先分配存储空间，然后对单元元素逐个赋值。

➤　赋值语句直接定义

在直接赋值过程中，与在矩阵的定义中使用中括号不同，单元型变量的定义需要使用大括号，而元素之间由逗号隔开。

例 2-23：创建一个 2×2 的单元型数组。

解：MATLAB 程序如下：

```
>>A=[1 2;3 4];
>> B=3+2*i;
>> C=' efg';
>>D=2;
>>E={A, B, C, D}
E =
    [2x2 double]    [3.0000 + 2.0000i]    'efg'    [2]
```

MATLAB 语言会根据显示的需要决定是将单元元素完全显示，还是只显示存储量来代替。

➤　对单元的元素逐个赋值

该方法的操作方式是先预分配单元型变量的存储空间，然后对变量中的元素逐个进行赋值。实现预分配存储空间的函数是 cell。

上面例子中的单元型变量 E 还可以由以下方式定义：

```
>> E=cell(1,3);
>> E{1,1}=[1:4];
>> E{1,2}=B;
>> E{1,3}=2;
>> E
E=
    [1x4 double]    [3.0000 + 2.0000i]    [2]
```

2. 单元型变量的引用

单元型变量的引用应当采用大括号作为下标的标识，而小括号作为下标标识符则只显示该元素的压缩形式。

例 2-24：单元型变量的引用示例。

解：MATLAB 程序如下：

```
>>E{1}
ans =
     1     2     3     4
>>E(1)
ans =
     [1x4 double]
```

3. MATLAB 语言中有关单元型变量的函数

MATLAB 语言中有关单元型变量的函数见表 2-12。

表 2-12　MATLAB 语言中有关单元型变量的函数表

函数名	说明
cell	生成单元型变量
cellfun	对单元型变量中的元素作用的函数
celldisp	显示单元型变量的内容
cellplot	用图形显示单元型变量的内容
num2cell	将树枝转换成单元型变量
deal	输入输出处理
cell2struct	将单元型变量转换成结构型变量
struct2cell	将结构型变量转换成单元型变量
iscell	判断是否为单元型变量
reshape	改变单元数组的结构

例 2-25：判断上例 E 中的元素是否为逻辑变量。

解：MATLAB 程序如下：

```
>> cellfun('islogical',E)
ans =
     0     0     0
>> cellplot(E)
```

结果如图 2-1 所示。

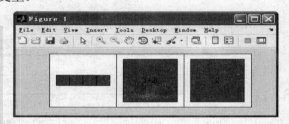

图 2-1　图形单元变量输出

2.1.7　结构型变量

1.　结构型变量的创建和引用

结构型变量是根据属性名（field）组织起来的不同数据类型的集合。结构的任何一个属性可以包含不同的数据类型，如字符串、矩阵等。结构型变量用函数 **struct** 来创建，其调用格式见表 2-13。

结构型变量数据通过属性名来引用。

表 2-13　**struct 调用格式**

调用格式	说　明
s=struct('field',{},'field2',{},…)	表示建立一个空的结构数组，不含数据
s=struct('field',values1,'field2',values2,…)	表示建立一个具有属性名和数据的结构数组

例 2-26：创建一个结构型变量。

解：MATLAB 程序如下：

```
>> student=struct('name',{'Wang', 'Li'},'Age',{20,23})
student =
1x2 struct array with fields:
    name
    Age
>> student(1)              % 结构型变量数据通过属性名来引用
ans =
    name: 'Wang'
    Age: 20
>> student(2)
ans =
    name: 'Li'
     Age: 23
>> student(2).name
ans =
Li
```

2. 结构型变量的相关函数

MATLAB 语言中有关结构型变量的函数见表 2-14。

表 2-14　**MATLAB 语言结构型变量的函数**

函数名	说　明
struct	创建结构型变量
fieldnames	得到结构型变量的属性名
getfield	得到结构型变量的属性值
setfield	设定结构型变量的属性值
rmfield	删除结构型变量的属性
isfield	判断是否为结构型变量的属性
isstruct	判断是否为结构型变量

2.2　运算符

　　MATLAB 提供了丰富的运算符，能满足用户的各种应用。这些运算符包括算术运算符、关系运算符和逻辑运算符三种。本节将简要介绍各种运算符的功能。

2.2.1　算术运算符

MATLAB 语言的算术运算符见表 2-15。

表 2-15　MATLAB 语言的算术运算符

运算符	定义
+	算术加
−	算术减
*	算术乘
.*	点乘
^	算术乘方
.^	点乘方
\	算术左除
.\	点左除
/	算术右除
./	点右除
'	矩阵转置。当矩阵是复数时，求矩阵的共轭转置
.'	矩阵转置。当矩阵是复数时，不求矩阵的共轭

其中，算术运算符加减乘除及乘方与传统意义上的加减乘除及乘方类似，用法基本相同，而点乘、点乘方等运算有其特殊的一面。点运算是指元素点对点的运算，即矩阵内元素对元素之间的运算。点运算要求参与运算的变量在结构上必须是相似的。

MATLAB 的除法运算较为特殊。对于简单数值而言，算术左除与算术右除也不同。算术右除与传统的除法相同，即 a/b=a÷b；而算术左除则与传统的除法相反，即 a\b=b÷a。对矩阵而言，算术右除 A/B 相当于求解线性方程 X*A=B 的解；算术左除相当于求解线性方程 A*X=B 的解。点左除与点右除与上面点运算相似，是变量对应于元素进行点除。

2.2.2　关系运算符

关系运算符主要用于对矩阵与数、矩阵与矩阵进行比较，返回表示二者关系的由数 0 和 1 组成的矩阵，0 和 1 分别表示不满足和满足指定关系。

MATLAB 语言的关系运算符见表 2-16。

表 2-16　MATLAB 语言的关系运算符

运算符	定义
==	等于
~=	不等于
>	大于
>=	大于等于
<	小于
<=	小于等于

2.2.3 逻辑运算符

MATLAB 语言进行逻辑判断时，所有非零数值均被认为真，而零为假。在逻辑判断结果中，判断为真时输出 1，判断为假时输出 0。

MATLAB 语言的逻辑运算符见表 2-17。

表 2-17　MATLAB 语言的逻辑运算符

运算符	定义
—	逻辑与。两个操作数同时为 1 时，结果为 1，否则为 0
|	逻辑或。两个操作数同时为 0 时，结果为 0，否则为 1
~	逻辑非。当操作数为 0 时，结果为 1，否则为 0
xor	逻辑异或。两个操作数相同时，结果为 0，否则为 1

在算术、关系、逻辑三种运算符中，算术运算符优先级最高，关系运算符次之，而逻辑运算符优先级最低。在逻辑运算符中，"非"的优先级最高，"与"和"或"有相同的优先级。

2.3 数值运算

MATLAB 具有强大的数值计算功能，它是 MATLAB 软件的基础。自商用的 MATLAB 软件推出之后，它的数值计算功能日趋完善。

2.3.1 矩阵运算

本小节主要介绍矩阵的一些基本运算，如矩阵的四则运算、求矩阵行列式、求矩阵的秩、求矩阵的逆、求矩阵的迹，以及求矩阵的条件数与范数等。下面将分别介绍这些运算。

1、矩阵的基本运算

矩阵的基本运算包括加、减、乘、数乘、点乘、乘方、左乘、右乘、求逆等。其中加、减、乘与大家所学的线性代数中的定义是一样的，相应的运算符为"+"、"—"、"*"，而矩阵的除法运算是 MATLAB 所特有的，分为左除和右除，相应运算符为"\"和"/"。一般情况下，X=A\B 是方程 A*X=B 的解，而 X=B/A 是方程 X*A=B 的解。

对于上述的四则运算，需要注意的是：矩阵的加、减、乘运算的维数要求与线性代数中的要求一致，计算左除 A\B 时，A 的行数要与 B 的行数一致，计算右除 A/B 时，A 的列数要与 B 的列数一致。下面来看一个例子。

例 2-27：矩阵的基本运算示例。

解：MATLAB 程序如下：

```
>> A=[3 8 9;0 3 3;7 9 5];
>> B=[8 3 9;2 8 1;3 9 1];
>> A*B
```

```
ans =

67    154    44
15     51     6
89    138    77
>> A.*B

ans =

24     24     81
 0     24      3
21     81      5
>> A.\B
Warning: Divide by zero.

ans =

2.6667      0.3750      1.0000
Inf      2.6667      0.3333
0.4286      1.0000      0.2000
>> inv(A)

ans =

 0.2105     -0.7193      0.0526
-0.3684      0.8421      0.1579
 0.3684     -0.5088     -0.1579
```

另外，常用的运算还有指数函数、对数函数、平方根函数等。用户可查看相应的帮助获得使用方法和相关信息。

2．基本的矩阵函数

常用的矩阵函数见表 2-18。

矩阵的条件数在数值分析中是一个重要的概念，在工程计算中也是必不可少的，它用于刻画一个矩阵的"病态"程度。

对于非奇异矩阵 A，其条件数的定义为

$$\text{cond}(A)_v = \| A^{-1} \|_v \| A \|_v，\text{其中} v = 1, 2, L, F。$$

它是一个大于或等于 1 的实数，当 A 的条件数相对较大，即 $\text{cond}(A)_v \gg 1$ 时，矩阵 A 是

"病态"的，反之是"良态"的。

表 2-18　MATLAB 常用矩阵函数

函数名	说明	函数名	说明
cond	矩阵的条件数值	diag	对角变换
condest	1-范数矩阵条件数值	exmp	矩阵的指数运算
det	矩阵的行列式值	logm	矩阵的对数运算
eig	矩阵的特征值	sqrtm	矩阵的开方运算
inv	矩阵的逆	cdf2rdf	复数对角矩阵转换成实数块对角矩阵
norm	矩阵的范数值	rref	转换成逐行递减的阶梯矩阵
normest	矩阵的 2-范数值	rsf2csf	实数块对角矩阵转换成复数对角矩阵
rank	矩阵的秩	rot90	矩阵逆时针方向旋转 90°
orth	矩阵的正交化运算	fliplr	左、右翻转矩阵
rcond	矩阵的逆条件数值	flipud	上、下翻转矩阵
trace	矩阵的迹	reshape	改变矩阵的维数
triu	上三角变换	funm	一般的矩阵函数
tril	下三角变换		

范数是数值分析中的一个概念，它是向量或矩阵大小的一种度量，在工程计算中有着重要的作用。对于向量 $x \in R^n$，常用的向量范数有以下几种：

◆ x 的 ∞-范数：$\|x\|_\infty = \max\limits_{1 \le i \le n} |x_i|$

◆ x 的 1-范数：$\|x\|_1 = \sum\limits_{i=1}^{n} |x_i|$

◆ x 的 2-范数（欧氏范数）：$\|x\|_2 = (x^T x)^{\frac{1}{2}} = \left(\sum\limits_{i=1}^{n} x_i^2\right)^{\frac{1}{2}}$

◆ x 的 p-范数：$\|x\|_p = \left(\sum\limits_{i=1}^{n} |x_i|^p\right)^{\frac{1}{p}}$

对于矩阵 $A \in R^{m \times n}$，常用的矩阵范数有以下几种：

◆ A 的行范数（∞-范数）：$\|A\|_\infty = \max\limits_{1 \le i \le m} \sum\limits_{j=1}^{n} |a_{ij}|$

◆ A 的列范数（1-范数）：$\|A\|_1 = \max\limits_{1 \le j \le n} \sum\limits_{i=1}^{m} |a_{ij}|$

◆ A 的欧氏范数（2-范数）：$\|A\|_\infty = \sqrt{\lambda_{max}(A^T A)}$，其中 $\lambda_{max}(A^T A)$ 表示 $A^T A$ 的最大特征值

◆ A 的 Forbenius 范数（F-范数）：$\|A\|_F = \left(\sum\limits_{i=1}^{m}\sum\limits_{j=1}^{n} a_{ij}^2\right)^{\frac{1}{2}} = \text{trace}\left(A^T A\right)^{\frac{1}{2}}$

例 2-28：常用的矩阵函数示例。

解：MATLAB 程序如下：

```
>> A=[3 8 9;0 3 3;7 9 5];
>> B=[8 3 9;2 8 1;3 9 1];
>> norm(A)

ans =

    17.5341
>> normest(A)

ans =

    17.5341
>> det(A)

ans =

    -57
```

3．矩阵分解函数

（1）特征值分解　矩阵的特征值分解也调用函数 eig，还要在调用时作一些形式上的变化，函数调用格式如下：

$$[V,D]=eig(X)$$

这个函数格式的功能是得到矩阵 X 的特征值对角矩阵 D 以及列为相应特征值的特征向量矩阵 V，于是矩阵的特征值分解为 X×V=V×D。

例 2-29：矩阵的特征值分解示例。

解：MATLAB 程序如下：

```
>> [v,d]=eig(A)

v =

    -0.6897    -0.5873     0.5909
    -0.1860    -0.3101    -0.6653
    -0.6998     0.7476     0.4563


d =

    14.2898         0          0
```

| 0 | -4.2323 | 0 |
| 0 | 0 | 0.9425 |

（2）奇异值分解 矩阵的奇异值分解由函数 svd 实现，调用格式如下：

$$[U,S,V]=svd(X)或者[U,S,V]=svd(X，0)$$

例 2-30：矩阵的奇异值分解示例。

解：MATLAB 程序如下：

```
>> [U,S,V]=svd(A)

U =

-0.6918    -0.5976    -0.4054
-0.2216    -0.3586     0.9068
-0.6873     0.7171     0.1156


S =

17.5341          0          0
0           4.3589          0
0                0     0.7458


V =

-0.3927     0.7404    -0.5456
-0.7063     0.1371     0.6945
-0.5890    -0.6581    -0.4691
```

（3）LU 分解 LU 分解由函数 lu 实现，具体的调用格式为：

$$[L,U]=lu(A)$$

例 2-31：矩阵的 LU 分解示例。

解：MATLAB 程序如下：

```
>> [L,U]=lu(A)

L =

0.4286     1.0000          0
0          0.7241     1.0000
1.0000          0          0
```

U =

7.0000	9.0000	5.0000
0	4.1429	6.8571
0	0	-1.9655

（4）楚列斯基(Cholesky)分解　A 为正定矩阵时可进行楚列斯基分解，由函数 chol 实现，具体的调用格式如下：

$$chol(A)$$

例 2-32：矩阵的楚列斯基分解示例。

解：MATLAB 程序如下：

```
>> A=[98 3 2;3 89 2;2 1 45];
>> chol(A)

ans =

9.8995    0.3030    0.2020
0    9.4291    0.2056
0    0    6.7020
```

（5）QR 分解　QR 分解由函数 qr 实现，具体的调用格式为：

$$[Q,R]=qr(A)$$

例 2-33：矩阵的 QR 分解示例。

解：MATLAB 程序如下：

```
>> [Q,R]=qr(A)

Q =

-0.9993    0.0308    -0.0201
-0.0306    -0.9995    -0.0106
-0.0204    -0.0099    0.9997


R =

-98.0663    -5.7410    -2.9776
0    -88.8709    -2.3844
0    0    44.9271
```

（6）舒尔(Schur)分解　舒尔分解由函数 schur 实现。舒尔分解在半定规划、自动化等领域有着重要而广泛的应用，具体的调用格式为：

◆ 函数调用格式 1：

$$T = schur(A)$$

这个函数格式的功能是产生舒尔矩阵 T，即 T 是主对角线元素为特征值的三角阵。

◆ 函数调用格式 2：

$$T = schur(A,flag)$$

这个函数格式的功能是：若 A 有复特征根，则 flag='complex'，否则·flag='real'。

◆ 函数调用格式 3：

$$[U,T] = schur(A,\cdots)$$

这个函数格式的功能是返回正交矩阵 U 和舒尔矩阵 T，满足 A = U*T*U'。

例 2-34： 矩阵的舒尔分解示例。

解： MATLAB 程序如下：

```
>> H = [ 100 -20 876;387 390 189;37 -89 880]

H =

100     -20     876
387     390     189
37      -89     880

>> [U,T]=schur(H)

U =

0.7302     -0.6789     -0.0769
-0.6760    -0.7016     -0.2253
-0.0990    -0.2165      0.9712


T =

-0.3010    227.6284    487.9888
0          603.4822    -810.4975
0          0           766.8189
```

4. 稀疏矩阵运算

在 MATLAB 中一般矩阵的运算和函数同样可用在稀疏矩阵中，结果是一般矩阵、稀疏矩阵还是满秩矩阵，取决于运算符或者函数及下列的操作数：

1）当函数用一个矩阵作为输入参数，输出参数为一个标量或者一个给定大小的向量时，输出参数的格式总是返回一个满秩矩阵，如命令 size。

2）当函数用一个标量或者一个向量作为输入参数，输出参数为一个矩阵时，输出参数的格式也总是返回一个满秩矩阵，如命令 eye。还有一些特殊的命令可以得到稀疏矩阵，如命令 speye。

3）对于单参数的其他函数来说，通常返回的结果和参数的形式是一样的，如 diag。

4）对于双参数的运算或者函数来说，如果两个参数的形式一样，那么也返回同样形式的结果。在两个参数形式不一样的情况下，除非运算需要，否则均以一般矩阵的形式给出结果。

5）两个矩阵的组合[A，B]，如果 A 或 B 中至少有一个是满秩矩阵，则得到的结果就是满秩矩阵。

6）表达式右边的冒号是要求一个参数的运算符，遵守这些运算规则。

7）表达式左边的冒号不改变矩阵的形式。

例 2-35： 稀疏矩阵的运算示例。

解： MATLAB 程序如下：

```
>> A=eye(6);
>> B=sparse(A)
B =
(1,1)        1
(2,2)        1
(3,3)        1
(4,4)        1
(5,5)        1
(6,6)        1
>> C=A+B
C =
2    0    0    0    0    0
0    2    0    0    0    0
0    0    2    0    0    0
0    0    0    2    0    0
0    0    0    0    2    0
0    0    0    0    0    2
```

2.3.2　向量运算

向量可以看成是一种特殊的矩阵，因此矩阵的运算对向量同样适用。除此以外，向量还是矢量运算的基础，所以还有一些特殊的运算，主要包括向量的点积、叉积和混合积。

1．向量的点积运算

在 MATLAB 中，对于向量 a、b，其点积可以利用 a'*b 得到，也可以直接用命令 dot 算出，该命令的调用格式见表 2-19。

例 2-36： 向量的点积运算示例。

解： MATLAB 程序如下：

```
>> a=[2 4 5 3 1];
>> b=[3  8 10 12 13];
>> c=dot(a,b)
c =
    137
```

表 2-19 dot 调用格式

调用格式	说明
dot(a,b)	返回向量 a 和 b 的点积。需要说明的是，a 和 b 必须同维。另外，当 a、b 都是列向量时，dot(a,b)等同于 a'*b
dot(a,b,dim)	返回向量 a 和 b 在 dim 维的点积

2. 向量的叉积运算

我们知道，在空间解析几何学中，两个向量叉乘的结果是一个过两相交向量交点且垂直于两向量所在平面的向量。在 MATLAB 中，向量的叉积运算可由函数 cross 来实现。cross 函数调用格式见表 2-20。

表 2-20 cross 调用格式

调用格式	说明
cross(a,b)	返回向量 a 和 b 的叉积。需要说明的是，a 和 b 必须是 3 维的向量
cross(a,b,dim)	返回向量 a 和 b 在 dim 维的叉积。需要说明的是，a 和 b 必须有相同的维数，size(a,dim)和 size(b,dim)的结果必须为 3

例 2-37：向量的叉积运算示例。

解：MATLAB 程序如下：

```
>> a=[2 3 4]
>> b=[3 4 6];
>> c=cross(a,b)
c =
    2    0    -1
```

3. 向量的混合积运算

在 MATLAB 中，向量的混合积运算可由以上两个函数（dot、cross）共同来实现。

例 2-38：向量的混合积运算示例。

解：MATLAB 程序如下：

```
>> a=[2 3 4]
>> b=[3 4 6];
>> c=[1 4 5];
>> d=dot(a,cross(b,c))
d =
    -3
```

上例表示，首先进行向量 b 与 c 的叉积运算，然后再把叉积的结果与向量 a 进行点积运算。

2.3.3　多项式运算

多项式运算是数学中最基本的运算之一。在高等代数中，多项式一般可表示为以下形式：$f(x) = a_0 x^n + a_1 x^{n-1} + ... + a_{n-1} x + a_n$。对于这种表示形式，很容易用它的系数向量来来表示，即 $p = [a_0, a_1, ..., a_{n-1}, a_n]$。在 MATLAB 中正是用这样的系数向量来表示多项式的。

1. 多项式的构造

由以上分析可知，多项式可以直接用向量表示，因此，构造多项式最简单的方法就是直接输入向量。这种方法通过函数 poly2sym 来实现。其调用格式如下：

$$poly2sym(p)$$

其中，p 为多项式的系数向量。

例 2-39：直接用向量构造多项式示例。

解：MATLAB 程序如下：

```
>> p=[1 -2 5 6];
>> poly2sym(p)
 ans =
     x^3-2*x^2+5*x+6
```

另外，也可以用多项式的根生成。这种方法使用 poly 函数生成系数向量，再调用 poly2sym 函数生成多项式。

例 2-40：由根构造多项式示例。

解：MATLAB 程序如下：

```
>> root=[-5 3+2i 3-2i];
>> p=poly(root)
p =
     1    -1    -17    65
>> poly2sym(p)
 ans =
     x^3-x^2-17*x+65
```

2. 多项式运算

（1）多项式四则运算　多项式的四则运算是指多项式的加、减、乘、除运算。需要注意的是，相加、减的两个向量必须大小相等。阶次不同时，低阶多项式必须用零填补，使其与高阶多项式有相同的阶次。多项式的加、减运算直接用"+"、"-"来实现；多项式的乘法用函数 conv(p1, p2) 来实现，相当于执行两个数组的卷积；多项式的除法用函数 deconv(p1, p2) 来实现，相当于执行两个数组的解卷。

例 2-41：多项式的四则运算示例。

解：在 MATLAB 命令窗口中输入以下命令：

```
>> p1=[2 3 4 0 -2];
>> p2=[0 0 8 -5 6];
```

```
>> p=p1+p2;
>> poly2sym(p)
ans =
    2*x^4+3*x^3+12*x^2-5*x+4
>> q=conv(p1,p2)
q =
    0    0    16    14    29    -2    8    10    -12
>> poly2sym(q)
ans =
    16*x^6+14*x^5+29*x^4-2*x^3+8*x^2+10*x-12
```

（2）多项式导数运算 多项式导数运算用函数 polyder 来实现。其调用格式为：

$$polyder(p)$$

其中 p 为多项式的系数向量。

例 2-42： 多项式导数运算示例。

解： 在 MATLAB 命令窗口中输入以下命令：

```
>> polyder(p)              %p 与例 2-41 相同
q=polyder(p)
q =
    8    9    24    -5
>> poly2sym(q)
ans =
    8*x^3+9*x^2+24*x-5
```

（3）估值运算 多项式估值运算用函数 polyval 和 polyvalm 来实现，调用格式见表 2-21。

表 2-21　多项式估值函数

调用格式	说明
polyval(p,s)	p 为多项式，s 为矩阵，按数组运算规则来求多项式的值
polyvalm(p,s)	p 为多项式，s 为方阵，按矩阵运算规则来求多项式的值

例 2-43： 求多项式 $f(x) = 2x^5 + 5x^4 + 4x^2 + x + 4$ 在 $x=2$、5 处的值。

解： 在 MATLAB 命令窗口中输入以下命令：

```
>> p1=[2 5 0 4 1 4];
>> h=polyval(p1,[2 5])
h =
        166        9484
```

（4）求根运算 求根运算用函数 roots。

例 2-44： 多项式求根运算示例。

解： MATLAB 程序如下：

```
>> r=roots(p1)
r =
  -2.7709
   0.5611 + 0.7840i
   0.5611 - 0.7840i
  -0.4257 + 0.7716i
  -0.4257 - 0.7716i
```

3. 多项式拟和

多项式拟和用 polyfit 来实现。其调用格式见表 2-22。

表 2-22　polyfit 调用格式

调用格式	说　明
polyfit(x,y,n)	表示用二乘法对已知数据 x、y 进行拟和，以求得 n 阶多项式系数向量
[p,s]=polyfit(x,y,n)	p 为拟和多项式系数向量，s 为拟和多项式系数向量的信息结构

例 2-45： 用 5 阶多项式对 $(0, \pi/2)$ 上的正弦函数进行最小二乘拟和。

解： MATLAB 程序如下：

```
>> x=0:pi/20:pi/2;
>> y=sin(x);
>> a=polyfit(x,y,5);
>> y1=polyval(a,x);
>> plot(x,y,'go',x,y1,'b—')
```

结果如图 2-2 所示。

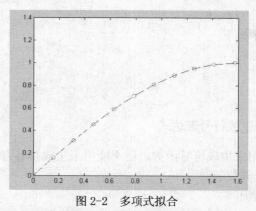

图 2-2　多项式拟合

由图 2-2 可知，由多项式拟和生成的图形与原始曲线可很好地吻合，这说明多项式的拟和效果很好。

2.4　符号运算

在数学、物理学及力学等各种学科和工程应用中还经常遇到符号运算的问题。符号运算是 MATLAB 数值计算的扩展，在运算过程中以符号表达式或符号矩阵为运算对象，对象是一个字符，数字也被当做字符来处理；符号运算允许用户获得任意精度的解，在计算过程中解是精确的，只有在最后转化为数值解时才会出现截断误差，能够保证计算精度；同时，符号运算可以把表达式转化为数值形式，也能把数值形式转化为符号表达式，实现了符号计算和数值计算的相互结合，使应用更灵活。MATLAB 的符号运算是通过集成在 MATLAB 中的符号数学工具箱（Symbolic Math Toolbox）来实现的。

2.4.1　符号表达式的生成

在 MATLAB 符号数学工具箱中，符号表达式是代表数字、函数和变量的 MATLAB 字符串或字符串数组，它不要求变量要有预先确定的值。符号表达式包括符号函数和符号方程，其中符号函数没有等号，而符号方程必须带有等号，但是二者的创建方式是相同的，都是用单引号括起来。MATLAB 在内部把符号表达式表示成字符串，以与数字相区别。符号表达式的创建可使用以下两种方法。

1. 用函数 sym 来生成符号表达式

在 MATLAB 可以自己确定变量类型的情况下，可以不用 sym 函数来显式地生成符号表达式。在某些情况下，特别是建立符号数组时，必须要用 sym 函数来将字符串转换成符号表达式。

例 2-46：生成符号函数示例。

解：MATLAB 程序如下：

```
>> f=sym('sin(x)')
f =
    sin(x)
```

例 2-47：生成符号方程示例。

解：MATLAB 程序如下：

```
>> f=sym('sin(x)^2=0')
f =
    sin(x)^2=0
```

2. 用函数 syms 来生成符号表达式

用 syms 函数只能用来生成符号函数，而不能用来生成符号方程。

例 2-48：生成符号函数示例。

解：MATLAB 程序如下：

```
>> syms x y
>> f=sin(x)+cos(y)
f =
sin(x)+cos(y)
```

2.4.2　符号表达式的运算

在 MATLAB 工具箱中，符号表达式运算主要是通过符号函数进行的。所有的符号函数作用到符号表达式和符号数组，返回的仍是符号表达式或符号数组（即字符串）。可以运用 MATLAB 中的函数 isstr 来判断返回表达式是字符串还是数字，如果是字符串，isstr 返回 1，否则返回 0。符号表达式的运算主要包括以下三种：

1. 提取分子、分母

如果符号表达式是有理分数的形式，则可通过函数 numden 来提取符号表达式中的分子和分母。numden 可将符号表达式合并、有理化，并返回所得的分子和分母。numden 的调用格式见表 2-23。

表 2-23　numden 调用格式

调用格式	说　明
[n,d]=numden(a)	提取符号表达式 a 的分子和分母，并将其存放在 n 和 d 中
n=numden(a)	提取符号表达式 a 的分子和分母，但只把分子存放在 n 中

例 2-49：提取符号表达式分子和分母示例。

解：在 MATLAB 命令窗口中输入以下命令：

```
>> f=sym('a*x^2+b*x/(a-x)');
>> [n,d]=numden(f)
n =
    x*(a^2*x-a*x^2+b)
d =
    a-x
```

2. 符号表达式的基本代数运算

符号表达式的加、减、乘、除、幂运算与一般的数值运算一样，分别用 "+"，"-"、"*"、"/"、"^" 来进行运算。

例 2-50：符号表达式的基本代数运算示例。

解：在 MATLAB 命令窗口中输入以下命令：

```
>> f=sym('x');
>> g=sym('x^2');
>> f+g
ans =
    x+x^2
 >> f*g
ans =
    x^3
>> f^g
ans =
    x^(x^2)
```

3. 符号表达式的高级运算

符号表达式的高级运算主要是指符号表达式的复合函数运算、反函数运算、表达式的符号和。

➤ 复合函数运算

在 MATLAB 中符号表达式的复合函数运算主要是通过函数 compose 来实现的。compose 函数的调用格式见表 2-24。

表 2-24　compose 调用格式

调用格式	说　明
compose(f, g)	返回复合函数 f(g(y))。在这里 f=f(x)，g=g(y)。其中 x 是 findsym 定义的 f 函数的符号变量，y 是 findsym 定义的 g 函数的符号变量
compose(f, g, z)	返回自变量为 z 的复合函数 f(g(z))。在这里 f=f(x)，g=g(y)。其中 x、y 分别是 findsym 定义的 f 函数和 g 函数的符号变量
compose(f, g, x, z)	返回复合函数 f(g(z))，并使 x 成为 f 函数的独立变量，即如果 f=cos(x/t)，则 compose(f, g, x, z) 返回 cos(g(z)/t)
compose(f, g, x, y, z)	返回复合函数 f(g(z))，并使 x 与 y 分别成为 f 与 g 函数的独立变量，即如果 f=cos(x/t)，g=sin(y/u)，则 compose(f,g, x,y,z 返回 cos(sin(z/u)/t)，而 compose(f,g,x,z) 返回 cos(sin(y/z)/t)

例 2-51：符合函数的运算示例。

解：在 MATLAB 命令窗口中输入以下命令：

```
>> syms x y z t u;
>> f=1/1+x^2;
>> g=sin(y);
>> h=x^t;
>> p=exp(-y/u);
>> compose(f, g)
ans =
    1+sin(y)^2
>> compose(f, g, t)
ans =
    1+sin(t)^2
>> compose(h, g, x, z)
ans =
    sin(z)^t
>> compose(h, g, t, z)
ans =
    x^sin(z)
>> compose(h, p, x, y, z)
ans =
    exp(-z/u)^t
>> compose(h, p, t, u, z)
ans =
    x^exp(-y/z)
```

➤ 反函数运算

在 MATLB 中符号表达式的反函数运算主要是通过函数 finverse 来实现的。finverse 函数的调用格式见表 2-25。

表 2-25　finverse 调用格式

调用格式	说 明
g=finverse(f)	返回符号函数 f 的反函数，其中 f 是一个符号函数表达式，其变量为 x。求得反函数是一个满足 g(f(x))=x 的符号函数
g=finverse(f,v)	返回自变量为 v 的符号函数 f 的反函数，求反函数 g 是一个满足 g(f(v))=v 的符号函数。当 f 包含不止一个变量时，往往用这种反函数的调用格式

例 2-52： 反函数运算示例。

解： MATLAB 程序如下：

```
>> syms x y;
>> f=x^2+y;
>> finverse(f,y)
ans =
    -x^2+y
>> finverse(f)
 Warning: finverse(x^2+y) is not unique.          %解不唯一时，给出警告信息
In sym.finverse at 48
ans =
    (-y+x)^(1/2)
```

➤ 求表达式的符号和

在 MATLAB 中，求表达式的符号和主要是通过函数 symsum 来实现的。symsum 函数的调用格式见表 2-26。

表 2-26　symsum 调用格式

调用格式	说 明	调用格式	说 明
symsum(s)	返回 $\sum_{0}^{x-1} s(x)$ 的结果	symsum(s,a,b)	返回 $\sum_{a}^{b} s(x)$ 的结果
symsum(s,v)	返回 $\sum_{0}^{x-1} s(v)$ 的结果	symsum(s,v,a,b)	返回 $\sum_{a}^{b} s(v)$ 的结果

例 2-53： 求表达式符号和的示例。

解： MATLAB 程序如下：

```
>> x=sym('x');
>> symsum(x)
ans =
    1/2*x^2-1/2*x
```

2.4.3　符号与数值间的转换

1. 将符号表达式转换成数值表达式

将符号表达式转换成数值表达式主要是通过函数 numeric 或 eval 来实现的。

例 2-54: 用 eval 函数来生成四阶的希尔伯特(Hilbert)矩阵。

解: 在 MATLAB 命令窗口中输入以下命令:

```
>>n=4;
>>t='1/(i+j-1)'
 >>a=zero(n);
>>for i=1:n
>>for j=1:n
>>a(i,j)=eval(t);        %将 eval 换成 numeric 结果相同
>>end
>>end
>>a
a=
1.0000    0.5000    0.3333    0.2500
0.5000    0.3333    0.2500    0.2000
0.3333    0.2500    0.2000    0.1667
0.2500    0.2000    0.1667    0.1429
```

2. 将数值表达式转换成符号表达式

将数值表达式转换成符号表达式主要是通过函数 sym 来实现的。

例 2-55: 将数值表达式转换成符号表达式示例。

解: MATLAB 程序如下:

```
>> p=1.74;
>> q=sym(p)
q =
   87/50
```

另外,函数 poly2sym 实现将 MATLAB 等价系数向量转换成它的符号表达式。

例 2-56: poly2sym 函数使用示例。

解: 在 MATLAB 命令窗口中输入以下命令:

```
>> a=[1 3 4 5];
>> p=poly2sym(a)
p =
x^3+3*x^2+4*x+5
```

2.4.4 符号矩阵

符号矩阵和符号向量中的元素都是符号表达式。

1. 符号矩阵的生成

符号矩阵可通过函数 sym 来生成。符号矩阵中的元素是任何不带等号的符号表达式,各符

号表达式的长度可以不同。符号矩阵中以空格或逗号分隔的元素指定的是不同列的元素，而以分号分隔的元素指定的是不同行的元素。生成符号矩阵有以下三种方法。

● 直接输入

直接输入符号矩阵时，符号矩阵的每一行都要用方括号括起来，而且要保证同一列的各行元素字符串的长度相同，因此，在较短的字符串中要插入空格来补齐长度，否则程序将会报错。

● 用 sym 函数创建符号矩阵

用这种方法创建符号矩阵，矩阵元素可以是任何不带等号的符号表达式，各矩阵元素之间用逗号或空格分隔，各行之间用分号分隔，各元素字符串的长度可以不相等。

● 将数值矩阵转化为符号矩阵

在 MATLAB 中，数值矩阵不能直接参与符号运算，所以必须先转化为符号矩阵。

例 2-57：创建符号矩阵示例。

解：MATLAB 程序如下：

```
>> sm=['[1/(a+b),x^3    ,cos(x)]';'[log(y) ,abs(x),c        ]']

sm =

[1/(a+b),x^3    ,cos(x)]
[log(y) ,abs(x),c       ]
>> a=sym('[sin(x)   cos(x);exp(x^2)    log(tanh(y))]')
 a =
[        sin(x),            cos(x)]
[     exp(x^2),    log(tanh(y))]
>> A=[sin(pi/3),cos(pi/4);log(3),tanh(6)]

A =

0.8660    0.7071
1.0986    1.0000

>> B=sym(A)

B =

[                sqrt(3/4),                sqrt(1/2)]
[ 4947709893870346*2^(-52), 9007088571131196*2^(-53)]
```

2. 符号矩阵的运算

（1）符号矩阵的基本运算　在 MATLAB 中符号矩阵的运算非常方便，实际上，它与数值矩阵的四则运算几乎完全相同。符号矩阵的加、减、乘、除、幂运算可分别用 "+"、"-"、"*"、

"/"、"^"符号进行运算。符号矩阵"数组指数运算"由 exp 实现，而"矩阵指数运算"由函数 expm 来实现。

例 2-58：符号矩阵的基本运算示例。

解：MATLAB 程序如下：

```
>> a=sym('[x 1;2 sin(x)]');
>> b=sym('[1/x x; 1/(x^2) x+1]');
>> b-a
ans =
[        1/x-x,             x-1]
[    1/x^2-2,   x+1-sin(x)]
>> a*b
ans =
 [              1+1/x^2,               x^2+x+1]
[   2/x+sin(x)/x^2,        2*x+sin(x)*(x+1)]
 >> a/b
ans =
[              1/x^2*(x^4+x^3-1),                      -(x^3-1)/x]
[ 1/x^2*(-sin(x)+2*x^3+2*x^2),                -(-sin(x)+2*x^2)/x]
 >> a\b
ans =
[   (sin(x)*x-1)/x^2/(sin(x)*x-2),     (-x+sin(x)*x-1)/(sin(x)*x-2)]
[                -1/x/(sin(x)*x-2),         x*(x-1)/(sin(x)*x-2)]
 >> a^2
ans =
[             x^2+2,        x+sin(x)]
[   2*x+2*sin(x),    2+sin(x)^2]
 >> exp(b)
ans =
[    exp(1/x),        exp(x)]
[   exp(1/x^2),    exp(x+1)]
```

（2）符号矩阵的一些其他运算

➤ 符号矩阵的转置运算

符号矩阵的转置运算可以通过符号"'"或函数 transpose 来实现。

例 2-59：求上例中矩阵 a 的转置。

解：MATLAB 程序如下：

```
>> transpose(a)
ans =
[      x,         2]
```

62

[　　　1,　　sin(x)]

➤　符号矩阵的行列式运算

符号矩阵的行列式运算可以通过函数 determ 或 det 来实现。

例 2-60：求上例中矩阵 a 的行列式。

解：在 MATLAB 命令窗口中输入以下命令：

```
>> det(a)
ans =
    sin(x)*x-2
```

➤　符号矩阵的逆运算

符号矩阵的逆运算可以通过函数 inv 来实现。

例 2-61：求例 2-58 中矩阵 b 的逆矩阵。

解：在 MATLAB 命令窗口中输入以下命令：

```
>> inv(b)
 ans =
[     x+1,        -x]
[ -1/x^2,        1/x]
```

➤　符号矩阵的求秩运算

符号矩阵的求秩运算可以通过函数 rank 来实现。

例 2-62：求上例中矩阵 b 的秩。

解：MATLAB 程序如下：

```
>> rank(b)
ans =
    2
```

（3）符号矩阵的常用函数运算

➤　符号矩阵的特征值、特征向量运算

在 MATLAB 中符号矩阵的特征值、特征向量运算可以通过函数 eig、eigensys 来实现。

例 2-63：符号矩阵的特征值、特征向量运算示例。

解：在 MATLAB 命令窗口中输入以下命令：

```
>> [x y]=eig(a)
 x =
[                                    1,                                    1]
[   -1/2*x+1/2*(x^2+4*x+8)^(1/2),      -1/2*x-1/2*(x^2+4*x+8)^(1/2)]
 y =
[ 1/2*x+1/2*(x^2+4*x+8)^(1/2),                                    0]
[                              0,      1/2*x-1/2*(x^2+4*x+8)^(1/2)]
```

> 符号矩阵的奇异值运算

符号矩阵的奇异值运算可以通过函数 svd、singavals 来实现。

例 2-64：符号矩阵的奇异值运算示例。

解：MATLAB 程序如下：

```
>> syms t real
>> a=[0 1;-1,0];
>> e=expm(t*a)
 e =
[  cos(t),   sin(t)]
[  -sin(t),  cos(t)]
 >> sigma=svd(e)
sigma =
 (cos(t)^2+sin(t)^2)^(1/2)
 (cos(t)^2+sin(t)^2)^(1/2)
```

> 符号矩阵的若尔当(Jordan)标准型运算

符号矩阵的若尔当标准型运算可以通过函数 jordan 来实现。

例 2-65：符号矩阵的若尔当标准型运算示例。

解：MATLAB 程序如下：

```
>> a=sym('[2 4 ;3 2]');
>> [b,c]=jordan(a)
 b =
[              1/2,              1/2]
[   1/4*3^(1/2),  -1/4*3^(1/2)]
 c =
[ 2+2*3^(1/2),              0]
[            0,  2-2*3^(1/2)]
```

上例中的 b 为转换矩阵，其列是特征向量，c 为若尔当标准型，它是特征值的对角矩阵。

3．符号矩阵的简化

符号工具箱中还提供了符号矩阵因式分解、展开、合并、简化及通分等符号操作等函数。

> 因式分解

符号矩阵因式分解通过函数 factor 来实现，其调用格式如下：

◆ factor(S)　输入变量 S 为一符号矩阵，此函数将因式分解此矩阵的各个元素。如果 S 包含的所有元素为整数，则计算最佳因式分解式。为了分解大于 2^{25} 的整数，可使用 factor(sym('N'))。

例 2-66：符号表达式分解示例。

解：MATLAB 程序如下：

```
>> syms x
>> factor(x^9-1)
 ans =
(x-1)*(1+x^2+x)*(x^6+x^3+1)
```

例 2-67：大整数的分解示例。

解：MATLAB 程序如下：

```
>> factor(sym('12345678901234567890'))
 ans =
  (2)*(3)^2*(5)*(101)*(3803)*(3607)*(27961)*(3541)
```

➢ 符号矩阵的展开

符号矩阵的展开可以通过函数 expand 来实现，其调用格式如下：

◆ expand(S)　对符号矩阵的各元素的符号表达式进行展开。此函数经常用在多项式的表达式中，也常用在三角函数、指数函数、对数函数的展开中。

例 2-68：符号矩阵的展开示例。

解：在 MATLAB 命令窗口中输入以下命令：

```
>> syms x y
>> expand((x+3)^4)
 ans =
  x^4+12*x^3+54*x^2+108*x+81
 >> expand(cos(x+y))
 ans =
  cos(x)*cos(y)-sin(x)*sin(y)
```

➢ 符号简化

符号简化可以通过函数 simple 和 simplify 来实现，见表 2-27。

表 2-27 符号简化

调用格式	说 明
simple (S)	对表达式 S 尝试多种不同算法简化，以显示 S 表达式的长度最短的简化形式；若 S 为一矩阵，则结果是全矩阵的最短型，而非每个元素的最短型
[r how]=simple(S)	返回的 r 为简化型，how 为简化过程中使用的方法
simplify	简化符号矩阵的每一个元素

例 2-69：符号简化示例。

解：MATLAB 程序如下：

```
>> simplify(sin(x)^2+cos(x)^2)
 ans =
  1
```

➢ 分式通分

求解符号表达式的分子和分母可以通过函数 numden 来实现，其调用格式如下：

$$[n, d]=numden(A)$$

把 A 的各元素转换为分子和分母都是整系数的最佳多项式型。

例 2-70：求解符号表达式的分子和分母示例。

解：MATLAB 程序如下：

```
>> [n, d]=numden(x/y-y/x)
 n =
   x^2-y^2
 d =
   y*x
```

➢ 符号表达式的"秦九韶型"重写

符号表达式的"秦九韶型"重写可以通过函数 horner(P)来实现，其调用格式如下：

$$horner(P)$$

将符号多项式转换成嵌入套形式表达式。

例 2-71：符号表达式的"秦九韶型"重写示例。

解：MATLAB 程序如下：

```
>> horner(x^4-3*x^2+1)
 ans =
   1+(-3+x^2)*x^2
```

2.5 M 文件

在实际应用中，直接在 MATLAB 工作空间的命令窗口中输入简单的命令并不能够满足用户的所有需求，因此 MATLAB 提供了另一种强大的工作方式，即利用 M 文件编程。本节就主要介绍这种工作方式。

M 文件因其扩展名为.m 而得名，它是一个标准的文本文件，因此可以在任何文本编辑器中进行编辑、存储、修改和读取。M 文件的语法类似于一般的高级语言，是一种程序化的编程语言，但它又比一般的高级语言简单，且程序容易调试、交互性强。MATLAB 在初次运行 M 文件时会将其代码装入内存，再次运行该文件时会直接从内存中取出代码运行，因此会大大加快程序的运行速度。

M 文件有两种形式：一种是命令文件（有的书中也叫脚本文件 Script）；另一种是函数文件（Function）。下面分别来了解一下两种形式。

2.5.1 命令文件

在实际应用中，如果要输入较多的命令，且需要经常重复输入时，就可以利用 M 文件来实现。需要运行这些命令时，只需在命令窗口中输入 M 文件的文件名即可，系统会自动逐行地运行 M 文件中的命令。命令文件中的语句可以直接访问 MATLAB 工作空间（Workspace）中的所有变量，且在运行过程中所产生的变量均是全局变量。这些变量一旦生成，就一直保存在内存中，用 clear 命令可以将它们清除。

　　M 文件可以在任何文本编辑器中进行编辑，MATLAB 也提供了相应的 M 文件编辑器，可以在工作空间的命令窗口中输入 edit 直接进入 M 文件编辑器，也可依次选择菜单 File→New→M-File 或直接单击工具栏上的图标 。

　　例 2-72：编辑一个 M 文件，使其功能为求 10!。

　　解：首先用上面的方法进入 M 文件编辑器，并输入下面内容：

```
%以下命令用来求 10!
s=1;
for i=2:10                %开始 for 循环
    s=s*i;
end
disp('10 的阶乘为：');
s
```

单击 M 文件编辑器窗口工具栏中的图标 ，或依次选择菜单 File→Save 将所编辑的文件保存并命名为 example2_5_1，在命令窗口中输入 example2_5_1，并按下回车将出现下面内容：

```
>> example2_5_1
10 的阶乘为：
s =
   3628800
```

可以用 whos 来查看运行后内存中的变量，如下：

```
>> whos
  Name      Size                   Bytes  Class
  ans       1x1                        8  double array
  i         1x1                        8  double array
  s         1x1                        8  double array
Grand total is 3 elements using 24 bytes
>> clear          %清除内存中的变量，之后再运行 whos 将什么也不显示
```

对于上例，需要说明的是：M 文件中的符号"%"用来对程序进行注释，而在实际运行时并不执行，这相当于 Basic 语言中的"\"或 C 语言中的"/*"和"*/"。编辑完文件后，一定要将其存在当前工作路径下，系统默认路径为"matlab\work"。

2.5.2　函数文件

　　函数文件的第一行一般都以 function 开始，它是函数文件的标志。它是为了实现某种特定功能而编写的，例如 MATLAB 工具箱中的各种命令实际上都是函数文件，由此可见函数文件在实际应用中的作用。

　　函数文件与命令文件的主要区别在于：函数文件一般都要带有参数，都要有返回值（有一些函数文件不带参数和返回值），而且函数文件要定义函数名；命令文件一般不需要带参数和返

回值（有的命令文件也带参数和返回值），且其中的变量在执行后仍会保存在内存中，直到被 clear 命令清除，而函数文件的变量仅在函数的运行期间有效，一旦函数运行完毕，其所定义的一切变量都会被系统自动清除。

例 2-73：编写一个求任意非负整数阶乘的函数，并用它来求上例中 10 的阶乘。

解：打开 M 文件编辑器，并输入下面内容：

```
function s=jiecheng(n)
%此函数用来求非负整数 n 的阶乘
%参数 n 可以为任意的非负整数
if n<0
%若用户将输入参数误写成负值，则报错
    error('输入参数不能为负值！');
    return;
else
    if n==0     %若 n 为 0，则其阶乘为 1
        s=1;
    else
        s=1;
        for i=1:n
            s=s*i;
        end
    end
end
```

将上面的函数文件保存并取名为 jiecheng（必须与函数名相同），然后在命令窗口中求 10 的阶乘，操作如下：

```
>> s=jiecheng(10)
s =
    3628800
```

在编写函数文件时要养成写注释的习惯，这样可以使程序更加清晰，也可让别人看得明白，同时也对后面的维护起向导作用。利用 help 命令可以查到关于函数的一些注释信息，例如：

```
>> help jiecheng
  此函数用来求非负整数 n 的阶乘
  参数 n 可以为任意的非负整数
```

注 意

在应用这个命令时需要注意，它只能显示 M 文件注释语句中的第一个连续块，而与第一个连续块被空行或其他语句所隔离的注释语句将不会显示出来。lookfor 命令同样可以显示一些注释信息，不过它显示的只是文件的第一行注释，因此在编写 M 文件时，应养成在第一行注释中尽可能多地包含函数特征信息的习惯。

在编辑函数文件时，MATLAB 也允许对函数进行嵌套调用和递归调用。被调用的函数必须为已经存在的函数，这包括 MATLAB 的内部函数以及用户自己编写的函数。下面分别来看一下两种调用格式。

➤ 函数的嵌套调用

所谓函数的嵌套调用，即指一个函数文件可以调用任意其他函数，被调用的函数还可以继续调用其他函数，这样一来可以大大降低函数的复杂性。

例 2-74：编写一个求 $1 + \dfrac{1}{2!} + \dfrac{1}{3!} + L + \dfrac{1}{n!}$ 的函数，其中 n 由用户输入。

解：创建一个文件名为 sum_jiecheng 的函数文件：

```
function s=sum_jiecheng(n)
%此函数用来求 1+1/2!+...+1/n!的值
%参数 n 为任意非负整数
if n<0
%若用户将输入参数误写成负值，则报错
    disp('输入参数不能为负值！');
    return;
else
    s=0;
    for i=1:n
        s=s+1/jiecheng(i);      %调用求 n 的阶乘的函数 jiecheng
    end
end
```

在命令窗口中求 $1 + \dfrac{1}{2!} + \dfrac{1}{3!} + L + \dfrac{1}{10!}$ 的值：

```
>> s=sum_jiecheng(10)
s =
   1.7183
```

➤ 函数的递归调用

所谓函数的递归调用，即指在调用一个函数的过程中直接或间接地调用函数本身。这种用法在解决很多实际问题时是非常有效的，但用不好的话，容易导致死循环。因此一定要掌握好如何使用跳出递归的语句，这需要读者平时多多练习并注意积累经验。

例 2-75：利用函数的递归调用编写求阶乘的函数。

解：创建文件名为 factorial 的函数文件如下

```
function s=factorial(n)
%此函数利用递归来求阶乘
%参数 n 为任意非负整数
if n<0
```

```
%若用户将输入参数误写成负值，则报错
    disp('输入参数不能为负值！');
    return;
end
if n==0|n==1
    s=1;
else
    s=n*factorial(n-1);      %对函数本身进行递归调用
end
```

利用这个函数求 10！如下：

```
>> s=factorial(10)
s =
    3628800
```

 注 意

M 文件的文件名或 M 函数的函数名应尽量避免与 MATLAB 的内置函数和工具箱中的函数重名，否则可能会在程序执行中出现错误；M 函数的文件名必须与函数名一致。

2.6 MATLAB 程序设计

本节着重讲 MATLAB 中的程序结构及相应的流程控制。在上一节中，我们已经强调了 M 文件的重要性，要想编好 M 文件就必须要学好 MATLAB 程序设计。

2.6.1 程序结构

对于一般的程序设计语言来说，程序结构大致可分为顺序结构、循环结构与分支结构三种，MATLAB 程序设计语言也不例外。但是，MATLAB 语言要比其他程序设计语言好学得多，因为它的语法不像 C 语言那样复杂，并且具有强大的工具箱，使得它成为科研工作者及学生最易掌握的软件之一。下面将分别就上述三种程序结构进行介绍。

1．顺序结构

顺序结构是最简单最易学的一种程序结构，它由多个 MATLAB 语句顺序构成，各语句之间用分号“；”隔开，若不加分号，则必须分行编写，程序执行时也是由上至下顺序进行的。下面来看一个顺序结构的例子。

例 2-76：仔细阅读下面的程序（example2_6_1.m）并上机调试。

解：example2_6_1.m 的内容如下：

```
disp('这是一个顺序结构的例子');
```

```
disp('矩阵 A、B 分别为');
A=[1 2;3 4];
B=[5 6;7 8];
A,B
disp('A 与 B 的和为：');
C=A+B
```

运行结果为：

```
>> example2_6_1
这是一个顺序结构的例子
矩阵 A、B 分别为
A =
    1    2
    3    4
B =
    5    6
    7    8
A 与 B 的和为：
C =
    6    8
   10   12
```

2．循环结构

在利用 MATLAB 进行数值实验或工程计算时，用得最多的便是循环结构了。在循环结构中，被重复执行的语句组称为循环体，常用的循环结构有两种：for-end 循环与 while-end 循环。下面分别简要介绍相应的用法。

➢　for-end 循环

在 for-end 循环中，循环次数一般情况下是已知的，除非用其他语句提前终止循环。这种循环以 for 开头，以 end 结束，其一般形式为：

```
        for   变量＝表达式
            可执行语句 1
            ……
            可执行语句 n
        end
```

其中，表达式通常为形如 m:s:n（s 的默认值为 1）的向量，即变量的取值从 m 开始，以间隔 s 递增一直到 n，变量每取一次值，循环便执行一次。事实上，这种循环在上一节就已经用到了，见例 2-72，下例是一个特别的 for-end 循环示例。

例 2-77：上机调试下面的代码（example2_6_2.m）并观察该代码的作用。

解：example2_6_2.m 的内容如下：

```
A=[1 2 3;4 5 6];
k=1;
for i=A
    B(k,:)=i';
    k=k+1;
end
B
```

运行结果为：

```
>> example2_6_2
B =
     1      4
     2      5
     3      6
```

显然 B 即矩阵 A 的转置矩阵，也就是说上面的代码实现的是对矩阵 A 的转置操作。

➤   while-end 循环

若我们不知道所需要的循环到底要执行多少次，那么就可以选择 while-end 循环，这种循环以 while 开头，以 end 结束，其一般形式为：

      while   表达式
          可执行语句 1

          ······
          可执行语句 n

      end

其中表达式即循环控制语句，它一般是由逻辑运算或关系运算及一般运算组成的表达式。若表达式的值非零，则执行一次循环，否则停止循环。这种循环方式在编写某一数值算法时用得非常多。一般来说，能用 for-end 循环实现的程序也能用 while-end 循环实现，见下例：

例 2-78：利用 while-end 循环实现例 2-72 中的程序。

解：编写名为 example2_6_3 的 M 文件如下：

```
i=2;
s=1;
while i<=10
    s=s*i;
    i=i+1;
end
disp('10 的阶乘为：');
s
```

运行结果为：

```
>> example2_6_3
```

10 的阶乘为：

```
s =
    3628800
```

3．分支结构

这种程序结构也叫选择结构，即根据表达式值的情况来选择执行哪些语句。在编写较复杂的算法的时候一般都会用到此结构。MATLAB 编程语言提供了三种分支结构：if-else-end 结构、switch-case-end 结构和 try-catch-end 结构。其中较常用的是前两种。下面我们分别来介绍这三种结构的用法。

➤　if-else-end 结构

这种结构也是复杂结构中最常用的一种分支结构，它有以下三种形式：

(1)　if　　　表达式
　　　　　　语句组

　　end

说明：若表达式的值非零，则执行 if 与 end 之间的语句组，否则直接执行 end 后面的语句。

(2)　if　　　表达式
　　　　　　语句组 1

　　else
　　　　　　语句组 2

　　end

说明：若表达式的值非零，则执行语句组 1，否则执行语句组 2。

(3)　if　　　表达式 1
　　　　　　语句组 1

　　elseif　　表达式 2
　　　　　　语句组 2

　　elseif　　表达式 3
　　　　　　语句组 3

　　……　　　……

　　else
　　　　　　语句组 n

　　end

说明：程序执行时先判断表达式 1 的值，若非零则执行语句组 1，然后执行 end 后面的语句，否则判断表达式 2 的值，若非零则执行语句组 2，然后执行 end 后面的语句，否则继续上面的过程。如果所有的表达式都不成立，则执行 else 与 end 之间的语句组 n。

事实上，在上一节我们已经用过了第二种形式的分支结构，下面再来看一个例子：

例 2-79：编写一个求 $f(x) = \begin{cases} 3x+2 & x < -1 \\ x & -1 \leq x \leq 1 \\ 2x+3 & x > 1 \end{cases}$ 值的函数，并用它来求 $f(0)$ 的值。

解：编写 f.m 函数文件如下：

```
function y=f(x)
%此函数用来求分段函数 f(x)的值
%当 x<1 时, f(x)=3x+2;
%当-1<=x<=1 时，f(x)=x;
%当 x>1 时，f(x)=2x+3;
    if x<-1
      y=3*x+2;
elseif -1<=x<=1
      y=x;
else
      y=2*x+3;
end
```

求 $f(0)$ 如下：

```
>> y=f(0)
y =
    0
```

➤ switch-case-end 结构

一般来说，这种分支结构也可以由 if-else-end 结构实现，但会使程序变得更加复杂且不易维护。switch-case-end 分支结构一目了然，而且更便于后期维护，这种结构的形式为：

switch	变量或表达式
case	常量表达式 1
	语句组 1
case	常量表达式 2
	语句组 2
……	……
case	常量表达式 n
	语句组 n
otherwise	
	语句组 n+1
end	

其中，switch 后面的表达式可以是任何类型的变量或表达式，如变量或表达式的值与其后某个 case 后的常量表达式的值相等，就执行这个 case 和下一个 case 之间的语句组，否则就执行 otherwise 后面的语句组 n+1，执行完一个语句组程序便退出该分支结构执行 end 后面的语句。下面来看一个这种结构的例子。

例 2-80：编写一个学生成绩评定函数，要求若该生考试成绩在 85~100 之间，则评定为"优秀"；若在 70~84 之间，则评定为"良好"；若在 60~69 之间，则评定为"及格"；若在 60 分以下，则评定为"不及格"。

解： 首先建立名为 grade_assess.m 的函数文件：

```
function grade_assess(Name,Score)
% 此函数用来评定学生的成绩
% Name,Score 为参数，需要用户输入
% Name 中的元素为学生姓名
% Score 中元素为学分数

% 统计学生人数
n=length(Name);

% 将分数区间划开：优（85～100），良（70～84），及格（60～70），不及格（60 以下）
for i=0:15
    A_level{i+1}=85+i;
    if i<=14
        B_level{i+1}=70+i;
        if i<=9
            C_level{i+1}=60+i;
        end
    end
end

% 创建存储成绩等级的数组
Level=cell(1,n);

% 创建结构体 S
S=struct('Name',Name,'Score',Score,'Level',Level);

% 根据学生成绩，给出相应的等级
for i=1:n
    switch S(i).Score
        case A_level
            S(i).Level='优';        %分数在 85～100 之间为"优"
        case B_level
            S(i).Level='良';        %分数在 70～84 之间为"良"
        case C_level
            S(i).Level='及格';      %分数在 60～69 之间为"及格"
        otherwise
```

```
            S(i).Level='不及格';  %分数在60以下为"不及格"
        end
end
```

```
%  显示所有学生的成绩等级评定
disp(['学生姓名',blanks(4),'得分',blanks(4),'等级']);
for i=1:n
    disp([S(i).Name,blanks(8),num2str(S(i).Score),blanks(6),S(i).Level]);
end
```

我们随便构造一个姓名名单以及相应的分数来看一下程序的运行结果：

```
>> Name={'赵一','王二','张三','李四','孙五','钱六'};
>> Score={90,46,84,71,62,100};
>> grade_assess(Name,Score)
学生姓名       得分        等级
赵一          90         优
王二          46         不及格
张三          84         良
李四          71         良
孙五          62         及格
钱六          100        优
```

➢   try-catch-end 结构

有些 MATLAB 参考书中没有提到这种结构，因为上述两种分支结构足以处理实际中的各种情况了。但是这种结构在程序调试时很有用，因此在这里我们简单介绍一下这种分支结构，它的一般形式为：

```
    try
        语句组 1
    catch
        语句组 2
    end
```

在程序不出错的情况下，这种结构只有语句组 1 被执行；若程序出现错误，那么错误信息将被捕获，并存放在 lasterr 变量中，然后执行语句组 2，若在执行语句组的时候，程序又出现错误，那么程序将自动终止，除非相应的错误信息被另一个 try-catch-end 结构所捕获。下面来看一个例子。

例 2-81：利用 try-catch-end 结构调试例 2-78 中的 M 文件。

解：建立 example2_6_4.m 文件如下：

```
% 该程序段用来检查 example2_6_3 中的程序是否有问题
try
    i=2;
```

```
    s=1;
    while i<=10
        s=s*i;
        i=i+1;
    end
    disp('10 的阶乘为：');
    S                        %原程序这里是小写的 s，我们在这里改成大写的
catch
    disp('程序有错误！')
    disp('');
    disp('错误为：');
    lasterr
end
```

运行结果为：

```
>> example2_6_4
10 的阶乘为：
程序有错误！
错误为：

ans =

Undefined function or variable "S".
```

从上面这个例子，我们可以清楚地看到 try-catch-end 结构的运行顺序，先逐行运行 try 和 catch 之间的语句，当运行到第八行时出现错误，即 'S' 没有定义，系统将这一错误信息捕获并将其保存到变量 lasterr 中，然后执行 catch 与 end 之间的程序行。

2.6.2　程序的流程控制

在利用 MATLAB 编程解决实际问题时，可能会需要提前终止 for 与 while 等循环结构，有时可能需要显示必要的出错或警告信息、显示批处理文件的执行过程等，而这些特殊要求的实现就需要本节所讲的程序流程控制命令，如 break 命令、pause 命令、continue 命令、return 命令、echo 命令、error 命令与 warning 命令等。下面我们就介绍一下这些命令的用法。

1. break 命令

该命令一般用来终止 for 或 while 循环，通常与 if 条件语句在一起用，如果条件满足则利用 break 命令将循环终止。在多层循环嵌套中，break 只终止最内层的循环。

例 2-82：break 命令应用举例。

解：编写 M 文件 example2_6_5.m 如下：

```
% 此程序段用来演示 break 命令
s=1;
for i=1:100
    i=s+i;
    if i>50
        disp('i 已经大于 50,终止循环！');
        break;
    end
end
i
```

运行结果为：

```
>> example2_6_5
i 已经大于 50,终止循环！
i =
    51
```

2. pause 命令

该命令用来使程序暂停运行，然后根据用户的设定来选择何时继续运行。该命令大多数用在程序的调试中，其调用格式见表 2-28。

表 2-28　pause 调用格式

调用格式	说　明
pause	暂停执行 M 文件，当用户按下任意键后继续执行；
pause(n)	暂停执行 M 文件，n 秒后继续
pause on	允许其后的暂停命令起作用
pause off	不允许其后的暂停命令起作用

例 2-83： pause 命令应用举例。

解：建立名为 example2_6_6 的 M 文件如下：

```
% 此程序段用来演示 pause 命令
i=2;
s=1;
while i<=10
    s=s*i;
    if i==4
        s
        pause;
    end
    i=i+1;
```

```
end
s
```

可以看出这个程序主要是为了求 10 的阶乘，在 i=4 处设置了一个暂停命令，此时求得 4 的阶乘，显然应该为 24，若 s 的值为 24，说明程序没有问题，则用户按下任意键后程序继续运行，将得出 10 的阶乘的结果，具体运行结果为：

```
>> example2_6_6
s =
    24                  %结果和实际一样，说明程序没问题，此时按任意键
10 的阶乘为：
s =

    3628800
```

3. continue 命令

该命令通常用在 for 或 while 循环结构中，并与 if 一起使用，其作用是结束本次循环，即跳过其后的循环语句而直接进行下一次是否执行循环的判断。

例 2-84： continue 命令应用举例。

解： 编写 example2_6_7.m 如下：

```
% 此 M 文件用来说明 continue 的作用
s=1;
for i=1:4
    if i==4
        continue;      %若没有这个语句则该程序求的是 4!，加上就变成了求 3!
    end
    s=s*i;             %当 i=4 时该语句得不到执行
end
s                      %显示 s 的值，应当为 3!
i
```

运行结果为：

```
>> example2_6_7
s =
    6
i =
    4
```

4. return 命令

该命令使正在运行的函数正常结束并返到调用它的函数或命令窗口。

例 2-85： 编写一个求两矩阵之和的程序。

解： 编写 sumAB.m 文件如下：

```
function C=sumAB(A,B)
% 此函数用来求矩阵A、B之和

[m1,n1]=size(A);
[m2,n2]=size(B);
%若A、B中有一个为空矩阵或两者维数不一致则返回空矩阵，并给出警告信息
if isempty(A)
    warning('A 为空矩阵！');
    C=[];
    return;
elseif isempty(B)
    warning('A 为空矩阵！');
    C=[];
    return;
elseif m1~=m2|n1~=n2
    warning('两个矩阵维数不一致！');
    C=[];
    return;
else
    for i=1:m1
        for j=1:n1
            C(i,j)=A(i,j)+B(i,j);
        end
    end
end
```

选取两个矩阵 A、B，运行结果为：

```
>> A=[];
>> B=[3 4];
>> C=sumAB(A,B)
Warning: A 为空矩阵！
> In sumAB at 9
C =
    []
```

5. echo 命令

该命令用来控制 M 文件在执行过程中显示与否，它通常用在对程序的调试与演示中，echo 命令调用格式见表 2-29。

表 2-29　echo 调用格式

调用格式	说　明
echo on	显示 M 文件执行过程
echo off	不显示 M 文件执行过程
echo	在上面两个命令间切换
echo FileName on	显示名为 FileName 的函数文件的执行过程
echo FileName off	关闭名为 FileName 的函数文件的执行过程
echo FileName	在上面两个命令间切换
echo on all	显示所有函数文件的执行过程
echo off all	关闭所有函数文件的执行过程

注　意

上面命令中涉及的函数文件必须是当前内存中的函数文件，对于那些不在内存中的函数文件，上述命令将不起作用。实际操作时可以利用 inmem 命令来查看当前内存中有哪些函数文件。

例 2-86： inmem 命令应用举例：显示上例函数的执行过程。

解： MATLAB 程序如下：

```
>> inmem          %查看当前内存中的函数
ans =
    'matlabrc'
    'hgrc'
    'sumAB'          %发现有上例中的函数文件，若没有发现则运行一次 sumAB 函数即可
    'imformats'
>> A=[];
>> B=[3 4];
>> C=sumAB(A,B)
% 此函数用来求矩阵 A、B 之和
[m1,n1]=size(A);
[m2,n2]=size(B);
%若 A、B 中有一个为空矩阵或两者维数不一致则返回空矩阵，并给出警告信息
if isempty(A)
    warning('A 为空矩阵！');
Warning: A 为空矩阵！
> In sumAB at 9
    C=[];
    return;
C =
    []
```

6. warning 命令

该命令用于在程序运行时给出必要的警告信息,这在实际中是非常有必要的。在实际中,因为一些人为因素或其他不可预知的因素可能会使某些数据输入有误,如果编程者在编程时能够考虑到这些因素,并设置相应的警告信息,那么就可以大大降低由数据输入有误而导致程序运行失败的可能性。

warning 命令常用的使用格式见表 2-30。

表 2-30　warning 调用格式

调用格式	说　明
warning('message')	显示警告信息 "message",其中 "message" 为文本信息
warning('message',a1,a2,…)	显示警告信息 "message",其中 "message" 包含转义字符,且每转义字符的值将被转化为 a1,a2,…的值
warning on	显示其后所有 warning 命令的警告信息
warning off	不显示其后所有 warning 命令的警告信息
warning debug	当遇到一个警告时,启动调试程序

事实上,这个命令在例 2-85 中已经用到了,下面再举一个含有转义字符的例子。

例 2-87: warning 命令应用举例:编写一个求 $y = \log_3 x$ 的函数。

解: 编写名为 log_3 的函数文件如下:

```
function y=log_3(x)
% 该函数用来求以 3 为底的 x 的对数

a1='负数';
a2=0;
if x<0
    y=[];
    warning('x 的值不能为%s!',a1);
    return;
elseif x==0
    y=[];
    warning('x 的值不能为%d!',a2);
    return;
else
    y=log(x)\log(3);
end
```

函数的运行结果如下:

```
>> y=log_3(-1)
Warning: x 的值不能为负数!
> In log_3 at 9
y =
```

```
        []
>> y=log_3(0)
Warning: x 的值不能为 0！
> In log_3 at 13
y =
        []
>> y=log_3(4)
y =
    1.2619
```

7. error 命令

该命令用来显示错误信息，同时返回键盘控制。它的调用格式见表 2-31。

表 2-31　echo 调用格式

调用格式	说　明
error('message')	终止程序并显示错误信息 "message"
error('message',a1,a2,…)	终止程序并显示错误信息 "message"，其中 "message" 包含转义字符，且每个转义字符的值将被转化为 a1，a2，…的值

这个命令的用法与 warning 命令非常相似，读者可以试着将上例中函数中的 "warning" 改为 "error"，并运行对比一下两者的不同。

初学者可能会对 break、continue、return、warning、error 几个命令产生混淆，为此，我们在表 2-32 中列举了它们各自的特点来帮助读者理解它们的区别。

表 2-32　五种命令的区别

命　令	特　点
break	执行此命令后，程序立即退出最内层的循环，进入外层循环
continue	执行此命令后，程序立即进入一次循环而不执行其中的语句
return	该命令可用在任意位置，执行后立即返回调用函数或命令窗口
warning	该命令可用在任意位置，但不影响程序的正常运行
error	该命令可用在任意位置，执行后立即终止程序的运行

2.6.3　交互式输入

在利用 MATLAB 编写程序时，我们可以通过交互的方式来协调程序的运行。常用的交互命令有 input 命令、keyboard 命令以及 menu 命令等。下面主要介绍一下它们的用法及作用。

1. input 命令

该命令用来提示用户从键盘输入数值、字符串或表达式，并将相应的值赋给指定的变量。它的使用格式见表 2-33。

表 2-33　input 调用格式

调用格式	说　明
s=input('message')	在屏幕上显示提示信息 "message"，待用户输入信息后，将相应的值赋给变量 s，若无输入则返回空矩阵
s=input('message','s')	在屏幕上显示提示信息 "message"，并将用户的输入信息以字符串的形式赋给变量 s，若无输入则返回空矩阵。

例 2-88：input 命令应用举例：求两个数或矩阵之和。

解：编写没有输入参数的函数 sum_ab.m 如下：

```
function c=sum_ab
% 此函数用来求两个数或矩阵之和
a=input('请输入 a\n');
b=input('请输入 b\n');
[ma,na]=size(a);
[mb,nb]=size(b);
if ma~=mb|na~=nb
    error('a 与 b 维数不一致！');
else
    c=a+b;
end
```

运行结果如下：

```
>> c=sum_ab
请输入 a
[4 5;3 4]          %用户输入
请输入 b
[1 2;2 3]          %用户输入
c =
    5       7
    5       7
```

😊 小技巧

在 "message" 中可以出现一个或若干个 "\n"，表示在输入的提示信息后有一个或若干个换行。若想在提示信息中出现 "\"，输入 "\\" 即可。

2. keyboard 命令

该命令是一个键盘调用命令，即当在一个 M 文件中运行该命令后，该文件将停止执行并将 "控制权" 交给键盘，产生一个以 K 开头的提示符（K>>），用户可以通过键盘输入各种 MATLAB 的合法命令。只有当输入 return 命令时，程序才将 "控制权" 交给原 M 文件。

例 2-89：keyboard 命令应用举例。

解：MATLAB 程序如下：

```
>> a=[2 3]
a =
    2       3
```

```
>> keyboard
K>> a=[3 4];          %在 K 提示符下修改 a
K>> return            %返回原命令窗口
>> a                  %查看 a 的值是否被修改
a =
     3      4
```

3．menu 命令

该命令用来产生一个菜单供用户选择，它的使用格式为：

◆　k=menu('mtitle','opt1','opt2',…,'optn')

产生一个标题为"mtitle"的菜单，菜单选项为"opt1"到"optn"。若用户选择第 i 个选项"opti"，则 k 的值取 1。

例 2-90：menu 命令应用举例。

解：编写名为 example2_6_8 的 M 文件如下：

```
% 该例用来学习 menu 命令的用法

k=menu('中国球员姚明所在的 NBA 球队是：','湖人队','火箭队','太阳队','热火队');
while k~=2
    disp('很遗憾您答错了!再给你一次机会！');
    k=menu('中国球员姚明所 NBA 的队是：','湖人队','火箭队','太阳队','热火队');
end
if k==2
    disp('恭喜您答对了！');
end
```

程序的运行结果为：

```
>> example2_6_8   %此时会在屏幕的左上角出现图 2-3 所示的菜单窗口
```

图 2-3　menu 菜单

```
很遗憾您答错了!再给你一次机会！      %若用户选的不是火箭队
恭喜您答对了！                      %选的是火箭队
```

2.6.4　程序调试

如果 MATLAB 程序出现运行错误或者输入结果与预期结果不一致，那么我们就需要对所编的程序进行调试。最常用的调试方式有两种：一种是根据程序运行时系统给出的错误信息或警告信息进行相应的修改；另一种是通过用户设置断点来对程序进行调试。

根据系统提示来调试程是最容易的，假如我们要调试下面 M 文件：

```
% M 文件名为 test.m，功能为求 A' *B 以及 C+D
A=[1 2 4;3 4 6];
B=[1 2;3 4];
E=A*B;
C=[4 5 6 7;3 4 5 1];
D=[1 2 3 4;6 7 8 9];
F=C+D;
```

当在 MATLAB 命令窗口运行该 M 文件时，系统会给出如下提示：

```
>> test
??? Error using ==> mtimes
Inner matrix dimensions must agree.
Error in ==> test at 4
E=A*B;
```

通过上面的提示我们知道在所写程序的第 4 行有错误，且错误为两个矩阵相乘时不符合维数要求，这时，只需将 A 改为 A' 即可。若程序在运行时没有出现警告或错误提示，但输出结果与我们所预期的相差甚远，这时就需要用设置断点的方式来调试了。所谓的断点即指用来临时中断 M 文件执行的一个标志，通过中断程序运行，我们可以观察一些变量在程序运行到断点时的值，并与所预期的值进行比较，以此来找出程序的错误。

1. 设置断点

设置断点有三种方法：最简单的方法是在 M 文件编辑器中，将光标放在某一行，然后按 F12 键，便在这一行设置了一个断点；第二种方法是利用 M 文件编辑器中用来调试的 "Debug" 菜单，单击该菜单，在下拉菜单中会有 "Set/Clear Breakpoint" 选项，单击该选项便会在光标所在行设置一个断点；第三种方法是利用设置断点的 dbstop 命令，它常用的使用格式见表 2-34。

表 2-34　dbstop 调用格式

调用格式	说　明
dbstop at LineNo in mfile	在 M 文件 mfile.m 的第 LineNo 行设置断点
dbstop in mfile at LineNo	功能同上
dbstop in mfile	在 M 文件 mfile.m 的第一个可执行处设置断点
dbstop if error	当运行 M 文件出错时产生中断
dbstop if naninf	当出现 Inf 或 NaN 值时产生中断
dbstop if infnan	功能同上
dbstop if warning	当运行 M 文件出现警告时产生中断

对于上述命令的后面几个功能，也可通过 "Debug" 菜单中的相应选项来实现，读者可以

自己上机练习。

2．清除断点

与设置断点一样，清除断点同样有三种实现方法：最简单的就是将光标放在断点所在行，然后按 F12 便可清除断点；第二种方法同样是利用"Debug"菜单下拉菜单中的"Set/Clear Breakpoint"选项；第三种方法是利用 dbclear 命令来清除断点，它常用的使用格式见表 2-35。

表 2-35　dbclear 调用格式

调用格式	说　明
dbclear at LineNo in mfile	清除 M 文件 mfile.m 在 LineNo 行的断点
dbclear in mfile at LineNo	功能同上
dbclear all in mfile	清除 M 文件 mfile.m 中的所有断点
dbclear in mfile	清除 M 文件 mfile.m 中第一个可执行处的断点
dbclear all	清除所有 M 文件的所有断点
dbclear if error	清除由 dbstop if error 命令设置的断点
dbclear if naninf	清除由 dbstop if naninf 命令设置的断点
dbclear if infnan	功能同上
dbclear if warning	清除由 dbstop if warning 命令设置的断点

3．列出全部断点

在调试 M 文件（尤其是一些大的程序）时，有时需要列出用户所设置的全部断点，这可以通过 dbstatus 命令来实现，它常用的使用格式见表 2-36。

表 2-36　dbstatus 调用格式

调用格式	说　明
dbstatus	列出包括错误、警告以及 naninf 在内的所有断点
dbstatus mfile	列出 M 文件 mfile.m 中的所有断点

4．从断点处执行程序

若调试中发现当前断点以前的程序没有任何错误，那么就需要从当前断点处继续执行该文件。dbstep 命令可以实现这种操作，它常用的使用格式见表 2-37。

表 2-37　dbstep 调用格式

调用格式	说　明
dbstep	执行当前 M 文件断点处的下一行
dbstep N	执行当前 M 文件断点处后面的第 N 行
dbstep in	执行当前 M 文件断点处的下一行，若该行包含对另一个 M 文件的调用，则从被调用的 M 文件的第一个可执行行继续执行；若没有调用其他 M 文件，则其功能与 dbstep 相同

dbcont 命令也可实现此功能，它可以执行所有行程序直至遇到下一个断点或达到 **M** 文件的末尾。

5．断点的调用关系

在调试程序时，MATLAB 还提供了查看导致断点产生的调用函数及具体行号的命令，即 dbstack 命令，它常用的使用格式见表 2-38。

6．进入与退出调试模式

在设置好断点后，按 F5 键便开始进入调试模式了。在调试模式下提示符变为"K>>"，此时可以访问函数的局部变量，但不能访问 MATLAB 工作区中的变量。当程序出现错误时，系统会自动退出调试模式，若要强行退出调试模式，则需要输入 dbquit 命令。

表 2-38   dbstack 调用格式

调用格式	说　明
dbstack	显示导致当前断点产生的调用函数的名称及行号，并按它们的执行次序将其列出
[ST,I]=dbstack	使用下表列出字段的结构 ST 来返回调用信息，并用 I 来返回当前的工作空间索引

下面来看一个具体的例子：

例 2-91：利用上面所讲的知识调试上面的 test.m 文件。

解：利用上面所讲的三种方法之一在第 3 行设置断点，此时第 3 行将出现一个红点（如下）作为断点标志，并按 F5 键进入调试模式。

```
3 ●    B=[1 2:3 4]:              %设置断点后的第 3 行

3 ●⇨ B=[1 2:3 4]:               %按 F5 后第 3 行出现一个绿色键头

K>> dbstep                       %继续执行下一行
4    E=A*B;
K>> dbstop 5                     %在第 5 行设置断点
K>> dbcont                       %继续执行到下一个断点
??? Error using ==> mtimes       %在执行当前断点到下一个断点之间的行时出现错误
Inner matrix dimensions must agree.


Error in ==> test at 4
E=A*B;
>>                               %系统自动返回 MATLAB 命令窗口
```

2.7   函数句柄

函数句柄是 MATLAB 中用来间接调用函数的一种语言结构，用以在使用函数过程中保存函数的相关信息，尤其是关于函数执行的信息。

2.7.1   函数句柄的创建与显示

函数句柄的创建可以通过特殊符号@引导函数名来实现。函数句柄实际上就是一个结构数组。

例 2-92：函数句柄创建示例。

解：

```
>> fun_handle=@save          %创建了函数 save 的函数句柄
fun_handle =

        @save
```

函数句柄的内容可以通过函数 functions 来显示，将会返回函数句柄所对应的函数名、类型、文件类型以及加载。函数类型见表 2-39。

表 2-39　函数类型

函数类型	说　明
simple	未加载的 MATLAB 内部函数、M 文件，或只在执行过程中才能用 type 函数显示内容的函数
subfunction	MATLAB 子函数
private	MATLAB 局部函数
constructor	MATLAB 类的创建函数
overloaded	加载的 MATLAB 内部函数或 M 文件

函数的文件类型是指该函数句柄的对应函数是否为 MATLAB 的内部函数。

函数的加载方式只有当函数类型为 overloaded 时才存在。

例 2-93：函数句柄显示示例。

解：MATLAB 程序如下：

```
>> functions(fun_handle)
ans =
        function: 'save'
        type: 'simple'
        file: 'MATLAB built-in function'
```

2.7.2　函数句柄的调用与操作

函数句柄的操作可以通过 feval 进行，格式如下：

◆　[y1, y2, ...] = feval(fhandle, x1, ..., xn)

其中，fhandle 为函数句柄的名称，　x1, ..., xn 为参数列表。

这种调用相当于执行以参数列表为输入变量的函数句柄所对应的函数。

例 2-94：调用函数句柄示例。

解：创建一个函数文件，实现差的计算功能：

```
function f=test2(x, y)
f=x-y;
```

创建 test 函数的函数句柄：

```
>> fhandle=@test2
    fhandle =
            @test2
>> functions(fhandle)
ans =
        function: 'test2'
        type: 'simple'
        file: ''
```

调用该句柄：

```
>> feval(fhandle, 4, 3)
ans =
```

```
        1
```

这种操作相当于以函数名作为输入变量的 feval 操作。

```
>> feval('test2', 4, 3)
ans =
        1
```

2.8 图形用户界面

MATLAB 提供了图形用户界面（Graph User Interface，GUI）的设计功能，用户可以自行设计人机交互界面，以显示各种计算信息、图形、声音等，或提示输入计算所需要的各种参数。

2.8.1 GUI 设计向导

GUI 设计向导（GUIDE）的调用方式有三种：

1）在 MATLAB 主工作窗口中键入 guide 命令。

2）单击 MATLAB 主工作窗口上方工具栏中的 图标。

3）在 MATLAB 主工作窗口"File"菜单中，选择"New"→"GUI"。

GUIDE 界面如图 2-4 所示。

GUIDE 界面主要有两种功能：一是创建新的 GUI，二是打开已有的 GUI（见图 2-5）。

从图 2-4 可以看到，GUIDE 提供了四种图形用户界面，分别是：

◆ 空白 GUI（Blank GUI）

◆ 控制 GUI（GUI with Uicontrols）

◆ 图像与菜单 GUI（GUI with Axes and Menu）

◆ 对话框 GUI（Modal Question Dialog）

其中，后三种 GUI 是在空白 GUI 基础上预置了相应的功能供用户直接选用。

GUIDE 界面的下方是"Save new figure as"工具条，用来选择 GUI 文件的保存路径。

图 2-4 GUIDE 界面

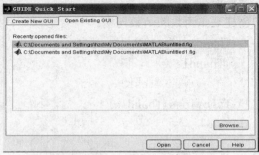

图 2-5 打开已有的 GUI

2.8.2 GUI 设计工具

在 GUI 设计的过程中需要进行一系列的属性、样式等设置，需要用到相应的设计工具。下面对如下几种设计工具进行介绍：

◆　属性设计器（Properties Inspector）

◆　控件布置编辑器（Alignment Objects）

◆　网格标尺编辑器（Grid and Rulers）

◆　菜单编辑器（Menu Editor）

◆　工具栏编辑器（Toolbar Editor）

◆　对象浏览器（Object Browser）

◆　GUI 属性编辑器（GUI Options）

在 GUIDE 界面中选择"Blank GUI"，进入 GUI 的编辑界面，如图 2-6 所示。

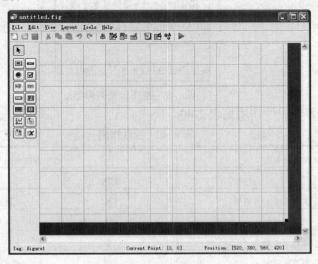

图 2-6　GUI 编辑界面

GUI 编辑界面的左侧是控件区，右侧是编辑区。

进入属性编辑器有以下两种途径：

1）在编辑区单击右键，选择"Properties Inspector"。

2）在工具条中单击 按钮。

属性编辑器如图 2-7 所示，在此工具中可以设置所选图形对象或者 GUI 空间各属性的值，比如名称、颜色等。

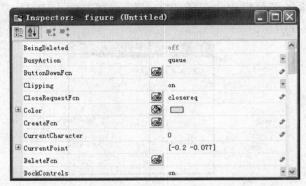

图 2-7　属性编辑器

控件布置编辑器（Alignment Objects）

在工具条中单击 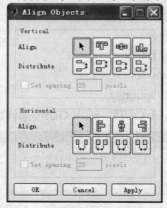 按钮即可调用控件布置编辑器，其功能是设置编辑区中使用的各种控件的布局，包括水平布局、垂直布局、对齐方式、间距等，如图 2-8 所示。

图 2-8　控件布置编辑器

该编辑器中的各个控件作用见表 2-40。

表 2-40　控件作用

垂直方向布局		水平方向布局	
图标	作用	图标	作用
	关闭垂直对齐设置		关闭水平对齐设置
	垂直顶端对齐		水平左对齐
	垂直居中对齐		水平中对齐
	垂直底端对齐		水平右对齐
	控件底-顶间距		控件右-左间距
	控件顶-顶间距		控件左-左间距
	控件中-中间距		控件中-中间距
	控件底-底间距		控件右-右间距

在设置间距时，需要先选中需要设置的控件，然后设置间距值（单位为像素）。

1．网格标尺编辑器（Grid and Rulers）

在 GUI 编辑界面的菜单栏中，选择"Tools"→"Grid and Rulers"菜单项，即可进入网格标尺编辑器，如图 2-9 所示。

图 2-9　网格标尺编辑器

利用该编辑器可以设置是否显示标尺、向导线和网格线等。

2．菜单编辑器（Menu Editor）

在工具条中单击 按钮即可打开菜单编辑器，如图 2-10 左图所示。

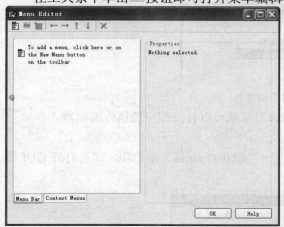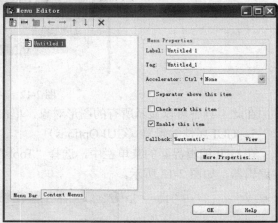

图 2-10　菜单编辑器

单击该编辑器工具栏上的 按钮，或在左图左侧的空白处单击，即可添加一个菜单项，如图 2-10 右图所示。利用该编辑器可以设置所选菜单项的属性，包括菜单名称（Label）、标签（Tag）等。"Separator above this item"是定义是否在该菜单项上显示一条分隔线，以区分不同类型的菜单操作；"Check mark this item"是定义是否在菜单被选中时给出标示；"Callback"定义的是菜单项对应的反映事件。

3．工具栏编辑器（Toolbar Editor）

在 GUI 编辑窗口的工具条中单击 按钮，即可打开工具栏编辑器，如图 2-11 左图所示。

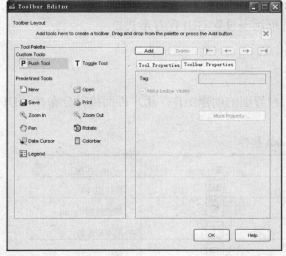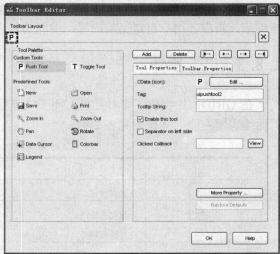

图 2-11　工具栏编辑器

该编辑器用于定制工具栏。将界面左侧的工具图标拖放到其顶端的工具条中，或选中某个工具图标后单击"Add"按钮，即可在图 2-11 右图所示的界面中定制工具项图标、名称、在工具栏中的位置及工具栏名称等属性。

4．对象浏览器（Object Browser）

在 GUI 编辑窗口的工具条中单击 🐞 按钮，即可打开对象浏览器，如图 2-12 所示。

图 2-12　对象浏览器

在此工具中可以显示所有的图形对象，单击该对象就可以打开相应的属性编辑器。

5．GUI 属性编辑器（GUI Options）

在 GUI 编辑界面的菜单栏中，选择"Tools"→"GUI Options"菜单项，即可打开 GUI 属性编辑器，如图 2-13 所示。

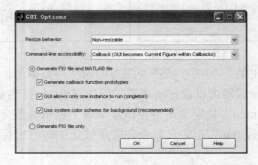

图 2-13　GUI 属性编辑器

其中，"Resize behavior"用于设置 GUI 的缩放形式，包括固定界面、比例缩放、用户自定义缩放等形式；"Comman-line accessibility"用于设置 GUI 对命令窗口句柄操作的响应方式，包括屏蔽、响应、用户自定义响应等；中间的复选框用于设置 GUI 保存形式。

2.8.3　GUI 控件

在 GUIDE 中提供了多种控件，用于实现用户界面的创建工作。用户界面控件分布在 GUI 界面编辑器左侧，其作用见表 2-41。

表 2-41　GUI 控件

图标	作用	图标	作用
	选择模式		按钮控件
	滚动条控件		单选按钮
	复选框控件		文本框控件
	文本信息控件		弹出菜单控件
	列表框控件		开关按钮控件
	表格控件		坐标轴控件
	组合框控件		按钮组控件
	ActiveX 控件		

下面简要介绍其中几种控件的功用和特点。

按钮：通过鼠标单击可以实现某种行为，并调用相应的回调子函数。

滚动条：通过移动滚动条改变指定范围内的数值输入，滚动条的位置代表用户输入的数值。

单选按钮：执行方式与按钮相同，通常以组为单位，且组中各按钮是一种互斥关系，即任何时候一组单选按钮中只能有一个有效。

复选框：与单选按钮类似，不同的是同一时刻可以有多个复选框有效。

文本框：该控件是用于控制用户编辑或修改字符串的文本域。

文本信息控件：通常用做其他控件的标签，且用户不能采用交互方式修改其属性值或调用其响应的回调函数。

弹出菜单：用于打开并显示一个由 String 属性定义的选项列表，通常用于提供一些相互排斥的选项，与单选按钮组类似。

列表框：与弹出菜单类似，不同的是该控件允许用户选择其中的一项或多项。

开关按钮：该控件能产生一个二进制状态的行为（on 或 off）。单击该按钮可以使按钮在下陷或弹起状态间进行切换，同时调用相应的回调函数。

坐标轴：该控件可以设置许多关于外观和行为的参数，使用户的 GUI 可以显示图片。

组合框：是图形窗口中的一个封闭区域，用于把相关联的控件组合在一起。该控件可以有自己的标题和边框。

按钮组：作用类似于组合框，但它可以响应关于单选按钮及开关按钮的高级属性。

第 **3** 章

数据可视化与绘图

减速箱由若干个零部件组成。其装配图主要反映了减速箱的工作原理及各个零部件的相互位置和装配关系。装配图图形复杂，绘制过程需要经常对图形进行修改。

- ◎ MATLAB 的图形窗口
- ◎ MATLAB 数据可视化的基本方法
- ◎ MATLAB 的二维绘图及其修饰
- ◎ MATLAB 的三维绘图及其修饰
- ◎ MATLAB 的其他绘图方法

3.1　图形窗口

MATLAB 不但擅长与矩阵相关的数值运算，同时它还具有强大的图形功能，这是其他用于科学计算的编程语言所无法比拟的。利用 MATLAB 可以很方便地实现大量数据计算结果的可视化，而且可以很方便地修改和编辑图形界面。

图形窗口是 MATLAB 数据可视化的平台，这个窗口和命令窗口是相互独立的。如果能熟练掌握图形窗口的各种操作，读者便可以根据自己的需要来获得各种高质量的图形。

3.1.1　图形窗口的创建

在 MATLAB 的命令窗口输入绘图命令（如 plot 命令）时，系统会自动建立一个图形窗口。有时，在输入绘图命令之前已经有图形窗口打开，这时绘图命令会自动将图形输出到当前窗口。当前窗口通常是最后一个使用的图形窗口，这个窗口的图形也将被覆盖掉，而用户往往不希望这样。学完本节内容，读者便能轻松解决这个问题。

在 MATLAB 中，使用函数 figure 来建立图形窗口。该函数主要有下面三种用法：

- ◆　figure　　　创建一个图形窗口；
- ◆　figure(n)　　创建一个编号为 Figure(n)的图形窗口，其中 n 是一个正整数，表示图形窗口的句柄；
- ◆　figure('PropertyName',PropertyValue,…) 对指定的属性 PropertyName，用指定的属性值 PropertyValue（属性名与属性值成对出现）创建一个新的图形窗口；对于那些没有指定的属性，则用默认值。属性名与有效的属性值见表 3-1。

表 3-1　figure 属性

属性名	说明	有效值	默认值
Position	图形窗口的位置与大小	四维向量[left,bottom, width,height]	取决于显示
Units	用于解释属性 Position 的单位	inches(英寸) centimeters(厘米) normalized(标准化单位认为窗口长宽是 1) points(点) pixels(像素) characters(字符)	pixels
Color	窗口的背景颜色	ColorSpec（有效的颜色参数）	取决于颜色表
Menubar	转换图形窗口菜单条的"开"与"关"	none、figure	figure
Name	显示图形窗口的标题	任意字符串	''（空字符串）
NumberTitle	标题栏中是否显示'Figure No. n',其中 n 为图形窗口的编号	on、off	on

（续）

属性名	说明	有效值	默认值
Resize	指定图形窗口是否可以通过鼠标改变大小	on、off	on
SelectionHighlight	当图形窗口被选中时，是否突出显示	on、off	on
Visible	确定图形窗口是否可见	on、off	on
WindowStyle	指定窗口是标准窗口还是典型窗口	normal（标准窗口）、 modal（典型窗口	normal
Colormap	图形窗口的色图	m×3 的 RGB 颜色矩阵	jet 色图
Dithermap	用于真颜色数据以伪颜色显示的色图	m×3 的 RGB 颜色矩阵	有所有颜色的色图
DithermapMode	是否使用系统生成的抖动色图	auto、manual	manual
FixedColors	不是从色图中获得的颜色	m×3 的 RGB 颜色矩阵	无（只读模式）
MinColormap	系统颜色表中能使用的最少颜色数	任一标量	64
ShareColors	允许 MATLAB 共享系统颜色表中的颜色	on、off	on
Alphamap	图形窗口的 α 色图，用于设定透明度	m 维向量，每一分量在[0,1]之间	64 维向量
BackingStore	打开或关闭屏幕像素缓冲区	on、off	on
DoubleBuffer	对于简单的动画渲染是否使用快速缓冲	on、off	off
Renderer	用于屏幕和图片的渲染模式	painters、zbuffer、OpenGL	系统自动选择
Children	显示于图形窗口中的任意对象句柄	句柄向量	[]
FileName	命令 guide 使用的文件名	字符串	无
Parent	图形窗口的父对象：根屏幕	总是 0（即根屏幕）	0
Selected	是否显示窗口的"选中"状态	on、off	on
Tag	用户指定的图形窗口标签	任意字符串	' '（空字符串）
Type	图形对象的类型（只读类型）	'figure'	figure
UserData	用户指定的数据	任一矩阵	[]（空矩阵）
RendererMode	默认的或用户指定的渲染程序	auto、manual	auto
CurrentAxes	在图形窗口中当前坐标轴的句柄	坐标轴句柄	[]
CurrentCharacter	在图形窗口中最后一个输入的字符	单个字符	无
CurrentObject	图形窗口中当前对象的句柄	图形对象句柄	[]
CurrentPoint	图形窗口中最后单击的按钮的位置	二 维 向 量 [x-coord，y-coord]	[0 0]
SelectionType	鼠标选取类型	normal、extended、alt、open	norma
BusyAction	指定如何处理中断调用程序	cancel、queue	queue

（续）

属性名	说明	有效值	默认值
ButtonDownFcn	当在窗口中空闲处按下鼠标左键时，执行的回调程序	字符串	' '（空字符串）
CloseRequestFcn	当执行命令关闭时定义一回调程序	字符串	closereq
CreateFcn	当打开一图形窗口时定义一回调程序	字符串	' '（空字符串）
DeleteFcn	当删除一图形窗口时定义一回调程序	字符串	' '（空字符串）
Interruptible	定义一回调程序是否可中断	on、off	on（可以中断）
KeyPressFcn	当在图形窗口中按下时，定义一回调程序	字符串	' '（空字符串）
ResizeFcn	当图形窗口改变大小时，定义一回调程序	字符串	' '（空字符串）
UIContextMenu	定义与图形窗口相关的菜单	属性 UIContrextmenu 的句柄	无
WindowButtonDownFcn	当在图形窗口中按下鼠标时，定义一回调程序	字符串	' '（空字符串）
WindowButtonMotionFcn	当将鼠标移进图形窗口中时，定义一回调程序	字符串	' '（空字符串）
WindowButtonUpFcn	当在图形窗口中松开按钮时，定义一回调程序	字符串	' '（空字符串）
IntegerHandle	指定使用整数或非整数图形句柄	on、off	on（整数句柄）
HandleVisiblity	指定图形窗口句柄是否可见	on、callback、off	on
HitTest	定义图形窗口是否能变成当前对象(参见图形窗口属性 CurrentObject)	on、off	on
NextPlot	在图形窗口中定义如何显示另外的图形	replacechildren、add、replace	add
Pointer	选取鼠标记号	crosshair、arrow、topr、watch、topl、botl、botr、circle、cross、fleur、left、right、top、fullcrosshair、bottom、ibeam、custom	arrow
PointerShapeCData	定义鼠标外形的数据	16×16 矩阵	将鼠标设置为'custom'且可见
PointerShapeHotSpot	设置鼠标活跃的点	二维向量[row，column]	[1,1]

MATLAB 提供了查阅上表中属性和属性值的函数 set 和 get，它们的使用格式为：

set(n)　返回关于图形窗口 Figure(n)的所有图像属性的名称和属性值所有可能取值；

get(n)　返回关于图形窗口 Figure(n)的所有图像属性的名称和当前属性值。

需要注意的是，figure 命令产生的图形窗口的编号是在原有编号基础上加 1。有时，作图是为了进行不同数据的比较，我们需要在同一个视窗下来观察不同的图像，这时可用 MATLAB 提供的 subplot 来完成这项任务。有关 subplot 的用法将在本章 3.3.1 节中进行介绍。

如果用户想关闭图形窗口，则可以使用命令 close。

如果用户不想关闭图形窗口，仅仅是想将该窗口的内容清除，则可以使用函数 clf 来实现。另外，命令 clf(rest)除了能够消除当前图形窗口的所有内容以外，还可以将该图形除了位置和单位属性外的所有属性都重新设置为默认状态。当然，也可以通过使用图形窗口中的菜单项来实现相应的功能，这里不再赘述。

3.1.2 工具条的使用

在 MATLAB 的命令窗口中输入 figure，将打开一个图 3-1 所示的图形窗口。

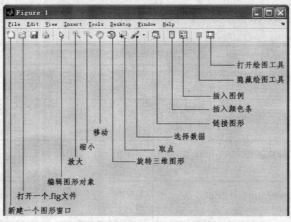

图 3-1 新建的图形窗口

工具栏中各个工具的功能说明如图 3-1 所示。下面通过一个例子使读者进一步熟悉图形窗口中工具条的作用。

例 3-1： 随便画一个三维图形。

解： 学过数学分析或高等数学的读者都知道下面参数方程组的图形是一个螺旋曲线：

$$\begin{cases} x = \sin\theta \\ y = \cos\theta \qquad \theta \in [0, 10\pi] \\ z = \theta \end{cases}$$

下面我们用 MATLAB 来画这个三维曲线。

```
>> t=0:pi/100:10*pi;
>> plot3(sin(t),cos(t),t)
>> title('螺旋曲线')
>> xlabel('sint'),ylabel('cost'),zlabel('t')
```

运行上述命令后会在图形窗口出现图 3-2 所示的图形。

上面的 plot3 是一个画三维图形的命令，它的用法将在本章 3.5.1 节中进行详细说明；title 命令用来给所画的图形命名；xlabel 用于标注各个坐标轴所代表的函数。

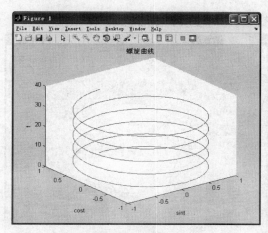

图 3-2　螺旋曲线

下面是对图形窗口工具条的详细说明：

⬜：单击此图标将新建一个图形窗口，该窗口不会覆盖当前的图形窗口，编号紧接着当前窗口最后一个。

📂：打开图形窗口文件（扩展名为.fig）。

💾：将当前的图形以.fig 文件的形式存到用户所希望的目录下。

🖨：打印图形。

🔖：单击此图标后，用鼠标双击图形对象，在图形的下面会出现图 3-3 所示的属性编辑窗口可以对图形进行相应的编辑。

图 3-3　图形编辑器

🔍：用鼠标单击或框选图形，可以放大图形窗口中的整个图形或图形的一部分。

🔍：缩小图形窗口中的图形。

✋：按住鼠标左键移动图形。

🔄：单击此图标后，按住鼠标左键进行拖动，可以将三维图形进行旋转操作，以便用户找到自己所需要的观察位置。例如在本例中，单击🔄图标后，按住鼠标左键向下移动，到一定位置会出现图 3-4 所示的螺旋线的俯视图。

🔖：单击此图标后，光标会变为十字架形状，将十字架的中心放在图形的某一点上，然后单击鼠标左键会在图上出现该点在所在坐标系中的坐标值，如图 3-5 所示。

🖌：选中此工具后，在图形上按住鼠标左键拖动，所选区域将以工具图标下方显示的颜色显示，默认为红色，如图 3-6 所示。单击该图标右侧的下三角形，在打开的颜色表中可以选择标记颜色。

🗄：单击该图标，将在图形上方显示链接的变量或表达式，图 3-7 左图所示。单击右侧的 Edit，则弹出一个如图 3-7 所示的对话框，用于指定数据源属性。一旦在变量和图形之间建立了实时链接，对变量的修改将即时反映到图形上。

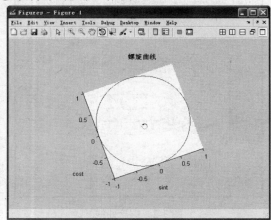

图 3-4　螺旋线的俯视图

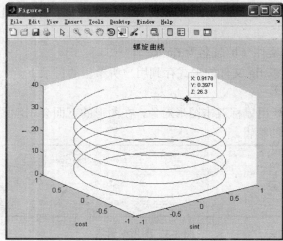

图 3-5　取点

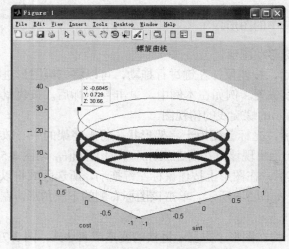

图 3-6　选择数据

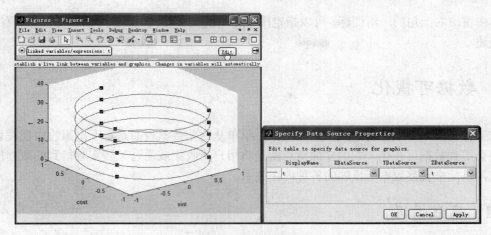

图 3-7　指定数据源

：单击此图标后会在图形的右边出现一个色轴（见图 3-8），这会给用户在编辑图形色彩时带来很大的方便。

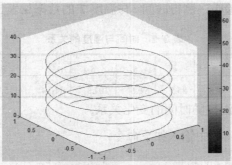

图 3-8　指定色轴

：此图标用来给图形加标注。单击此图标后，会在图形的右上方出现，双击框内数据名称所在的区域，可以将 **t** 改为读者所需要的数据。

：此图标用来隐藏绘图工具栏。

：此图标用来显示绘图工具栏，单击此图标后图形窗口将变为图 3-9 所示的带有绘图工具的窗口。

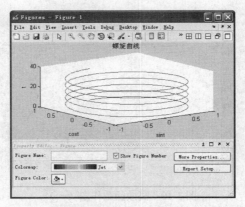

图 3-9　显示绘图工具栏

单击窗口右上角的一组图标，可以指定图形窗口的显示方式，读者可以自行尝试查看效果，不再赘述。

3.2　数据可视化

在工程计算中，往往会遇到大量的数据，单单从这些数据表面是看不出事物内在关系的，这时便会用到数据可视化。它的字面意思就是将用户所收集或通过某些实验得到的数据反映到图像上，以此来观察数据所反映的各种内在关系。

3.2.1　离散情况

在实际中，得到的数据往往是一些有限的离散数据，例如用最小二乘法估计某一函数。我们需要将它们以点的形式描述在图上，以此来反映一定的函数关系。

例 3-2： 在某次工程实验中，测得时间 t 与温度 T 的数据见表 3-2。

表 3-2　时间与温度的关系

时间 t/s	0	1	2	3	4	5	6	7	8	9	10	11	12
温度 T/℃	0	32.5	46.3	78.8	85.5	96.6	107.3	110.4	115.7	118	119.2	119.8	120

描绘出这些点，以观察温度随时间的变化关系。

解： 在 MATLAB 命令窗口中输入如下命令：

```
>> t=0:12;      %输入时间 t 的数据
>> T=[0 32.5 46.3 78.8 85.5 96.6 107.3 110.4 115.7 118 119.2 119.8 120]; %输入温度 T 的数据
>> plot(t,T,'r*')       %用红色的'*'描绘出相应的数据点
>> grid on              %画出坐标方格
```

输出结果如图 3-10 所示。

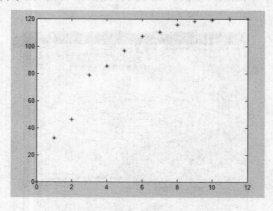

图 3-10　离散函数作图（一）

例 3-3：用图形表示离散函数 $y = e^{-x}$ 在[0,1]区间十等分点处的值。

解：在 MATLAB 命令窗口中输入如下命令：

```
>> x=0:0.1:1;
>> y=exp(-x);
>> plot(x,y,'b*')
>> grid on
```

运行结果如图 3-11 所示。

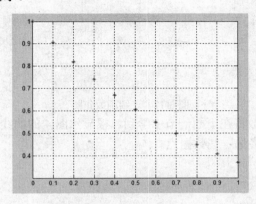

图 3-11　离散函数作图（二）

3.2.2　连续情况

用 MATLAB 可以画出连续函数的图像，不过此时自变量的取值间隔要足够小，否则所画出的图像可能会与实际情况有很大的偏差。这一点读者可从下面的例子中体会。

例 3-4：画出下面含参数方程的图像。

$$\begin{cases} x = 2(\cos t + t\sin t) \\ y = 2(\sin t - t\cos t) \end{cases} \quad t \in [0, 4\pi]$$

解：在 MATLAB 命令窗口中输入如下命令：

```
>> t1=0:pi/5:4*pi;
>> t2=0:pi/20:4*pi;
>> x1=2*(cos(t1)+t1.*sin(t1));
>> y1=2*(sin(t1)-t1.*cos(t1));
>> x2=2*(cos(t2)+t2.*sin(t2));
>> y2=2*(sin(t2)-t2.*cos(t2));
>> subplot(2,2,1),plot(x1,y1,'r.'),title('图1')
>> subplot(2,2,2),plot(x2,y2,'r.'),title('图2')
>> subplot(2,2,3),plot(x1,y1),title('图3')
>> subplot(2,2,4),plot(x2,y2),title('图4')
```

运行结果如图 3-12 所示。

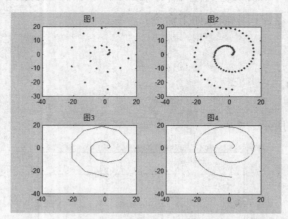

图 3-12　连续函数作图

说明：上面的 plot 函数将在下面一节中学到。很显然图 4 的曲线要比图 3 光滑得多，因此要使图像更精确，一定要多选一些数据点。

3.3　二维绘图

本节内容是学习用 MATLAB 作图最重要的部分，也是学习下面内容的一个基础。在本节中我们将会详细介绍一些常用的控制参数。

3.3.1　plot 绘图命令

plot 命令是最基本的绘图命令，也是最常用的一个绘图命令。当执行 plot 命令时，系统会自动创建一个新的图形窗口。若之前已经有图形窗口打开，那么系统会将图形画在最近打开过的图形窗口上，原有图形也将被覆盖。事实上，在上面两节中我们已经对这个命令有了一定的了解，本节将详细讲述该命令的各种用法。

plot 命令主要有下面几种使用格式：

1. plot(x)

这个函数格式的功能如下：

◆　当 x 是实向量时，则绘制出以该向量元素的下标（即向量的长度，可用 MATLAB 函数 length()求得）为横坐标，以该向量元素的值为纵坐标的一条连续曲线。

◆　当 x 是实矩阵时，按列绘制出每列元素值相对齐下标的曲线，曲线数等于 x 的列数。

◆　当 x 是负数矩阵时，按列分别绘制出以元素实部为横坐标，以元素虚部为纵坐标的多条曲线。

如果要在同一图形窗口中分割出所需要的几个窗口来，可以使用 subplot 命令，它的使用格式为：

◆　subplot(m,n,p)　将当前窗口分割成 $m \times n$ 个视图区域，并指定第 p 个视图为当前视图；

◆　subplot('position',[left bottom width height])　产生的新子区域的位置由用户指定，后面的四元组为区域的具体参数控制，宽高的取值范围都是[0,1]。

需要注意的是，这些子图的编号是按行来排列的，例如第 s 行第 t 个视图区域的编号为 $(s-1)\times n+t$。如果在此命令之前并没有任何图形窗口被打开，那么系统将会自动创建一个图形窗口，并将其割成 $m\times n$ 个视图区域。

例 3-5：随机生成一个行向量 a 以及一个实方阵 b，并用 MATLAB 的 plot 画图命令作出 a、b 的图像。

解：在 MATLAB 命令窗口中输入如下命令：

```
>> a=rand(1,10);
>> b=rand(5,5);
>> subplot(1,2,1),plot(a)
>> subplot(1,2,2),plot(b)
```

运行后所得的图像为图 3-13。

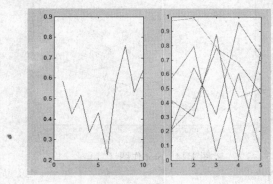

图 3-13　plot 作图（一）

2．plot(x,y)

这个函数格式的功能是：

◆　当 x、y 是同维向量时，绘制以 x 为横坐标、以 y 为纵坐标的曲线。

◆　当 x 是向量，y 是有一维与 x 等维的矩阵时，绘制出多根不同颜色的曲线，曲线数等于 y 阵的另一维数，x 作为这些曲线的横坐标。

◆　当 x 是矩阵，y 是向量时，同上，但以 y 为横坐标。

◆　当 x、y 是同维矩阵时，以 x 对应的列元素为横坐标，以 y 对应的列元素为纵坐标分别绘制曲线，曲线数等于矩阵的列数。

例 3-6：在某次物理实验中，测得摩擦系数不同情况下路程与时间的数据见表 3-3。

在同一图中作出不同摩擦系数情况下路程随时间的变化曲线。

解：此问题可以将时间 t 写为一个列向量，相应测得的路程 s 的数据写为一个 6×4 的矩阵，然后利用 plot 命令即可。具体的程序如下：

```
>> x=0:0.2:1;
>> y=[0 0 0 0;0.58 0.31 0.18 0.08;0.83 0.56 0.36 0.19;1.14 0.89 0.62 0.30;1.56 1.23
   0.78 0.36;2.08 1.52 0.99 0.49];
```

```
>> plot(x, y)
```

表 3-3 不同摩擦系数时路程和时间的关系

时间/s	路程 1 /m	路程 2 /m	路程 3 /m	路程 4 /m
0	0	0	0	0
0.2	0.58	0.31	0.18	0.08
0.4	0.83	0.56	0.36	0.19
0.6	1.14	0.89	0.62	0.30
0.8	1.56	1.23	0.78	0.36
1.0	2.08	1.52	0.99	0.49

运行结果如图 3-14 所示。

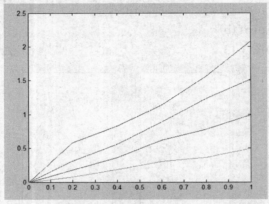

图 3-14   plot 作图（二）

3．plot(x1,y1,x2,y2,…)

这个函数格式的功能是绘制多条曲线。在这种用法中，（xi,yi）必须是成对出现的，上面的命令等价于逐次执行 plot(xi,yi)命令，其中 i=1,2,…。

例 3-7： 在同一个图上画出 $y = \sin x$、$y = \cos(x+\frac{\pi}{4})$ 的图像。

解： 在 MATLAB 命令窗口中输入如下命令：

```
>> close all
>> x1=linspace(0,2*pi,100);
>> x2=x1+pi/4;
>> y1=sin(x1);
>> y2=cos(x2);
>> plot(x1,y1,x2,y2)
```

运行结果如图 3-15 所示。

 注意

上面的 linspace 命令用来将已知的区间$[0,2\pi]$ 100 等分。这个命令的具体使用格式为

linspace(a,b,n)，作用是将已知区间[a,b]作 n 等分，返回值为分各节点的坐标。

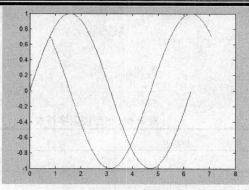

图 3-15　plot 作图（三）

4．plot(x,y,s)

其中 x、y 为向量或矩阵，s 为用单引号标记的字符串，用来设置所画数据点的类型、大小、颜色以及数据点之间连线的类型、粗细、颜色等。实际应用中，s 是某些字母或符号的组合，这些字母和符号我们会在下一段介绍。s 可以省略，此时将由 MATLAB 系统默认设置，即曲线一律采用"实线"线型，　不同曲线将按表 3-5 所给出的前 7 种颜色（蓝、绿、红、青、品红、黄、黑）顺序着色。

s 的合法设置参见表 3-4、表 3-5 和表 3-6。

表 3-4　线型符号及说明

线型符号	符号含义	线型符号	符号含义
-	实线（默认值）	:	点线
--	虚线	-.	点画线

表 3-5　颜色控制字符表

字符	色彩	RGB 值
b(blue)	蓝色	001
g(green)	绿色	010
r(red)	红色	100
c(cyan)	青色	011
m(magenta)	品红	101
y(yellow)	黄色	110
k(black)	黑色	000
w(white)	白色	111

例 3-8： 任意描一些数据点，熟悉 plot 命令中参数的用法。

解： 在 MATLAB 命令窗口中输入如下命令：

```
>> close all
>> x=0:pi/10:2*pi;
>> y1=sin(x);
```

```
>> y2=cos(x);
>> y3=x;
>> hold on
>> plot(x,y1,'r*')
>> plot(x,y2,'kp')
>> plot(x,y3,'bd')
>> hold off
```

表 3-6   线型控制字符表

字符	数据点	字符	数据点
+	加号	>	向右三角形
o	小圆圈	<	向左三角形
*	星号	s	正方形
.	实点	h	正六角星
x	交叉号	p	正五角星
d	棱形	v	向下三角形
^	向上三角形		

说明： hold on 命令用来使当前轴及图形保持不变，准备接受此后 plot 所绘制的新的曲线。hold off 使当前轴及图形不再保持上述性质。

运行结果如图 3-16 所示。

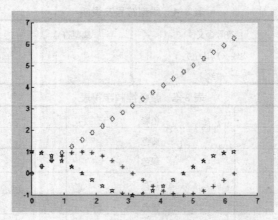

图 3-16   plot 作图（四）

5. plot(x1,y1,s1,x2,y2,s2,…)

这种格式的用法与用法 3 相似，不同之处的是此格式有参数的控制，运行此命令等价于依次执行 plot(xi,yi,si)，其中 i=1,2,…。

例 3-9： 在同一坐标系下画出下面函数在 $[-\pi,\pi]$ 上的简图：

$$y1 = e^{\sin x}, y2 = e^{\cos x}, y3 = e^{\sin x + \cos x}, y4 = e^{\sin x - \cos x}.$$

解： 在 MATLAB 命令窗口中输入如下命令：

```
>> clear
```

```
>> close all
>> x=-pi:pi/10:pi;
>> y1=exp(sin(x));
>> y2=exp(cos(x));
>> y3=exp(sin(x)+cos(x));
>> y4=exp(sin(x)-cos(x));
>> plot(x,y1,'b:',x,y2,'d-',x,y3,'m>:',x,y4,'rh-')
```
运行结果如图 3-17 所示。

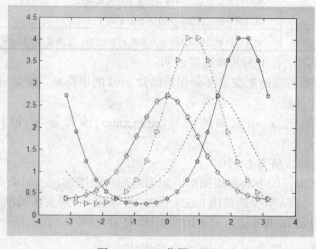

图 3-17　plot 作图（五）

😊 小技巧

如果读者不知道 hold　on 命令及用法，但又想在当前坐标下画出后续图像时，便可以使用 plot 命令的此种用法。

3.3.2　fplot 绘图命令

fplot 命令也是 MATLAB 提供的一个画图命令，它是一个专门用于画一元函数图像的命令。有些读者可能会有这样的疑问：plot 命令也可以画一元函数图像，为什么还要引入 fplot 命令呢？

这是因为 plot 命令是依据我们给定的数据点来作图的，而在实际情况中，一般并不清楚函数的具体情况，因此依据我们所选取的数据点作的图像可能会忽略真实函数的某些重要特性，给科研工作造成不可估计的损失。MATLAB 提供了专门绘制一元函数图像的 fplot 命令，它用来指导数据点的选取，通过其内部自适应算法，在函数变化比较平稳处，它所取的数据点就会相对稀疏一点，在函数变化明显处所取的数据点就会自动密一些，因此用 fplot 命令所作出的图像要比用 plot 命令作出的图像光滑准确。

fplot 命令的主要使用格式见表 3-7。

表 3-7   fplot 命令的使用格式

调用格式	说　明
fplot(f,lim)	在指定的范围 lim 内画出一元函数 f 的图形
fplot(f,lim,s)	用指定的线型 s 画出一元函数 f 的图形
fplot(f,lim,e)	用相对误差值为 e 画出一元函数 f 的图形
fplot(f,lim,e,s)	用指定的相对误差值 e 和指定的线型 s 画出一元函数 f 的图形
fplot(f,lim,n)	画一元函数 f 的图形时，至少描出 n+1 个点
fplot(f,lim,…)	允许可选参数 e、n 和 s 以任意组合方式输入
[X,Y] = fplot(f,lim,…)	返回横坐标与纵坐标的值给变量 X 和 Y
[…] = fplot (f,lim,e, n, s, P1,P2,…)	允许用户直接给函数 f 输入参数 P1、P2 等，其中函数 f 的定义形式为 y = f(x,P1,P2,…)

对于上面的各种用法有下面几点需要说明：

1）f 为 M 文件函数名或能把变量 x 传递给函数 eval 的字符串，例如'sin(x)'，或者对于变量 x 能返回一个行向量的函数。

2）lim 是一个指定 x 轴范围的向量[xmin,xmax]或者是 x 轴和 y 轴范围的向量 [xmin,xmax,ymin,ymax]。

3）相对误差 e 的默认值为 2×10^{-3}。

4）[X,Y] = fplot(f,lim,…)不会画出图形，如用户想画出图形，可用命令 plot(X,Y)。

5）fplot 命令中的参数 n 至少把范围 limits 分成 n 个小区间，最大步长不超过(xmax－xmin)/n。

6）若想用默认的 e、n 或 s 值，只需用空矩阵（[ ]）代替即可。

下面通过几个例子来熟悉一下 fplot 命令的用法。

例 3-10：按要求画出下面函数的图像：

1）$f1(x)=\dfrac{\sin x}{x^2-x+0.5}+\dfrac{\cos x}{x^2+2x-0.5},x\in[0,1]$；

2）$f2(x)=\ln(\sin^2 x+2\sin x+8),x\in[-2\pi,2\pi]$，相对误差要求为 10^{-6}；

3）画出 $f3(x)=e^{a\sin x-b\cos x},x\in[-4\pi,4\pi]$，当 a=4、b=2 时的图像；

4）$\begin{cases} y1=\sin x \\ y2=x \\ y3=\tan x \end{cases}$　$x\in[0,\dfrac{\pi}{2}],y\in[0,2]$。

解：先以 M 文件的形式写出函数 f1、f2、f3：

```
function y=f1(x)        %函数 f1
y=sin(x)/(x^2-x+0.5)+cos(x)/(x^2+2*x-0.5);
function y=f2(x)        %函数 f2
y=log(sin(x)^2+2*sin(x)+8);
function y=f3(x,a,b)    %函数 f3
y=exp(a*sin(x)-b*cos(x));
```

然后在 MATLAB 命令窗口中输入如下命令:

```
>> clear
>> close all
>> subplot(2,2,1),fplot('f1',[0,1])
>> subplot(2,2,2),fplot('f2',[-2*pi,2*pi],1e-6)
>> subplot(2,2,3),fplot('f3',[-4*pi,4*pi],[],[],[],4,2)
>> subplot(2,2,4),fplot('[sin(x),x,tan(x)]',[0,pi/2,0,2])
```

运行结果如图 3-18 所示。

下面的例子用来比较 fplot 命令与 plot 命令。

例 3-11:分别用 fplot 命令与 plot 命令作出函数 $y = \sin\dfrac{1}{x}, x \in [0.01, 0.02]$ 的图像。

解:先以 M 文件的形式写出函数 f_compare,具体程序如下:

```
function y=f_compare(x)     %创建函数
y=sin(1./x);
```

然后在 MATLAB 命令窗口中输入如下命令:

```
>> close all
>> x=linspace(0.01,0.02,50);
>> y=f_compare(x);
>> subplot(2,1,1),plot(x,y)
>> subplot(2,1,2),fplot('f_compare',[0.01,0.02])
```

运行结果如图 3-19 所示。

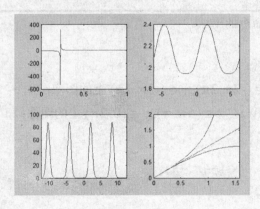

图 3-18 fplot 作图

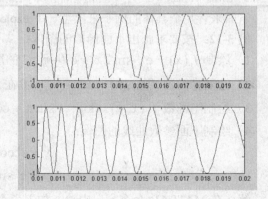

图 3-19 fplot 与 plot 的比较

从上图可以很明显地看出 fplot 命令所画的图要比用 plot 命令所作的图光滑精确。这主要是因为分点取的太少了,也就是说对区间的划分还不够细,读者往往会以为对长度为 0.01 的区间作 50 等分的划分已经够细了,事实上这远不能精确的描述原函数,我们可以用下面的命令看一下 fplot 命令使用的数据点的个数:

```
>> [X,Y]=fplot('f_compare',[0.01,0.02]);
>> [n,m]=size(X)
n =
```

```
   457
m =
   1
```

对这么小的区间，fplot 命令将其划分为 456 个小区间。如果我们也将上述区间等分为 456 个小区间，那么两者几乎没有任何区别。

3.3.3　ezplot 绘图命令

对于符号函数，MATLAB 也提供了一个专门的绘图命令——ezplot 命令。利用这个命令可以很容易地将一个符号函数图形化。

ezplot 命令的主要使用格式见表 3-8。

表 3-8　ezplot 命令的使用格式

调用格式	说　明
ezplot(f)	绘制函数 f(x) 在默认区间 $\mathbf{x} \in (-2\boldsymbol{\pi}, 2\boldsymbol{\pi})$ 上的图像，若 f 为隐函数 f(x,y)，则在默认区域 $\mathbf{x} \in (-2\boldsymbol{\pi}, 2\boldsymbol{\pi}), \mathbf{y} \in (-2\boldsymbol{\pi}, 2\boldsymbol{\pi})$ 上绘制 f(x,y)=0 的图像
ezplot(f,[a,b])	绘制函数 f(x) 在区间 $\mathbf{x} \in (\mathbf{a,b})$ 上的图像，若 f 为隐函数 f(x,y)，则在区域 $\mathbf{x} \in (\mathbf{a,b}), \mathbf{y} \in (\mathbf{a,b})$ 上绘制 f(x,y)=0 的图像
ezplot(f,[xa,xb,ya,yb])	对于隐函数 f(x,y)，在区域 $\mathbf{x} \in (\mathbf{xa, xb}), \mathbf{y} \in (\mathbf{ya, yb})$ 上绘制 f(x,y)=0 的图像
ezplot(x,y)	在默认区间 $\mathbf{x} \in (\mathbf{0, 2\boldsymbol{\pi}})$ 上绘制参数曲线 x=x(t),y=y(t) 的图像
ezplot(x,y,[a,b])	在区间 $\mathbf{x} \in (\mathbf{a,b})$ 上绘制参数曲线 x=x(t),y=y(t) 的图像
ezplot(…,figure)	在指定的图形窗口中绘制函数图像

下面来看几个具体的例子来熟悉一下 ezplot 命令的用法。

例 3-12：按要求画出下面函数的图像：

1）绘制 $f_1(x) = e^{2x} \sin 2x, x \in (-\pi, \pi)$ 的图像；

2）绘制隐函数 $f_2(x, y) = x^2 - y^4 = 0$ 在 $x \in (-2\boldsymbol{\pi}, 2\boldsymbol{\pi}), y \in (-2\boldsymbol{\pi}, 2\boldsymbol{\pi})$ 上的图像；

3）绘制隐函数 $f_3(x, y) = \log^{①} (|\sin x + \cos y|)$ 在 $x \in (-\pi, \pi), y \in (0, 2\boldsymbol{\pi})$ 上的图像；

4）绘制下面参数曲线的图像：

$$\begin{cases} x = e^t \cos t \\ y = e^t \sin t \end{cases} \quad t \in (-4\pi, 4\pi)$$

解：在 MATLAB 命令窗口中输入如下命令：

```
>> clear
>> syms x y t
>> f1=exp(2*x)*sin(2*x);
>> f2=x^2-y^4;
>> f3=log(abs(sin(x)+cos(y)));
>> X=exp(t)*cos(t);Y=exp(t)*sin(t);
```

---

① 本书中 log 是指以 10 为底的常用对数。

```
>> subplot(2, 2, 1), ezplot(f1, [-pi, pi])
>> subplot(2, 2, 2), ezplot(f2)
>> subplot(2, 2, 3), ezplot(f3, [-pi, pi, 0, 2*pi])
>> subplot(2, 2, 4), ezplot(X, Y, [-4*pi, 4*pi])
```

运行结果如图 3-20 所示。

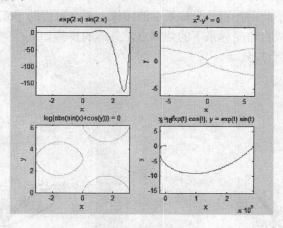

图 3-20   ezplot 作图

 注意

上面 ezplot 命令中的函数也可直接用符号表达式写出，但这时需要特别注意表达式必须加单引号，例如上例中的 1）可直接用下面的命令：ezplot('exp(2*x)*sin(2*x)',[-pi,pi])

3.3.4   其他坐标系下的绘图命令

上面讲的绘图命令使用的都是笛卡儿坐标系，而在工程实际中，往往会涉及不同坐标系下的图像问题，例如非常常用的极坐标。下面我们简单介绍几个工程计算中常用的其他坐标系下的绘图命令。

1. 极坐标系下绘图

在 MATLAB 中，polar 命令用来绘制极坐标系下的函数图像。polar 命令的使用格式见表 3-9。

表 3-9   polar 命令的使用格式

调用格式	说 明
polar(theta,rho)	在极坐标中绘图，theta 的元素代表弧度，rho 代表极坐标矢径
polar(theta,rho,s)	在极坐标中绘图，参数 s 的内容与 plot 命令相似

例 3-13：在极坐标下画出下面函数的图像：

$$r = e^{\cos t} - 2\cos 4t + (\sin \frac{t}{12})^5$$

解： 在 MATLAB 命令窗口中输入如下命令：

```
>> t=linspace(0,24*pi,1000);
>> r=exp(cos(t))-2*cos(4.*t)+(sin(t./12)).^5;
>> polar(t,r)
```

运行结果如图 3-21 所示。

如果我们还想看一下此图在直角坐标系下的图像，那么可借助 pol2cart 命令，它可以将相应的极坐标数据点转化成直角坐标系下的数据点，具体的步骤如下：

```
>> [x,y]=pol2cart(t,r);
>> figure
>> plot(x,y)
```

运行结果如图 3-22 所示。

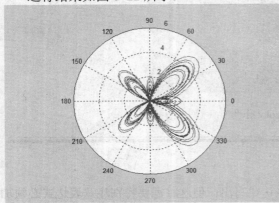 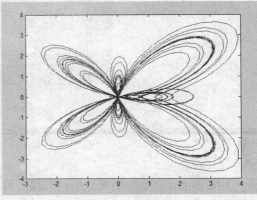

图 3-21　polar 作图（一）　　　　　图 3-22　polar 作图（二）

2. 半对数坐标系下绘图

半对数坐标在工程中也是很常用的，MATLAB 提供的 semilogx 与 semilogy 命令可以很容易实现这种作图方式。semilogx 命令用来绘制 x 轴为半对数坐标的曲线，semilogy 命令用来绘制 y 轴为半对数坐标的曲线，它们的使用格式是一样的。以 semilogx 命令为例，其使用格式见表 3-10。

表 3-10　semilogx 命令的使用格式

调用格式	说　明
semilogx(X)	绘制以 10 为底对数刻度的 x 轴和线性刻度的 y 轴的半对数坐标曲线，若 X 是实矩阵，则按列绘制每列元素值相对其下标的曲线图，若为复矩阵，则等价于 semilogx(real(X),imag(X)) 命令
semilogx(X1,Y1,…)	对坐标对 (Xi,Yi) (i=1,2,…)，绘制所有的曲线，如果 (Xi,Yi) 是矩阵，则以 (Xi,Yi) 对应的行或列元素为横纵坐标绘制曲线
semilogx(X1,Y1,s1,…)	对坐标对 (Xi,Yi) (i=1,2,…)，绘制所有的曲线，其中 si 是控制曲线线型、标记以及色彩的参数
semilogx(…,'PropertyName', PropertyValue,…)	对所有用 semilogx 命令生成的图形对象的属性进行设置
h = semilogx(…)	返回 line 图形句柄向量，每条线对应一个句柄

例 3-14：比较函数 $y = 10^x$ 在半对数坐标系与直角坐标系下的图像。

解：在 MATLAB 命令窗口中输入如下命令：

```
>> close all
>> x=0:0.01:1;
>> y=10.^x;
>> subplot(1,2,1),semilogy(x,y)
>> subplot(1,2,2),plot(x,y)
```

运行结果如图 3-23 所示。

3. 双对数坐标系下绘图

除了上面的半对数坐标绘图外，MATLAB 还提供了双对数坐标系下的绘图命令 loglog，它的使用格式与 semilogx 相同，这里就不再详细说明了，只给出一个例子。

例 3-15：比较函数 $y = e^x$ 在双对数坐标系与直角坐标系下的图像。

解：在 MATLAB 命令窗口中输入如下命令：

```
>> close all
>> x=0:0.01:1;
>> y=exp(x);
>> subplot(1,2,1),loglog(x,y)
>> subplot(1,2,2),plot(x,y)
```

运行结果如图 3-24 所示。

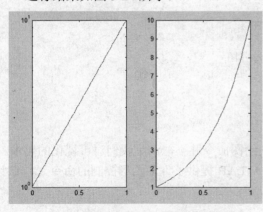 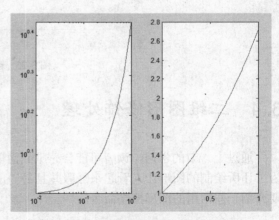

图 3-23　半对数坐标与直角坐标图比较　　图 3-24　双对数坐标与直角坐标图比较

4. 双 y 轴坐标

这种坐标在实际中常用来比较两个函数的图像，实现这一操作的命令是 plotyy，它的使用格式见表 3-11。

例 3-16：用不同标度在同一坐标内绘制曲线 $y_1 = e^{-x} \cos 4\pi x$ 和 $y_2 = 2e^{-0.5x} \cos 2\pi x$。

解：在 MATLAB 命令窗口中输入如下命令：

```
>> close all
>> x=linspace(-2*pi,2*pi,200);
>> y1=exp(-x).*cos(4*pi*x);
>> y2=2*exp(-0.5*x).*cos(2*pi*x);
>> plotyy(x,y1,x,y2,'plot')
```

表 3-11　plotyy 命令的使用格式

调用格式	说　明
plotyy(x1,y1,x2,y2)	用左边的 y 轴画出 x1 对应于 y1 的图，用右边的 y 轴画出 x2 对应于 y2 的图
plotyy(x1,y1,x2,y2,'function')	使用字符串'function'指定的绘图函数产生每一个图形，'function'可以是 plot、semilogx、semilogy、stem 或任何满足 h=function(x,y)的 MATLAB 函数
plotyy(x1,y1,x2,y2,'function1','function2')	使用 function1(x1,y1)为左轴画出图形，用 function2(x2,y2)为左轴画出图形

运行结果如图 3-25 所示。

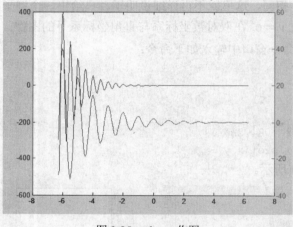

图 3-25　plotyy 作图

3.4　二维图形修饰处理

通过上一节的学习，读者可能会感觉到简单的绘图命令并不能满足我们对可视化的要求。为了让所绘制的图形让人看起来舒服并且易懂，MATLAB 提供了许多图形控制的命令。本节主要介绍一些常用的图形控制命令。

3.4.1　坐标轴控制

MATLAB 的绘图函数可根据要绘制的曲线数据的范围自动选择合适的坐标系，使得曲线尽可能清晰地显示出来，所以一般情况下用户不必自己选择绘图坐标。但是有些图形，如果用户感觉自动选择的坐标不合适，则可以利用 axis 命令选择新的坐标系。

axis 命令用于控制坐标轴的显示、刻度、长度等特征，它有很多种使用方式，表 3-12 列出了一些常用的使用格式。

表 3-12　axis 命令的使用格式

调用格式	说　明
axis([xmin xmax ymin ymax])	设置当前坐标轴的 x 轴与 y 轴的范围
axis([xmin xmax ymin ymax zmin zmax])	设置当前坐标轴的 x 轴、y 轴与 z 轴的范围
axis([xmin xmax ymin ymax zmin zmax cmin cmax])	设置当前坐标轴的 x 轴、y 轴与 z 轴的范围，以及当前颜色刻度范围
v = axis	返回一包含 x 轴、y 轴与 z 轴的刻度因子的行向量，其中 v 为一个四维或六维向量，这取决于当前坐标为二维还是三维的
axis auto	自动计算当前轴的范围，该命令也可针对某一个具体坐标轴使用，例如： auto x　自动计算 x 轴的范围； auto yz　自动计算 y 轴与 z 轴的范围
axis manual	把坐标固定在当前的范围，这样，若保持状态(hold)为 on，后面的图形仍用相同界限
axis tight	把坐标轴的范围定为数据的范围，即将三个方向上的纵高比设为同一个值
axis fill	该命令用于将坐标轴的取值范围分别设置为绘图所用数据在相应方向上的最大、最小值
axis ij	将二维图形的坐标原点设置在图形窗口的左上角，坐标轴 i 垂直向下，坐标轴 j 水平向右
axis xy	使用笛卡儿坐标系
axis equal	设置坐标轴的纵横比，使在每个方向的数据单位都相同，其中 x 轴、y 轴与 z 轴将根据所给数据在各个方向的数据单位自动调整其纵横比
axis image	效果与命令 axis equal 相同，只是图形区域刚好紧紧包围图像数据
axis square	设置当前图形为正方形（或立方体形），系统将调整 x 轴、y 轴与 z 轴，使它们有相同的长度，同时相应地自动调整数据单位之间的增加量
axis normal	自动调整坐标轴的纵横比，还有用于填充图形区域的、显示于坐标轴上的数据单位的纵横比
axis vis3d	该命令将冻结坐标系此时的状态，以便进行旋转
axis off	关闭所用坐标轴上的标记、格栅和单位标记，但保留由 text 和 gtext 设置的对象
axis on	显示坐标轴上的标记、单位和格栅
[mode,visibility,direction] = axis('state')	返回表明当前坐标轴的设置属性的三个参数 mode、visibility、dirextion，它们的可能取值见表 3-13

表 3-13　参数

参数	可能取值
mode	'auto'或'manual'
visibility	'on'或'off'
dirextion	'xy'或'ij'

例 3-17： 画出函数 $y = e^x \sin 4x$ 在 $x \in [0, \frac{\pi}{2}], y \in [-2, 2]$ 上的图像。

解： 在 MATLAB 命令窗口中输入如下命令：

```
>> close all
>> x=linspace(0,pi/2,100);
>> y=exp(x).*sin(4.*x);
>> plot(x,y,'r^')
>> axis([0 pi/2 -2 2])
```

运行结果如图 3-26 所示。

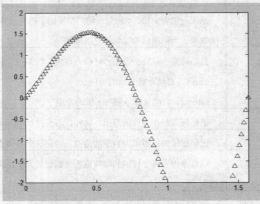

图 3-26　轴控命令 axis 效果

这里仅给出一个例子，在以后的例题中，会经常用这个命令，到时读者可以慢慢体会。

 注意

对于 axis 命令的用法，axis auto 等价于 axis('auto')，将其中的 auto 换成前页所给出的其他字符串，上述用法同样等价。

3.4.2　图形注释

MATLAB 中提供了一些常用的图形标注函数，利用这些函数可以为图形添加标题，为图形的坐标轴加标注，为图形加图例，也可以把说明、注释等文本放到图形的任何位置。本小节的内容是图形控制中最常用的，也是实际中应用最多的地方，因此读者要仔细学习本节内容，并上机调试本节所给出的各种例子。

1．注释图形标题及轴名称

在 MATLAB 绘图命令中，title 命令用于给图形对象加标题，它的使用格式也非常简单，见表 3-14。

说明：可以利用 gcf 与 gca 来获取当前图形窗口与当前坐标轴的句柄。

我们还可以对坐标轴进行标注，相应的命令为 xlabel、ylabel、zlabel，作用分别是对 x 轴、y 轴、z 轴进行标注，它们的调用格式都是一样的，我们以 xlabel 为例进行说明，见表 3-15。

表 3-14   title 命令的使用格式

调用格式	说　明
title('string')	在当前坐标轴上方正中央放置字符串 string 作为图形标题
title(fname)	先执行能返回字符串的函数 fname，然后在当前轴上方正中央放置返回的字符串作为标题
title('text','PropertyName',PropertyValue,…)	对由命令 title 生成的图形对象的属性进行设置，输入参数"text"为要添加的标注文本
h = title(…)	返回作为标题的 text 对象句柄

表 3-15   xlabel 命令的使用格式

调用格式	说　明
xlabel('string')	在当前轴对象中的 x 轴上标注说明语句 string
xlabel(fname)	先执行函数 fname，返回一个字符串，然后在 x 轴旁边显示出来
xlabel('text','PropertyName',PropertyValue,…)	指定轴对象中要控制的属性名和要改变的属性值，参数"text"为要添加的标注名称

事实上，上面的两个命令在 3.1 节中我们就已经用到了，见例 3-1。下面我们再给出一个例子。

例 3-18：画出标题为"正弦波"且有坐标标注的图形。

解：在 MATLAB 命令窗口中输入如下命令：

```
>> x=linspace(0,4*pi,1000);
>> plot(x,sin(x))
>> title('正弦波')
>> xlabel('x 值')
>> ylabel('y 值')
```

运行结果如图 3-27 所示。

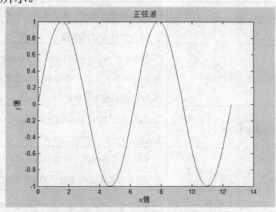

图 3-27   图形标注（一）

2. 标注图形

在给所绘得的图形进行详细的标注时，最常用的两个命令是 text 与 gtext，它们均可以在图形的具体部位进行标注。

text 命令的使用格式见表 3-16。

表 3-16　text 命令的使用格式

调用格式	说　明
text(x,y,'string')	在图形中指定的位置(x,y)上显示字符串 string
text(x,y,z,'string')	在三维图形空间中的指定位置(x,y,z)上显示字符串 string
text(x,y,z,'string','PropertyName',PropertyValue,…)	在三维图形空间中的指定位置(x,y,z)上显示字符串 string，且对指定的属性进行设置，表 3-17 给出了文字属性名、含义及属性值的有效值与默认值

表 3-17　text 命令属性列表

属性名	含义	有效值	默认值
Editing	能否对文字进行编辑	on、off	off
Interpretation	tex 字符是否可用	tex、none	tex
Extent	text 对象的范围（位置与大小）	[left,bottom, width, height]	随机
HorizontalAlignment	文字水平方向的对齐方式	left、center、right	left
Position	文字范围的位置	[x,y,z]直角坐标系	[]（空矩阵）
Rotation	文字对象的方位角度	标量［单位为度（°）］	0
Units	文字范围与位置的单位	pixels（屏幕上的像素点）、normalized(把屏幕看成一个长、宽为 1 的矩形)、inches、centimeters、points、data	data
VerticalAlignment	文字垂直方向的对齐方式	normal(正常字体)、italic(斜体字)、oblique(斜角字) top(文本外框顶上对齐)、cap(文本字符顶上对齐)、middle(文本外框中间对齐)、baseline(文本字符底线对齐)、bottom(文本外框底线对齐)	middle
FontAngle	设置斜体文字模式	normal(正常字体)、italic(斜体字)、oblique(斜角字)	normal
FontName	设置文字字体名称	用户系统支持的字体名或者字符串 FixedWidth	Helvetica
FontSize	文字字体大小	结合字体单位的数值	10 points
FontUnits	设置属性 FontSize 的单位	points (1 points =1/72inches)、normalized(把父对象坐标轴作为单位长的一个整体；当改变坐标轴的尺寸时，系统会自动改变字体的大小)、inches、centimeters、pixels	points
FontWeight	设置文字字体的粗细	light(细字体)、normal(正常字体)、demi(黑体字)、bold(黑体字)	normal
Clipping	设置坐标轴中矩形的剪辑模式	on：当文本超出坐标轴的矩形时，超出的部分不显示 off：当文本超出坐标轴的矩形时，超出的部分显示	off
EraseMode	设置显示与擦除文字的模式	normal、none、 xor、 background	normal
SelectionHighlight	设置选中文字是否突出显示	on、off	on
Visible	设置文字是否可见	on、off	on
Color	设置文字颜色	有效的颜色值：ColorSpec	

（续）

属性名	含义	有效值	默认值
HandleVisibility	设置文字对象句柄对其他函数是否可见	on、callback、off	on
HitTest	设置文字对象能否成为当前对象	on、off	on
Seleted	设置文字是否显示出"选中"状态	on、off	off
Tag	设置用户指定的标签	任何字符串	' '（即空字符串）
Type	设置图形对象的类型	字符串'text'	
UserData	设置用户指定数据	任何矩阵	[]（即空矩阵）
BusyAction	设置如何处理对文字回调过程中断的句柄	cancel、queue	queue
ButtonDownFcn	设置当鼠标在文字上单击时，程序做出的反应	字符串	' '（即空字符串）
CreateFcn	设置当文字被创建时，程序做出的反应	字符串	' '（即空字符串）
DeleteFcn	设置当文字被删除（通过关闭或删除操作）时，程序做出的反应	字符串	' '（即空字符串）

上表中的这些属性及相应的值都可以通过 get 命令来查看，以及用 set 命令来修改。

gtext 命令非常好用，它可以让鼠标在图形的任意位置进行标注。当光标进入图形窗口时，会变成一个大十字架形，等待用户的操作。它的使用格式为：

gtext(　'string'，'property'，propertyvalue，…)

调用这个函数后，图形窗口中的鼠标指针会成为十字光标，通过移动鼠标来进行定位，即光标移到预定位置后按下鼠标左键或键盘上的任意键都会在光标位置显示指定文本"string"。由于要用鼠标操作，该函数只能在 MATLAB 命令窗口中进行。

例 3-19：画出正弦函数在 $[0,2\pi]$ 上的图像，标出 $\sin\dfrac{3\pi}{4}$、$\sin\dfrac{5\pi}{4}$ 在图像上的位置，并在曲线上标出函数名。

解：在 MATLAB 命令窗口中输入如下命令：

```
>> x=0:pi/50:2*pi;
>> plot(x,sin(x))
>> title('例 3-19')
>> xlabel('x Value'),ylabel('sin(x)')
>> text(3*pi/4,sin(3*pi/4),'<---sin(3pi/4)')
>>
text(5*pi/4,sin(5*pi/4),'sin(5pi/4)\rightarrow','HorizontalAlignment','right')
>> gtext('y=sin(x)')
```

运行结果如图 3-28 所示。

 注意

上面 text 命令中的'\rightarrow'是 TeX 字符串。在 MATLAB 中，TeX 中的一些希腊字母、常用数学符号、二元运算符号、关系符号以及箭头符号都可以直接使用。

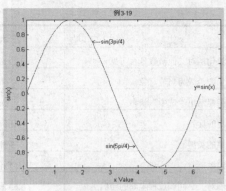

图 3-28　图形标注（二）

3. 标注图例

当在一幅图中出现多种曲线时，用户可以根据自己的需要，利用 legend 命令对不同的图例进行说明。它的使用格式见表 3-18。

表 3-18　legend 命令的使用格式

调用格式	说　明
legend('string1','string2',…,Pos)	用指定的文字 string1，string2,…在当前坐标轴中对所给数据的每一部分显示一个图例
legend(h,'string1','string2',…)	用指定的文字 string 在一个包含于句柄向量 h 中的图形中显示图例
legend(string_matrix)	用字符矩阵参量 string_matrix 的每一行字符串作为标签
legend(h,string_matrix)	用字符矩阵参量 string_matrix 的每一行字符串作为标签给包含于句柄向量 h 中的相应的图形对象加标签
legend(axes_handle,…)	给由句柄 axes_handle 指定的坐标轴显示图例
legend_handle = legend	返回当前坐标轴中的图例句柄，若坐标轴中没有图例存在，则返回空向量
legend('off')	从当前的坐标轴中除掉图例
legend	对当前图形中所有的图例进行刷新
legend(legend_handle)	对由句柄 legend_handle 指定的图例进行刷新
legend(…,pos)	在指定的位置 pos 放置图，pos 的取值及相应的图例位置见表 3-19
h = legend(…)	返回图例的句柄向量

表 3-19　pos 取值

pos 取值	图例位置
−1	坐标轴之外的右边
0	自动把图例置于最佳位置，使其与图中曲线的重复最少
1	坐标轴的右上角（默认位置）
2	坐标轴的左上角
3	坐标轴的左下角
4	坐标轴的右下角

例 3-20：在同一个图形窗口内画出函数 $y_1 = \sin x, y_2 = \dfrac{x}{2}, y_3 = \cos x$ 的图像，并作出相应的图例标注。

解：在 MATLAB 命令窗口中输入如下命令：

```
>> close all
>> x=linspace(0,2*pi,100);
>> y1=sin(x);
>> y2=x/2;
>> y3=cos(x);
>> plot(x,y1,'-r',x,y2,'+b',x,y3,'*g')
>> title('例3-20')
>> xlabel('xValue'),ylabel('yValue')
>> axis([0,7,-2,3])
>> legend('sin(x)','x/2','cos(x)')
```

运行结果如图 3-29 所示。

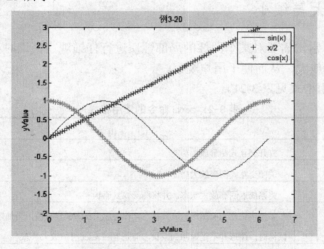

图 3-29　图形标注（三）

4. 控制分格线

为了使图像的可读性更强，我们可以利用 grid 命令给二维或三维图形的坐标面增加分格线，它的使用格式见表 3-20。

表 3-20　grid 命令的使用格式

调用格式	说明
grid on	给当前的坐标轴增加分格线
grid off	从当前的坐标轴中去掉分格线
grid	转换分隔线的显示与否的状态
grid(axes_handle,on|off)	对指定的坐标轴 axes_handle 是否显示分隔线

例 3-21：在同一个图形窗口内画出函数 $y_1 = \sin x, y_2 = \cos x$ 的图像，并加入格线。

解：在 MATLAB 命令窗口中输入如下命令：

```
>> clear
>> close all
>> x=linspace(0, 2*pi, 100);
>> y1=sin(x);
>> y2=cos(x);
>> h=plot(x, y1, '-r', x, y2, '.k');
>> title('格线控制')
>> legend(h, 'sin(x)', 'cos(x)')
>> grid on
```

运行结果如图 3-30 所示。

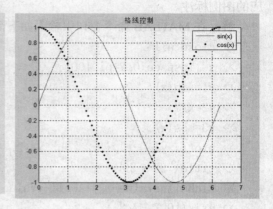

图 3-30　图形标注（四）

3.4.3　图形放大与缩小

在工程实际中，常常需要对某个图像的局部性质进行仔细观察，这时我们可以通过 zoom 命令将局部图像进行放大，从而便于用户观察。

zoom 命令的使用格式见表 3-21。

表 3-21　zoom 命令的使用格式

调用格式	说　明
zoom on	打开交互式图形放大功能
zoom off	关闭交互式图形放大功能
zoom out	将系统返回非放大状态，并将图形恢复原状
zoom reset	系统将记住当前图形的放大状态，作为放大状态的设置值，当使用 zoom out 或双击鼠标时，图形并不是返回到原状，而是返回 reset 时的放大状态
zoom	用于切换放大的状态：on 和 off
zoom xon	只对 x 轴进行放大
zoom yon	只对 y 轴进行放大
zoom(factor)	用放大系数 factor 进行放大或缩小，而不影响交互式放大的状态。若 factor>1，系统将图形放大 factor 倍；若 0<factor≤1，系统将图形放大 1/factor 倍
zoom(fig, option)	对窗口 fig（不一定为当前窗口）中的二维图形进行放大，其中参数 option 为 on、off、xon、yon、reset、factor 等

在使用这个命令时，要注意当一个图形处于交互式的放大状态时，有两种方法来放大图形。一种是用鼠标左键单击需要放大的部分，可使此部分放大一倍，这一操作可进行多次，直到 MATLAB 的最大显示为止；单击鼠标右键，可使图形缩小一半，这一操作可进行多次，直到还原图形为止。另一种是用鼠标拖出要放大的部分，系统将放大选定的区域。该命令的作用与图形窗口中放大图标的作用是一样的。

3.4.4　颜色控制

在绘图的过程中，对图形加上不同的颜色，会大大增加图像的可视化效果。在计算机中，颜色是通过对红、绿、蓝三种颜色进行适当的调配来得到的。在 MATLAB 中，这种调配是用一个三维向量[R G B]实现的，其中 R、G、B 的值代表 3 种颜色之间的相对亮度，它们的取值范围均在 0～1 之间。表 3-22 中列出了一些常用的颜色调配方案。

表 3-22　颜色调配表

调配矩阵	颜色	调配矩阵	颜色
[1 1 1]	白色	[1 1 0]	黄色
[1 0 1]	洋红色	[0 1 1]	青色
[1 0 0]	红色	[0 0 1]	蓝色
[0 1 0]	绿色	[0 0 0]	黑色
[0.5 0.5 0.5]	灰色	[0.5 0 0]	暗红色
[1 0.62 0.4]	红负色	[0.49 1 0.83]	碧绿色

在 MATLAB 中，控制及实现这些颜色调配的主要命令为 colormap，它的使用格式也非常简单，见表 3-23。

表 3-23　colormap 命令的使用格式

调用格式	说　明
colormap([R G B])	设置当前色图为由矩阵[R G B]所调配出的颜色
colormap('default')	设置当前色图为默认颜色
cmap = colormap	获取当前色的调配矩阵

利用调配矩阵来设置颜色是很麻烦的。为了使用方便，MATLAB 提供了几种常用的色图。表 3-24 给出了这些色图名称及调用函数。

表 3-24　色图及调用函数

调用函数	色图名称	调用函数	色图名称
autumn	红色黄色阴影色图	jet	hsv 的一种变形（以蓝色开始和结束）
bone	带一点蓝色的灰度色图	lines	线性色图
colorcube	增强立方色图	pink	粉红色图
cool	青红浓淡色图	prism	光谱色图
copper	线性铜色	spring	洋红黄色阴影色图
flag	红、白、蓝、黑交错色图	summer	绿色黄色阴影色图
gray	线性灰度色图	white	全白色图
hot	黑、红、黄、白色图	winter	蓝色绿色阴影色图
hsv	色彩饱和色图（以红色开始和结束）		

这个命令在三维绘图时用得比较多，在这里我们不再举例。关于 colormap 命令的用法，读者可以参考下一节的例子。

3.5 三维绘图

MATLAB 三维绘图涉及的问题比二维绘图多，比如：是三维曲线绘图还是三维曲面绘图；三维曲面绘图中，是曲面网线绘图还是曲面色图；绘图坐标数据是如何构造的；什么是三维曲面的观察角度等。用于三维绘图的 MATLAB 高级绘图函数中，对于上述许多问题都设置了默认值，应尽量使用默认值，必要时认真阅读联机帮助。

为了显示三维图形，MATLAB 提供了各种各样的函数。有一些函数可在三维空间中画线，而另一些可以画曲面与线格框架。另外，颜色可以用来代表第四维。当颜色以这种方式使用时，不但它不再具有像照片中那样显示色彩的自然属性，而且也不具有基本数据的内在属性，所以把它称作为彩色。本章主要介绍三维图形的作图方法和效果。

3.5.1 三维曲线绘图命令

1. plot3 命令

plot3 命令是二维绘图 plot 命令的扩展，因此它们的使用格式也基本相同，只是在参数中多加了一个第三维的信息。例如 plot(x,y,s)与 plot3(x,y,z,s)的意义是一样的，前者绘的是二维图，后者绘的是三维图，后面的参数 s 也是用来控制曲线的类型、粗细、颜色等。因此，这里我们就不给出它的具体使用格式了，读者可以按照 plot 命令的格式来学习。

事实上，这个命令在 3.1 节中就已经用到了，见例 3-1。下面我们再给出一个例子。

例 3-22：画出下面的圆锥螺线的图像：

$$\begin{cases} x = t\cos t \\ y = t\sin t \qquad t \in [0, 2\pi] \\ z = t \end{cases}$$

解：在 MATLAB 命令窗口中输入如下命令：

```
>> close all
>> t=linspace(0.2*pi,800);
>> x=t.*cos(t);
>> y=t.*sin(t);
>> z=t;
>> plot3(x,y,z,'r')
>> title('圆锥螺线')
>> label(x,'tcos(t)'),label(y,'tsin(t)'),label(z,'t')
```

运行结果如图 3-31 所示。

2. ezplot3 命令

同二维情况一样，三维绘图里也有一个专门绘制符号函数的命令 ezplot3，该命令的使用格式见表 3-25。

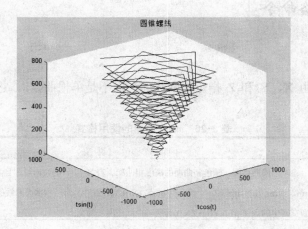

图 3-31　ezplot3 作图

表 3-25　ezplot3 命令的使用格式

调用格式	说　明
ezplot3(x,y,z)	在系统默认的区域 $x \in (-2\pi, 2\pi)$, $y \in (-2\pi, 2\pi)$ 上画出空间曲线 $x = x(t)$, $y = y(t)$, $z = z(t)$ 的图形
ezplot3 (x,y,z,[a,b])	绘制上述参数曲线在区域 $\mathbf{x} \in (\mathbf{a}, \mathbf{b})$, $\mathbf{y} \in (\mathbf{a}, \mathbf{b})$ 上的三维网格图
ezplot3 (…,'animate')	产生空间曲线的一个动画轨迹

用这个命令绘制上例的参数曲线时，只需输入下面的命令即可：

```
>> syms t
>> x=t*cos(t);
>> y=t*sin(t);
>> z=t;
>> ezplot3(x, y, z, [0, 20*pi])
```

运行结果如图 3-32 所示。

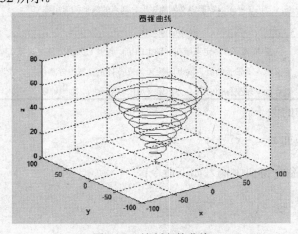

图 3-32　绘制参数曲线

3.5.2 三维网格命令

1. mesh 命令

该命令生成的是由 X、Y 和 Z 指定的网线面，而不是单根曲线，它的主要使用格式见表 3-26。

表 3-26 mesh 命令的使用格式

调用格式	说 明
mesh(X,Y,Z)	绘制三维网格图，颜色和曲面的高度相匹配。若 X 与 Y 均为向量，且 length（X）=n，length（Y）=m，而[m, n]=size（Z），空间中的点 (X(j),Y(i),Z(I,j)) 为所画曲面网线的交点；若 X 与 Y 均为矩阵，则空间中的点 (X(i,j),Y(i,j),Z(i,j))为所画曲面的网线的交点
mesh(X,Y,Z,c)	同 mesh(X,Y,Z)，只不过颜色由 c 指定
mesh(Z)	生成的网格图满足 X =1：n 与 Y=1：m，[n, m] = size（Z），其中 Z 为定义在矩形区域上的单值函数
mesh(…, 'PropertyName', PropertyValue, …)	对指定的属性 PropertyName 设置属性值 PropertyValue,可以在同一语句中对多个属性进行设置
h = mesh(…)	返回图形对象句柄

在给出例题之前，我们先来学一个非常常用的命令 meshgrid，它用来生成二元函数 z = f(x,y) 中 xy 平面上的矩形定义域中数据点矩阵 X 和 Y，或者是三元函数 u = f(x,y,z)中立方体定义域中的数据点矩阵 X、Y 和 Z。它的使用格式也非常简单，见表 3-27。

表 3-27 meshgrid 命令的使用格式

调用格式	说 明
[X,Y] = meshgrid(x,y)	向量 X 为 xy 平面上矩形定义域的矩形分割线在 x 轴的值，向量 Y 为 xy 平面上矩形定义域的矩形分割线在 y 轴的值。输出向量 X 为 xy 平面上矩形定义域的矩形分割点的横坐标值矩阵，输出向量 Y 为 xy 平面上矩形定义域的矩形分割点的纵坐标值矩阵
[X,Y] = meshgrid(x)	等价于形式 [X,Y] = meshgrid(x,x)
[X,Y,Z] = meshgrid(x,y,z)	向量 X 为立方体定义域在 x 轴上的值，向量 Y 为立方体定义域在 y 轴上的值，向量 Z 为立方体定义域在 z 轴上的值。输出向量 X 为立方体定义域中分割点的 x 轴坐标值,Y 为立方体定义域中分割点的 y 轴坐标值,Z 为立方体定义域中分割点的 z 轴坐标值

下面来看几个具体的例子。

例 3-23：绘制马鞍面 $z = -x^4 + y^4 - x^2 - y^2 - 2xy$。

解：在 MATLAB 命令窗口中输入如下命令：

```
>> close all
>> x=-4:0.25:4;
>> y=x;
>> [X,Y]=meshgrid(x,y);
>> Z=-X.^4+Y.^4-X.^2-Y.^2-2*X*Y;
```

```
>> mesh(Z)
>> title('马鞍面')
>> xlabel('x'),ylabel('y'),zlabel('z')
```

运行结果如图 3-33 所示。

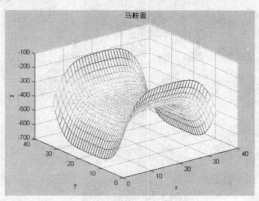

图 3-33　马鞍面

对于一个三维网格图，有时用户不想显示背后的网格，这时可以利用 hidden 命令来实现这种要求。它的使用格式也非常简单，见表 3-28。

表 3-28　hidden 命令的使用格式

调用格式	说明
hidden on	将网格设为不透明状态
hidden off	将网格设为透明状态
hidden	在 on 与 off 之间切换

例 3-24：在 MATLAB 中，提供了一个演示函数 peaks，它是用来产生一个山峰曲面的函数，利用它画两个图，一个不显示其背后的网格，一个显示其背后的网格。

解：在 MATLAB 命令窗口中输入如下命令：

```
>> close all
>> t=-4:0.1:4;
>> [X,Y]=meshgrid(t);
>> Z=peaks(X,Y);
>> subplot(1,2,1)
>> mesh(X,Y,Z),hidden on
>> title('不显示网格')
>> subplot(1,2,2)
>> mesh(X,Y,Z),hidden off
>> title('显示网格')
```

运行结果如图 3-34 所示。

MATLAB 还有两个同类的函数：meshc 与 meshz。meshc 用来画图形的网格图加基本的等高线图，meshz 用来画图形的网格图与零平面的网格图。

例 3-25：分别用 plot3、mesh、meshc 和 meshz 画出下面函数的曲面图形。

$$z = \frac{\sin\sqrt{x^2 + y^2}}{\sqrt{x^2 + y^2}}, -5 \le x, y \le 5$$

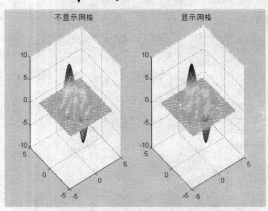

图 3-34   peaks 图像

解：在 MATLAB 命令窗口中输入如下命令：

```
>> close all
>> x=-5:0.1:5;
>> [X,Y]=meshgrid(x);
>> Z=sin(sqrt(X.^2+Y.^2))./sqrt(X.^2+Y.^2);
>> subplot(2,2,1)
>> plot3(X,Y,Z)
>> title('plot3 作图')
>> subplot(2,2,2)
>> mesh(X,Y,Z)
>> title('mesh 作图')
>> subplot(2,2,3)
>> meshc(X,Y,Z)
>> title('meshc 作图')
>> subplot(2,2,4)
>> meshz(X,Y,Z)
>> title('meshz 作图')
```

运行结果如图 3-35 所示。

2. ezmesh 命令

该命令专门用来绘制符号函数 f(x,y)（即 f 是关于 x、y 的数学函数的字符串表示）的网格图形，它的使用格式见表 3-29。

例 3-26：画出下面函数的三维网格表面图：

$$f(x, y) = e^y \sin x + e^x \cos y \quad (-\pi < x, y < \pi)$$

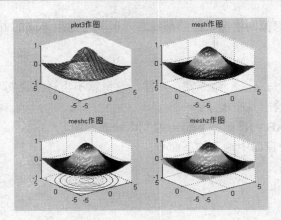

图 3-35 图像比较

表 3-29 ezmesh 命令的使用格式

调用格式	说明
ezmesh(f)	绘制 f 在系统默认区域 $x \in (-2\pi, 2\pi)$, $y \in (-2\pi, 2\pi)$ 内的三维网格图
ezmesh (f,[a,b])	绘制 f 在区域 $x \in (a,b)$, $y \in (a,b)$ 内的三维网格图
ezmesh (f,[a,b,c,d])	绘制 f 在区域 $x \in (a,b)$, $y \in (a,b)$ 内的三维网格图
ezmesh (x,y,z)	绘制参数曲面 $x = x(s,t)$, $y = y(s,t)$, $z = z(s,t)$ 在系统默认的区域 $s \in (-2\pi, 2\pi)$, $t \in (-2\pi, 2\pi)$ 内的三维网格图
ezmesh (x,y,z,[a,b])	绘制上述参数曲面在 $x \in (a,b)$, $y \in (a,b)$ 内的三维网格图
ezmesh (x,y,z,[a,b,c,d])	绘制上述参数曲面在 $x \in (a,b)$, $y \in (a,b)$ 内的三维网格图
ezmesh(···,n)	绘制 f 在系统默认的区域 $x \in (-2\pi, 2\pi)$, $y \in (-2\pi, 2\pi)$ 内的三维网格图，其中网格数为 n×n，n 的默认值为 60
ezmesh (···,'circ')	在区域的中心圆盘上绘制 f 的三维网格图

解： 在 MATLAB 命令窗口中输入如下命令：

```
>> close all
>> syms x y
>> f=sin(x)*exp(y)+cos(y)*exp(x);
>> ezmesh(f, [-pi,pi], 30)
>> title('带网格线的三维表面图')
```

运行结果如图 3-36 所示。

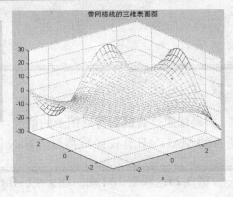

图 3-36 ezmesh 作图

3.5.3 三维曲面命令

曲面图是在网格图的基础上，在小网格之间用颜色填充。它的一些特性正好和网格图相反，它的线条是黑色的，线条之间有颜色；而在网格图里，线条之间是黑色的，而线条有颜色。在曲面图里，人们不必考虑像网格图一样隐蔽线条，但要考虑用不同的方法对表面加色彩。

1. surf 命令

surf 命令的使用格式与 mesh 命令完全一样，这里就不再详细说明了，读者可以参考 mesh 命令的使用格式。下面给出几个例子：

例 3-27：利用 MATLAB 内部函数 peaks 绘制山峰表面图。

解：在 MATLAB 命令窗口中输入如下命令：

```
>> close all
>> [X, Y, Z]=peaks(30);
>> surf(X, Y, Z)
>> title('山峰表面')
>> xlabel('x-axis'),ylabel('y-axis '),zlabel('z-axis')
>> grid
```

运行结果如图 3-37 所示。

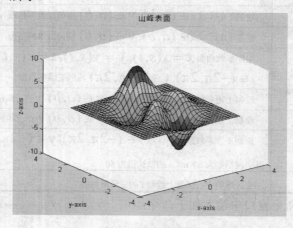

图 3-37　surf 作图

😊 小技巧

如果读想查看曲面背后图形的情况，可以在曲面的相应位置打个洞孔，即将数据设置为 NaN，所有的 MATLAB 作图函数都忽略 NaN 的数据点，在该点出现的地方留下一个洞孔，见例 3-28。

例 3-28：观察山峰曲面在 $x \in (-0.6, 0.5)$, $y \in (0.8, 1.2)$ 时曲面背后的情况。

解：在 MATLAB 命令窗口中输入如下命令：

```
>> close all
>>[X, Y, Z]=peaks(30);
>> x=X(1,:);
>> y=Y(:,1);
>> i=find(y>0.8 & y<1.2);
```

```
>> j=find(x>-.6 & x<.5);
>> Z(i,j)=nan*Z(i,j);
>> surf(X,Y,Z);
>> title('带洞孔的山峰表面');
>> xlabel('x-axis'),ylabel('y-axis '),zlabel('z-axis')
```
运行结果如图 3-38 所示。

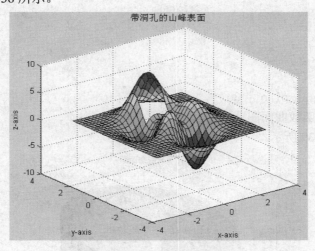

图 3-38 带洞孔的山峰表面图

与上面的 mesh 命令一样，surf 也有两个同类的命令：surfc 与 surfl。surfc 用来画出有基本等值线的曲面图；surfl 用来画出一个有亮度的曲面图。它的用法我们会在后面讲到。

2．ezsurf 命令

该命令专门用来绘制符号函数 f(x,y)（即 f 是关于 x、y 的数学函数的字符串表示）的表面图形，它的使用格式见表 3-30。

表 3-30 ezsurf 命令的使用格式

调用格式	说　明
ezsurf(f)	绘制 f 在系统默认区域 $x \in (-2\pi, 2\pi)$ $y \in (-2\pi, 2\pi)$ 内的三维表面图
ezsurf(f,[a,b])	绘制 f 在区域 $x \in (a,b)$ $y \in (a,b)$ 内的三维表面图
ezsurf(f,[a,b,c,d])	绘制 f 在区域 $x \in (a,b)$ $y \in (c,d)$ 内的三维表面图
ezsurf(x,y,z)	绘制参数曲面 $x = x(s,t), y = y(s,t), z = z(s,t)$ 在系统默认的区域 $s \in (-2\pi, 2\pi)$ $y \in (-2\pi, 2\pi)$ 内的三维表面图
ezsurf(x,y,z,[a,b])	绘制上述参数曲面在 $x \in (a,b)$ $y \in (a,b)$ 内的三维表面图
ezsurf(x,y,z,[a,b,c,c])	绘制上述参数曲面在 $x \in (a,b)$ $y \in (c,d)$ 内的三维表面图
ezsurf(…,n)	绘制 f 在系统默认的区域 $x \in (-2\pi, 2\pi)$ $y \in (-2\pi, 2\pi)$ 内的三维表面图，其中网格数为 n×n，n 的默认值为 60
ezsurf(…,'circ')	在区域的中心圆盘上绘制 f 的三维表面图

例 3-29：画出下面参数曲面的图像：

$$\begin{cases} x = \sin(s+t) \\ y = \cos(s+t) \qquad -\pi < s, t < \pi \\ z = \sin s + \cos t \end{cases}$$

解：在 MATLAB 命令窗口中输入如下命令：

```
>> close all
>> syms s t
>> x=sin(s+t);
>> y=cos(s+t);
>> z=sin(s)+cos(t);
>> ezsurf(x, y, z, [-pi, pi], 30)
>> title('符号函数曲面图')
```

运行结果如图 3-39 所示。

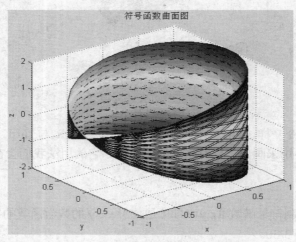

图 3-39   ezsurf 作图

3.5.4 柱面与球面

在 MATLAB 中，有专门绘制柱面与球面的命令 cylinder 与 sphere，它们的使用格式也非常简单。首先来看 cylinder 命令，它的使用格式见表 3-31。

表 3-31   cylinder 命令的使用格式

调用格式	说 明
[X,Y,Z] = cylinder	返回一个半径为 1、高度为 1 的圆柱体的 x 轴、y 轴、z 轴的坐标值，圆柱体的圆周有 20 个距离相同的点
[X,Y,Z] = cylinder(r,n)	返回一个半径为 r、高度为 1 的圆柱体的 x 轴、y 轴、z 轴的坐标值，圆柱体的圆周有指定 n 个距离相同点
[X,Y,Z] = cylinder(r)	与[X,Y,Z] = cylinder(r,20)等价
cylinder(…)	没有任何的输出变量，直接画出圆柱体

例 3-30：画出一个半径变化的柱面。

解：在 MATLAB 命令窗口中输入如下命令：

```
>> close all
>> t=0:pi/10:2*pi;
>> [X,Y,Z]=cylinder(2+cos(t),30);
>> surf(X,Y,Z)
>> axis square
>> xlabel('x-axis'),ylabel('y-axis '),zlabel('z-axis')
```

运行结果如图 3-40 所示。

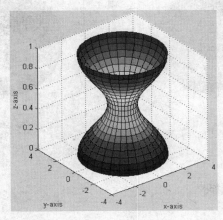

图 3-40　cylinder 作图

小技巧

　　用 cylinder 可以作棱柱的图像，例如运行 cylinder(2,6)将绘出底面为正六边形、半径为 2 的棱柱。

sphere 命令用来生成三维直角坐标系中的球面，它的使用格式见表 3-32。

表 3-32　sphere 命令的使用格式

调用格式	说　明
sphere	绘制单位球面，该单位球面由 20×20 个面组成
sphere(n)	在当前坐标系中画出由 $n×n$ 个面组成的球面
[X,Y,Z]=sphere(n)	返回三个 $(n+1)×(n+1)$ 的直角坐标系中的球面坐标矩阵

例 3-31：比较由 84 个面组成的球面与由 400 个面组成的球面。

　　解：在 MATLAB 命令窗口中输入如下命令：

```
>> close all
>> [X1,Y1,Z1]=sphere(8);
>> [X2,Y2,Z2]=sphere(20);
>> subplot(1,2,1)
>> surf(X1,Y1,Z1)
>> title('84 个面组成的球面')
```

```
>> subplot(1, 2, 2)
>> surf(X2, Y2, Z2)
>> title('400 个面组成的球面')
```

运行结果如图 3-41 所示。

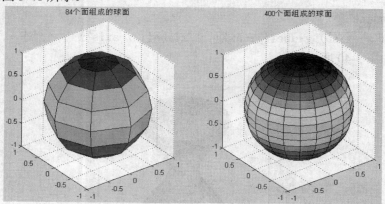

图 3-41   sphere 作图

3.5.5   三维图形等值线

在军事、地理等学科中经常会用到等值线。在 MATLAB 中有许多绘制等值线的命令，我们主要介绍以下几个：

1. contour3 命令

contour3 是三维绘图中最常用的绘制等值线的命令，该命令生成一个定义在矩形格栅上曲面的三维等值线图，它的使用格式见表 3-33。

表 3-33   contour3 命令的使用格式

调用格式	说明
contour3(Z)	画出三维空间角度观看矩阵 Z 的等值线图，其中 Z 的元素被认为是距离 xy 平面的高度，矩阵 Z 至少为 2 阶的。等值线的条数与高度是自动选择的。若[m, n]=size（Z），则 x 轴的范围为[1, n], y 轴的范围为[1, m]
contour3(Z,n)	画出由矩阵 Z 确定的 n 条等值线的三维图
contour3(Z,v)	在参量 v 指定的高度上画出三维等值线，当然等值线条数与向量 v 的维数相同。若想只画一条高度为 h 的等值线，则输入 contour3(Z,[h,h])
contour3(X,Y,Z) contour3(X,Y,Z,n) contour3(X,Y,Z,v)	用 X 与 Y 定义 x 轴与 y 轴的范围。若 X 为矩阵，则 X(1,:)定义 x 轴的范围；若 Y 为矩阵，则 Y(:,1)定义 y 轴的范围；若 X 与 Y 同时为矩阵，则它们必须同型；若 X 或 Y 有不规则的间距，contour3 还是使用规则的间距计算等值线，然后将数据转变给 X 或 Y
contour3(…,s)	用参量 s 指定的线型与颜色画等值线
[C,h] = contour3(…)	画出图形，同时返回与命令 contourc 中相同的等值线矩阵 C，包含所有图形对象的句柄向量 h

例 3-32：绘制山峰函数 peaks 的等值线图。

解：在 MATLAB 命令窗口中输入如下命令：

```
>> close all
>> [x, y, z]=peaks(30);
>> contour3(x, y, z);
>> title('山峰函数等值线图');
>> xlabel('x-axis'),ylabel('y-axis '),zlabel('z-axis')
```

运行结果如图 3-42 所示。

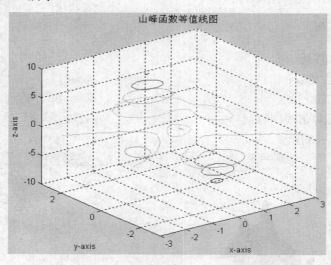

图 3-42　contour3 作图

2. contour 命令

contour3 用于绘制二维图时就等价于 contour，后者用来绘制二维等值线，可以看做是一个三维曲面向 xy 平面上的投影，它的使用格式见表 3-34。

表 3-34　contour 命令的使用格式

调用格式	说　明
contour(Z)	把矩阵 Z 中的值作为一个二维函数的值，等值线是一个平面的曲线，平面的高度 v 是 MATLAB 自动选取的
contour(X,Y,Z)	(X,Y)是平面 Z=0 上点的坐标矩阵，Z 为相应点的高度值矩阵
contour(Z,n)	画出 n 条等值线
contour(X,Y,Z,n)	画出 n 条等值线
contour(Z,v)	在指定的高度 v 上画出等值线
contour(X,Y,Z,v)	等价于 contour(Z,v)命令
[C,h] = contour(…)	返回等值矩阵 C 和线句柄或块句柄列向量 h，每条线对应一个句柄，句柄中的 userdata 属性包含每条等值线的高度值
contour(…,'linespec')	用指定的颜色或者线型画等值线

例 3-33：画出曲面 $z = xe^{-\cos x - \sin y}$ 在 $x \in [-2\pi, 2\pi]$ $y \in [-2\pi, 2\pi]$ 的图像及其在 xy 面的等值线图。

解： 在 MATLAB 命令窗口中输入如下命令：

```
>> close all
>> x=linspace(-2*pi,2*pi,100);
>> y=x;
>> [X,Y]=meshgrid(x,y);
>> Z=X.*exp(-cos(X)-sin(Y));
>> subplot(1,2,1);
>> surf(X,Y,Z);
>> title('曲面图像');
>> subplot(1,2,2);
>> contour(X,Y,Z);
>> title('二维等值线图')
```

运行结果如图 3-43 所示。

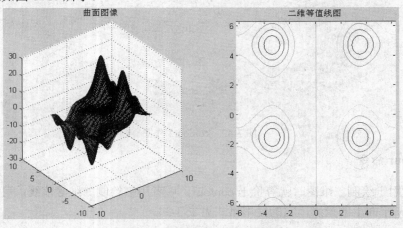

图 3-43   contour 作图

3. contourf 命令

此命令用来填充二维等值线图，即先画出不同等值线，然后将相邻的等值线之间用同一颜色进行填充，填充用的颜色决定于当前的色图颜色。

contourf 命令的使用格式见表 3-35。

例 3-34： 画出山峰函数 peaks 的二维等值线图。

解： 在 MATLAB 命令窗口中输入如下命令：

```
>> close all
>> Z=peaks;
>> [C,h]=contourf(Z,10);
>> colormap gray;
>> title('二维等值线图及颜色填充')
```

运行结果如图 3-44 所示。

表 3-35　contourf 命令的使用格式

调用格式	说　明
contourf(Z)	矩阵 Z 的等值线图，其中 Z 理解成距平面 xy 的高度矩阵。Z 至少为 2 阶的，等值线的条数与高度是自动选择的
contourf(Z,n)	画出矩阵 Z 的 n 条高度不同的等值线
contourf(Z,v)	画出矩阵 Z 的由 v 指定的高度的等值线图
contourf(X,Y,Z)	画出矩阵 Z 的等值线图，其中 X 与 Y 用于指定 x 轴与 y 轴的范围。若 X 与 Y 为矩阵，则必须与 Z 同型；若 X 或 Y 有不规则的间距，contour3 还是使用规则的间距计算等高线，然后将数据转变给 X 或 Y
contourf(X,Y,Z,n)	画出矩阵 Z 的 n 条高度不同的等值线，其中 X、Y 参数同上
contourf(X,Y,Z,v)	画出矩阵 Z 的由 v 指定高度的等值线图，其中 X、Y 参数同上
[C,h,CF] = contourf(⋯)	画出图形，同时返回与命令 contourc 中相同的等高线矩阵 C，C 也可被命令 clabel 使用，返回包含 patch 图形对象的句柄向量 h，返回一用于填充的矩阵 CF

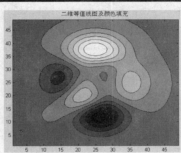

图 3-44　contourf 作图

4．contourc 命令

该命令计算等值线矩阵 C，该矩阵可用于命令 contour、contour3 和 contourf 等。矩阵 Z 中的数值确定平面上的等值线高度值，等值线的计算结果用由矩阵 Z 维数决定的间隔的宽度。contourc 命令的使用格式见表 3-36。

表 3-36　contourc 命令的使用格式

调用格式	说　明
C = contourc(Z)	从矩阵 Z 中计算等值矩阵，其中 Z 的维数至少为 2 阶，等值线为矩阵 Z 中数值相等的单元，等值线的数目和相应的高度值是自动选择的
C = contourc(Z,n)	在矩阵 Z 中计算出 n 个高度的等值线
C = contourc(Z,v)	在矩阵 Z 中计算出给定高度向量 v 上的等值线，向量 v 的维数决定了等值线的数目。若只要计算一条高度为 a 的等值线，输入：contourc(Z,[a,a])
C = contourc(X,Y,Z)	在矩阵 Z 中，参量 X、Y 确定的坐标轴范围内计算等值线
C = contourc(X,Y,Z,n)	在矩阵 Z 中，参量 X、Y 确定的坐标范围内画出 n 条等值线
C = contourc(X,Y,Z,v)	在矩阵 Z 中，参量 X、Y 确定的坐标范围内，画在 v 指定的高度上的等值线

5．clabel 命令

clabel 命令用来在二维等值线图中添加高度标签，它的使用格式见表 3-37。

表 3-37 contourc 命令的使用格式

调用格式	说 明
clabel(C,h)	把标签旋转到恰当的角度，再插入到等值线中，只有等值线之间有足够的空间时才加入，这决定于等值线的尺度，其中 C 为等高矩阵
clabel(C,h,v)	在指定的高度 v 上显示标签 h
clabel(C,h,'manual')	手动设置标签。用户用鼠标左键或空格键在最接近指定的位置 上放置标签，用键盘上的回车键结束该操作
clabel(C)	在从命令 contour 生成的等高矩阵 C 的位置上添加标签。此时标签的放置位置是随机的
clabel(C,v)	在给定的位置 v 上显示标签
clabel(C,'manual')	允许用户通过鼠标来给等高线贴标签

对上面的使用格式，需要说明的一点是，若命令中有 h，则会对标签进行恰当的旋转，否则标签会竖直放置，且在恰当的位置显示一个 "+" 号。

例 3-35：绘制具有 5 个等值线的山峰函数 peaks，然后对各个等值线进行标注，并给所画的图加上标题。

解：在 MATLAB 命令窗口中输入如下命令：

```
>> close all
>> Z=peaks;
>> [C,h]=contour(Z,5);
>> clabel(C,h);
>> title('等值线的标注')
```

运行结果如图 3-45 所示。

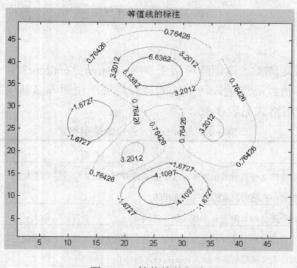

图 3-45 等值线的标注

6. ezcontour 命令

该命令专门用来绘制符号函数 f(x,y)（即 f 是关于 x、y 的数学函数的字符串表示）的等值线图，它的使用格式见表 3-38。

表 3-38　ezcontour 命令的使用格式

调用格式	说　明
ezcontour (f)	绘制 f 在系统默认的区域 $x \in (-2\pi, 2\pi)$, $y \in (-2\pi, 2\pi)$ 上的等值线图
ezcontour (f,[a,b])	绘制 f 在区域 $x \in (a,b)$, $y \in (a,b)$ 上的等值线图
ezcontour (f,[a,b,c,d])	绘制 f 在区域 $x \in (a,b)$, $y \in (c,d)$ 上的等值线图
ezcontour (…,n)	绘制 f 在系统默认的区域 $x \in (-2\pi, 2\pi)$, $y \in (-2\pi, 2\pi)$ 上的三等值线图，其中网格数为 n×n，　n 的默认值为 60

例 3-36： 画出下面函数的等值线图。

$$f(x, y) = \frac{\sin(x^2 + y^2)}{x^2 + y^2} \quad -\pi < x, y < \pi$$

解： 在 MATLAB 命令窗口中输入如下命令：

```
>> close all
>> syms x y
>> f=sin(x^2+y^2)/(x^2+y^2);
>> ezcontour(f,[-pi,pi],30)
>> title('符号函数等值线图')
```

运行结果如图 3-46 所示。

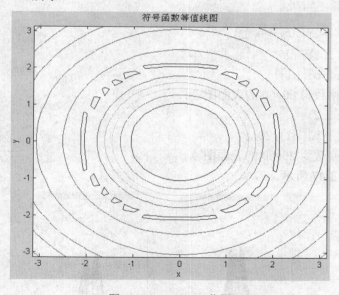

图 3-46　ezcontour 作图

7. ezsurfc 命令

该命令用来绘制函数 f(x,y) 的带等值线的三维表面图，其中函数 f 是一个以字符串形式给出的二元函数。

ezsurfc 命令的使用格式见表 3-39。

表 3-39　ezsurfc 命令的使用格式

调用格式	说明
ezsurfc(f)	绘制 f 在系统默认的区域 $x \in (-2\pi, 2\pi)$, $y \in (-2\pi, 2\pi)$ 上带等值线的三维表面图
ezsurfc(f,[a,b])	绘制 f 在区域 $x \in (a, b)$, $y \in (a, b)$ 上带等值线的三维表面图
ezsurfc(f,[a,b,c,d])	绘制 f 在区域 $x \in (a, b)$, $y \in (c, d)$ 上带等值线的三维表面图
ezsurfc(x,y,z)	绘制参数曲面 $x = x(s,t), y = y(s,t), z = z(s,t)$ 在系统默认的区域 $s \in (-2\pi, 2\pi), t \in (-2\pi, 2\pi)$ 上带等值线的三维表面图
ezsurfc(x,y,z,[a,b])	绘制上述参数曲面在 $x \in (a, b)$, $y \in (a, b)$ 上的带等值线的三维表面图
ezsurfc(x,y,z,[a,b,c,d])	绘制上述参数曲面在 $x \in (a, b)$, $y \in (c, d)$ 上的带等值线的三维表面图
ezsurfc(…,n)	绘制 f 在系统默认的区域 $x \in (-2\pi, 2\pi)$, $y \in (-2\pi, 2\pi)$ 上带等值线的三维表面图，其中网格数为 n×n，n 的默认值为 60
ezsurfc(…,'circ')	在区域的中心圆盘上绘制 f 的带等值线的三维表面图

例 3-37： 在区域 $x \in [-\pi, \pi]$, $y \in [-\pi, \pi]$ 上绘制下面函数的带等值线的三维表面图。

$$f(x, y) = \frac{e^{\sin(x+y)}}{x^2 + y^2}$$

解： 在 MATLAB 命令窗口中输入如下命令：

```
>> close all
>> syms x y
>> f=exp(sin(x+y))/(x^2+y^2);
>> subplot(1, 2, 1);
>> ezsurfc(f, [-pi, pi]);
>> title('网格数为 60*60 的表面图');
>> subplot(1, 2, 2);
>> ezsurfc(f, [-pi, pi], 20);
>> title('网格数为 20*20 的表面图')
```

运行结果如图 3-47 所示。

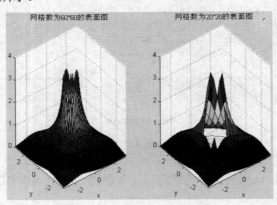

图 3-47　带等值线的三维表面图

3.6　三维图形修饰处理

本节主要讲一些常用的三维图形修饰处理命令，在第 3.4 节里我们已经讲了一些二维图形修饰处理命令，这些命令在三维图形里同样适用。下面来看一下在三维图形里特有的图形修饰处理命令。

3.6.1　视角处理

在现实空间中，从不同角度或位置观察某一事物就会有不同的效果，即会有"横看成岭侧成峰"的感觉。三维图形表现的正是一个空间内的图形，因此在不同视角及位置都会有不同的效果，这在工程实际中也是经常遇到的。MATLAB 提供的 view 命令能够很好地满足这种需要。

view 命令用来控制三维图形的观察点和视角，它的使用格式见表 3-40。

表 3-40　view 命令的使用格式

调用格式	说　明
view(az,el)	给三维空间图形设置观察点的方位角 az 与仰角 el
view([az,el])	同上
view([x,y,z])	将点（x,y,z）设置为视点
view(2)	设置默认的二维形式视点，其中 az=0，el=90°，即从 z 轴上方观看
view(3)	设置默认的三维形式视点，其中 az=−37.5°，el=30°
[az,el] = view	返回当前的方位角 az 与仰角 el
T = view	返回当前的 4×4 的转换矩阵 T

对于这个命令需要说明的是，方位角 az 与仰角 el 为两个旋转角度。做一通过视点和 z 轴平行的平面，与 xy 平面有一交线，该交线与 y 轴的反方向的、按逆时针方向（从 z 轴的方向观察）计算的夹角，就是观察点的方位角 az；若角度为负值，则按顺时针方向计算。在通过视点与 z 轴的平面上，用一直线连接视点与坐标原点，该直线与 xy 平面的夹角就是观察点的仰角 el；若仰角为负值，则观察点转移到曲面下面。

例 3-38：在同一窗口中绘制下面函数的各种视图。

$$z = \frac{\sin\sqrt{x^2 + y^2}}{\sqrt{x^2 + y^2}} \quad -5 \leq x,y \leq 5$$

解：在 MATLAB 命令窗口中输入如下命令：

```
>> [X,Y]=meshgrid(-5:0.25:5);
>> Z=sin(sqrt(X.^2+Y.^2))./sqrt(X.^2+Y.^2);
>> subplot(2,2,1)
>> surf(X,Y,Z),title('三维视图')
>> subplot(2,2,2)
>> surf(X,Y,Z),view(90,0)
>> title('侧视图')
```

```
>> subplot(2,2,3)
>> surf(X,Y,Z),view(0,0)
>> title('正视图')
>> subplot(2,2,4)
>> surf(X,Y,Z),view(0,90)
>> title('俯视图')
```

运行结果如图 3-48 所示。

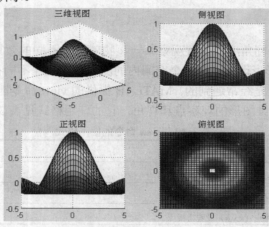

图 3-48　view 作图

3.6.2　颜色处理

在 3.4.4 中我们介绍了 colormap 命令的主要用法，这里针对三维图形再讲几个处理颜色的命令。

1. 色图明暗控制命令

MATLAB 中，控制色图明暗的命令是 brighten 命令，它的使用格式见表 3-41。

表 3-41　brighten 命令的使用格式

调用格式	说　明
brighten(beta)	增强或减小色图的色彩强度，若 0<beta<1，则增强色图强度；若-1<beta<0，则减小色图强度
brighten(h,beta)	增强或减小句柄 h 指向的对象的色彩强度
newmap=brighten(beta)	返回一个比当前色图增强或减弱的新的色图
newmap = brighten(cmap,beta)	该命令没有改变指定色图 cmap 的亮度，而是返回变化后的色图给 newmap

例 3-39：观察山峰函数的三种不同色图下的图像。

解：在 MATLAB 命令窗口中输入如下命令：

```
>> h1=figure;
>> surf(peaks);
>> title('当前色图')
>> h2=figure;
```

```
>> surf(peaks),brighten(-0.85)
>> title('减弱色图')
>> h3=figure;
>> surf(peaks),brighten(0.85)
>> title('增强色图')
```

运行结果会有三个图形窗口出现，每个窗口的图形如图 3-49 所示。

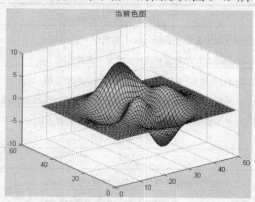

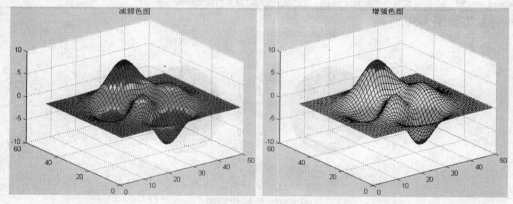

图 3-49 色图强弱对比

2. 色轴刻度

caxis 命令控制着对应色图的数据值的映射图。它通过将被变址的颜色数据（CData）与颜色数据映射（CDataMapping）设置为 scaled，影响着任何的表面、块、图像；该命令还改变坐标轴图形对象的属性 Clim 与 ClimMode。

caxis 命令的使用格式见表 3-42。

例 3-40：创建一个球面，并将其顶端映射为颜色表里的最高值。

解：在 MATLAB 命令窗口中输入如下命令：

```
>> close all
>> [X,Y,Z]=sphere;
>> C=Z;
>> subplot(1,2,1);
```

```
>> surf(X,Y,Z,C);
>> title('图1');
>> subplot(1,2,2);
>> surf(X,Y,Z,C),caxis([-1 0]);
>> title('图2')
```

表 3-42　caxis 命令的使用格式

调用格式	说明
caxis([cmin cmax])	将颜色的刻度范围设置为[cmin cmax]。数据中小于 cmin 或大于 cmax 的,将分别映射于 cmin 与 cmax;处于 cmin 与 cmax 之间的数据将线性地映射于当前色图
caxis auto	让系统自动地计算数据的最大值与最小值对应的颜色范围,这是系统的默认状态。数据中的 Inf 对应于最大颜色值;－Inf 对应于最小颜色值;带颜色值设置为 NaN 的面或边界将不显示
caxis manual	冻结当前颜色坐标轴的刻度范围。这样,当 hold 设置为 on 时,可使后面的图形命令使用相同的颜色范围
caxis(caxis)	同上
v = caxis	返回一包含当前正在使用的颜色范围的二维向量 v=[cmin cmax]
caxis(axes_handle,…)	使用由参量 axis_handle 指定的坐标轴,而非当前坐标轴

运行结果如图 3-50 所示。

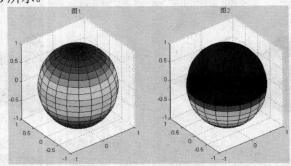

图 3-50　色轴控制图

在 MATLAB 中,还有一个画色轴的命令 colorbar,这个命令在图形窗口的工具条中有相应的图标,这在第 3.1 节中已经介绍过了。它在命令窗口的使用格式见表 3-43。

表 3-43　colorbar 命令的使用格式

调用格式	说明
colorbar	在当前图形窗口中显示当前色轴
colorbar('vert')	增加一个垂直色轴
colorbar('horiz')	增加一个水平色轴
colorbar(h)	在 h 指定的位置放置一个色轴,若图形宽度大于高度,则将色轴水平放置
h=colorbar(…)	返回一个指向色轴的句柄

3. 颜色渲染设置

shading 命令用来控制曲面与补片等的图形对象的颜色渲染,同时设置当前坐标轴中的所有曲面与补片图形对象的属性 EdgeColor 与 FaceColor。

shading 命令的使用格式见表 3-44。

表 3-44   shading 命令的使用格式

调用格式	说 明
shading flat	使网格图上的每一线段与每一小面有一相同颜色，该颜色由线段末端的颜色确定；或由小面的、有小型的下标或索引的四个角的颜色确定
shading faceted	用重叠的黑色网格线来达到渲染效果。这是默认的渲染模式
shading interp	在每一线段与曲面上显示不同的颜色，该颜色为通过在每一线段两边或为不同小曲面之间的色图的索引或真颜色进行内插值得到的颜色

例 3-41：针对下面的函数比较上面三种使用格式得出图形的不同。

$$z = \frac{\sin\sqrt{x^2 + y^2}}{\sqrt{x^2 + y^2}} \quad -7.5 \le x, y \le 7.5$$

解：在 MATLAB 命令窗口中输入如下命令：

```
>> [X,Y]=meshgrid(-7.5:0.5:7.5);
>> Z=sin(sqrt(X.^2+Y.^2))./sqrt(X.^2+Y.^2);
>> subplot(2,2,1);
>> surf(X,Y,Z);
>> title('三维视图');
>> subplot(2,2,2), surf(X,Y,Z),shading flat;
>> title('shading flat');
>> subplot(2,2,3), surf(X,Y,Z),shading faceted;
>> title('shading faceted');
>> subplot(2,2,4) ,surf(X,Y,Z),shading interp;
>> title('shading interp')
```

运行结果如图 3-51 所示。

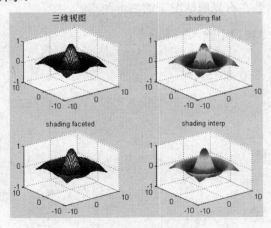

图 3-51   颜色渲染控制图

3.6.3 光照处理

在 MATLAB 中绘制三维图形时，我们不仅可以画出带光照模式的曲面，还能在绘图时指定光线的来源。

1. 带光照模式的三维曲面

surfl 命令用来画一个带光照模式的三维曲面图，该命令显示一个带阴影的曲面，结合了周围的、散射的和镜面反射的光照模式。想获得较平滑的颜色过渡，则需要使用有线性强度变化的色图（如 gray、copper、bone、pink 等）。

surfl 命令的使用格式见表 3-45。

表 3-45 surfl 命令的使用格式

调用格式	说　明
surfl(Z)	以向量 Z 的元素生成一个三维的带阴影的曲面，其中阴影模式中的默认光源方位为从当前视角开始，逆时针转 45°
surfl(X,Y,Z)	以矩阵 X，Y，Z 生成的一个三维的带阴影的曲面，其中阴影模式中的默认光源方位为从当前视角开始，逆时针转 45°
surfl(…,'light')	用一个 matlab 光照对象（light object）生成一个带颜色、带光照的曲面，这与用默认光照模式产生的效果不同
sur fl(…,'cdata')	改变曲面颜色数据（color data），使曲面成为可反光的曲面
surfl(…,s)	指定光源与曲面之间的方位 s，其中 s 为一个二维向量[azimuth, elevation]，或者三维向量[sx, sy, sz]，默认光源方位为从当前视角开始，逆时针转 45°
surfl(X,Y,Z,s,k)	指定反射常系数 k，其中 k 为一个定义环境光（ambient light）系数（0≤ka≤1）、漫反射(diffuse reflection)系数（0≤kb≤1）、镜面反射(specular reflection)系数（0≤ks≤1）与镜面反射亮度（以相素为单位）等的四维向量[ka, kd, ks, shine]，默认值为 k=[0.55 0.6 0.4 10]
h = surfl(…)	返回一个曲面图形句柄向量 h

对于这个命令的使用格式需要说明的一点是，参数 X，Y，Z 确定的点定义了参数曲面的"里面"和"外面"，若用户想曲面的"里面"有光照模式，只要使用 surfl(X',Y',Z') 即可。

例 3-42：绘出山峰函数在有光照情况下的三维图形。

解：在 MATLAB 命令窗口中输入如下命令：

```
>> close all
>> [X,Y]=meshgrid(-5:0.25:5);
>> Z=peaks(X,Y);
>> subplot(1,2,1)
>> surfl(X,Y,Z)
>> title('外面有光照')
>> subplot(1,2,2)
>> surfl(X',Y',Z')
>> title('里面有光照')
```

运行结果如图 3-52 所示。

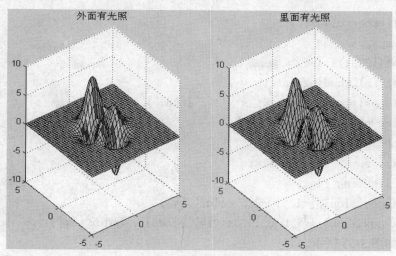

图 3-52 光照控制图比较

2. 光源位置及照明模式

在绘制带光照的三维图像时,可以利用 light 命令与 lightangle 命令来确定光源位置,其中 light 命令使用格式非常简单, 即为:

◆ light('color',s1,'style',s2,'position',s3) 其中'color'、'style'与'position'的位置可以互换, s1、s2、s3 为相应的可选值。例如, light('position',[1 0 0])表示光源从无穷远处沿 x 轴向原点照射过来。

lightangle 命令的使用格式见表 3-46。

表 3-46 lightangle 命令的使用格式

调用格式	说 明
lightangle(az,el)	在由方位角 az 和仰角 el 确定的位置放置光源
light_handle=lightangle(az,el)	创建一个光源位置并在 light_handle 里返回 light 的句柄
lightangle(light_handle,az,el)	设置由 light_handle 确定的光源位置
[az,el]=lightangle(light_handle)	返回由 light_handle 确定的光源位置的方位角和仰角

在确定了光源位置后,用户可能还会用到一些照明模式,这一点可以利用 lighting 命令来实现,它主要用四种使用格式,即有四种照明模式,见表 3-47。

表 3-47 lighting 命令的使用格式

调用格式	说 明
lighting flat	选择顶光
lighting gouraud	选择 gouraud 照明
lighting phong	选择 phong 照明
lighting none	关闭光源

例 3-43:仔细观察图形,揣摩下面各个命令的作用。

解:在 MATLAB 命令窗口中输入如下命令:

```
>> close all
```

```
>> [x,y,z]=sphere(40);
>> colormap(jet)
>> subplot(1,2,1);
>> surf(x,y,z),shading interp
>> light('position',[2,-2,2],'style','local')
>> lighting phong
>> subplot(1,2,2)
>> surf(x,y,z,-z),shading flat
>> light,lighting flat
>> light('position',[-1 -1 -2],'color','y')
>> light('position',[-1,0.5,1],'style','local','color','w')
```

运行结果如图 3-53 所示。

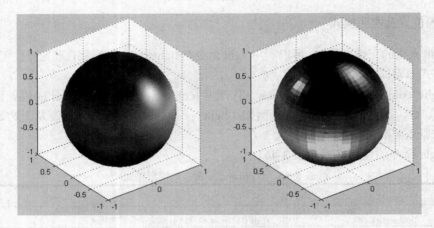

图 3-53　光源控制图比较

3.7　特殊图形

为了满足用户的各种需求，MATLAB 还提供了绘制条形图、面积图、饼图、阶梯图、火柴图等特殊图形的命令。本节将介绍这些命令的具体用法。

3.7.1　统计图形

MATLAB 提供了很多在统计中经常用到的图形绘制命令，本小节主要介绍几个常用命令。

1. 条形图

绘制条形图时可分为二维情况和三维情况，其中绘制二维条形图的命令为 bar（竖直条形图）与 barh（水平条形图）；绘制三维条形图的命令为 bar3（竖直条形图）与 bar3h（水平条形图）。它们的使用格式都是一样的，因此我们只介绍 bar 的使用格式，见表 3-48。

表 3-48　bar 命令的使用格式

调用格式	说　明
bar(Y)	若 Y 为向量，则分别显示每个分量的高度，横坐标为 1 到 length（Y）；若 Y 为矩阵，则 bar 把 Y 分解成行向量，再分别画出，横坐标为 1 到 size（Y，1），即矩阵的行数
bar(x,Y)	在指定的横坐标 X 上画出 Y，其中 X 为严格单增的向量。若 Y 为矩阵，则 bar 把矩阵分解成几个行向量，在指定的横坐标处分别画出
bar(…,width)	设置条形的相对宽度和控制在一组内条形的间距，默认值为 0.8，所以，如果用户没有指定 x，则同一组内的条形有很小的间距，若设置 width 为 1，则同一组内的条形相互接触
bar(…,'style')	指定条形的排列类型，类型有 "group" 和 "stack"，其中 "group" 为默认的显示模式，它们的含义为： group：若 Y 为 n×m 矩阵，则 bar 显示 n 组，每组有 m 个垂直条形图； stack：对矩阵 Y 的每一个行向量显示在一个条形中，条形的高　　度为该行向量中的分量和，其中同一条形中的每个分量用　　　　不同的颜色显示出来，从而可以显示每个分量在向量中的分布
bar(…,LineSpec)	用指定的颜色 LineSpec 显示所有的条形
[xb,yb] = bar(…)	返回用户可用命令 plot 或命令 patch 画出条形图的参量 xb、yb
h = bar(…)	返回一个 patch 图形对象句柄的向量，每一条形对应一个句柄

例 3-44：对于矩阵

$$Y = \begin{bmatrix} 1 & 2 & 3 \\ 7 & 4 & 2 \\ 2 & 3 & 4 \\ 6 & 5 & 8 \\ 7 & 9 & 4 \\ 2 & 6 & 8 \end{bmatrix}$$

绘制四种不同的条形图。

解：在 MATLAB 命令窗口中输入如下命令：

```
>> Y=[1 2 3;7 4 2;2 3 4;6 5 8;7 9 4;2 6 8];
>> subplot(2,2,1)
>> bar(Y)
>> title('图1')
>> subplot(2,2,2)
>> bar3(Y),title('图2')
>> subplot(2,2,3)
>> bar(Y,2.5)
>> title('图3')
>> subplot(2,2,4)
>> bar(Y,'stack'),title('图4')
```

运行结果见图 3-54。

2．面积图

面积图在实际中可以表现不同部分对整体的影响。在 MATLAB 中，绘制面积图的命令是 area，它的使用格式见表 3-49。

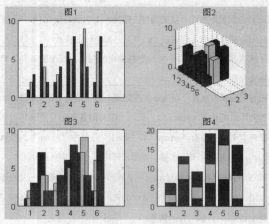

图 3-54　条形图

表 3-49　area 命令的使用格式

调用格式	说　明
area(x)	与 plot(x) 命令一样，但是将所得曲线下方的区域填充颜色
area(x,y)	其中 y 为向量，与 plot(x,y) 一样，但将所得曲线下方的区域填充颜色
area(x,A)	矩阵 A 的第一行对向量 x 绘图，然后依次是下一行与前面所有行值的和对向量 x 绘图，每个区域有各自的颜色
area(…,leval)	将填色部分改为由连线图到 y=leval 的水平线之间的部分

例 3-45：利用矩阵 $Y = \begin{bmatrix} 1 & 5 & 3 \\ 3 & 2 & 7 \\ 2 & 4 & 8 \\ 2 & 6 & 1 \end{bmatrix}$ 绘制面积图。

解：在 MATLAB 命令窗口中输入如下命令：

```
>> close all
>> Y=[1 5 3;3 2 7;2 4 8;2 6 1];
>> area(Y)
>> grid on
>> colormap summer
>> set(gca,'layer','top')
>> title('面积图')
```

运行结果如图 3-55 所示。

3. 饼图

饼图用来显示向量或矩阵中各元素所占的比例，它可以用在一些统计数据可视化中。在二维情况下，创建饼图的命令是 pie，三维情况下创建饼图的命令是 pie3，二者的使用格式也非常相似，因此我们只介绍 pie 的使用格式，见表 3-50。

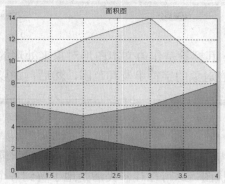

图 3-55　面积图

表 3-50　pie 命令的使用格式

调用格式	说明
pie(X)	用 X 中的数据画一饼形图，X 中的每一元素代表饼形图中的一部分，X 中元素 X(i)所代表的扇形大小通过 X(i)/sum(X)的大小来决定。若 sum(X)=1，则 X 中元素就直接指定了所在部分的大小；若 sum(X)<1，则画出一不完整的饼形图
pie(X,explode)	从饼形图中分离出一部分，explode 为一与 X 同维的矩阵，当所有元素为零时，饼图的各个部分将连在一起组成一个圆，而其中存在非零元时，X 中相对应的元素在饼图中对应的扇形将向外移出一些来加以突出
h = pie(…)	返回一 patch 与 text 的图形对象句柄向量 h

例 3-46： 某企业四个季度的营利额分别为 528 万元、701 万元、658 万元和 780 万元，试用饼图绘出各个季度所占营利总额的比例。

解： 在 MATLAB 命令窗口中输入如下命令：

```
>> X=[528 701 658 780];
>> subplot(1,2,1)
>> pie(X)
>> title('二维饼图')
>> subplot(1,2,2)
>> explode=[0 0 0 1];
>> pie3(X,explode)
>> title('三维分离饼图')
```

运行结果如图 3-56 所示。

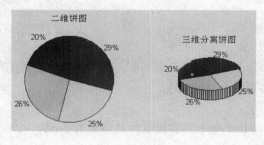

图 3-56　饼图

注意

饼图的标注比较特别，其标签是作为文本图形对象来处理的，如果要修改标注文本字符串或位置，则首先要获取相应对象的字符串及其范围，然后再加以修改。

4．柱状图

柱状图是数据分析中用得较多的一种图形，例如在一些预测彩票结果的网站，把各期中奖数字记录下来，然后作成柱状图，这可以让彩民清楚地了解到各个数字在中奖号码中出现的机率。在 MATLAB 中，绘制柱状图的命令有两个：一个是 hist 命令，它用来绘制直角坐标系下的柱状图；另一个是 rose 命令，它用来绘制极坐标系下的柱状图。

hist 命令的使用格式见表 3-51。

表 3-51　hist 命令的使用格式

调用格式	说　明
n = hist(Y)	把向量 Y 中的数据分放到等距的 10 个柱状图中，且返回每一个柱状图中的元素个数。若 Y 为矩阵，则该命令按列对 Y 进行处理
n = hist(Y,X)	参量 X 为向量，把 Y 中元素放到 m（m=length(x)）个由 X 中元素指定的位置为中心的柱状图中
n = hist(Y,n)	参量 n 为标量，用于指定柱状图的数目
[n,xout] = hist(⋯)	返回向量 n 与包含频率计数与柱状图的位置向量 xout，用户可以用命令 bar(xout,n)画出条形直方图
hist(...)	直接绘出柱状图

例 3-47：创建服从高斯分布的数据柱状图，再将这些数据分到范围为指定的若干个相同的柱状图中。

解：在 MATLAB 命令窗口中输入如下命令：

```
>> close all
>> Y=randn(10000,1);
>> subplot(1,2,1)
>> hist(Y)
>> title('高斯分布柱状图')
>> x=-3:0.1:3;
>> subplot(1,2,2)
>> hist(Y,x)
>> h=findobj(gca,'Type','patch');
>> set(h,'FaceColor','r')                %改变柱状图的颜色为红色
>> title('指定范围的高斯分布柱状图')
```

运行结果如图 3-57 所示。

rose 命令的使用格式与 hist 命令非常相似，具体见表 3-52。

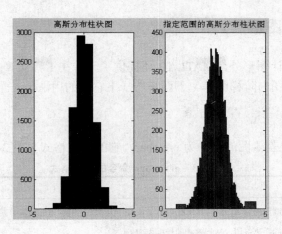

图 3-57　直角坐标系下的柱状图

表 3-52　rose 命令的使用格式

调用格式	说　明
rose(theta)	显示参数 theta 的数据在 20 个区间或更少的区间内的分布，向量 theta 中的角度单位为 rad，用于确定每一区间与原点的角度，每一区间的长度反映出输入参量的元素落入该区间的个数
rose(theta,x)	用参量 x 指定每一区间内的元素与区间的位置，length(x) 等于每一区间内元素的个数与每一区间位置角度的中间角度
rose(theta,n)	在区间 $[0,2\pi]$ 内画出 n 个等距的小扇形，默认值为 20
[tout,rout] = rose(⋯)	返回向量 tout 与 rout，可以用 polar(tout,rout) 画出图形，但此命令不画任何的图形

例 3-48：画出上例中的高斯分布数据的极坐标下的柱状图。

解：在 MATLAB 命令窗口中输入如下命令：

```
>> close all
>> theta=Y*pi;
>> rose(theta);
>> title('极坐标系下的柱状图')
```

运行结果如图 3-58 所示。

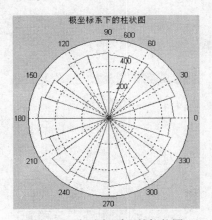

图 3-58　极坐标系下的柱状图

3.7.2 离散数据图形

除了上面提到的统计图形外，MATLAB 还提供了一些在工程计算中常用的离散数据图形，例如误差棒图、火柴杆图与阶梯图等。下面来看一下它们的用法。

1. 误差棒图

MATLAB 中绘制误差棒图的命令为 errorbar，它的使用格式见表 3-53。

表 3-53　errorbar 命令的使用格式

调用格式	说　明
errorbar(Y,E)	画出向量 Y，同时显示在向量 Y 的每一元素之上的误差棒，其中误差棒为 E(i)在曲线 Y 上面与下面的距离线段，故误差棒的长度为 2E(i)
errorbar(X,Y,E)	X、Y、E 必须为同型参量。若同为向量，则画出曲线上点(X(i),Y(i))处长度为 2E(i)的误差棒图；若同为矩阵，则画出曲面上点 (X(i,j),Y(i,j))处长度为 E(i, j)的误差棒图
errorbar(X,Y,L,U)	X、Y、L、U 必须为同型参量。若同为向量，则在点(X(i),Y(i))处画出向下长为 L(i)、向上长为 U(i)的误差棒图；若同为矩阵，则在点(X(i,j),Y(i,j))处画出向下长为 L(i,j)、向上长为 U(i,j)的误差棒图
errorbar(…,LineSpec)	画出用 LineSpec 指定线型、标记符、颜色等的误差棒图
h = errorbar(…)	返回线图形对象的句柄向量给 h

例 3-49：绘出表 3-54 数据的误差棒图。

表 3-54　给定数据

观察值	213	225	232	221	254	243	236	287	254	257
实际值	210	220	234	235	250	241	240	285	250	260

解： 在 MATLAB 命令窗口中输入如下命令：

```
>> close all
>> x=[213 225 232 221 254 243 236 287 254 257];
>> y=[210 220 234 235 250 241 240 285 250 260];
>> e=abs(x-y);
>> errorbar(y,e)
>> title('误差棒图')
```

运行结果如图 3-59 所示。

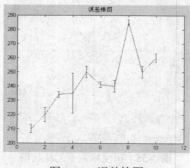

图 3-59　误差棒图

2．火柴杆图

用线条显示数据点与 x 轴的距离，用一小圆圈（默认标记）或用指定的其他标记符号与线条相连，并在 y 轴上标记数据点的值，这样的图形称为火柴杆图。在二维情况下，实现这种操作的命令是 stem，它的使用格式见表 3-55。

表 3-55　stem 命令的使用格式

调用格式	说　明
stem(Y)	按 Y 元素的顺序画出火柴杆图，在 x 轴上，火柴杆之间的距离相等；若 Y 为矩阵，则把 Y 分成几个行向量，在同一横坐标的位置上画出一个行向量的火柴杆图
stem(X,Y)	在横坐标 x 上画出列向量 Y 的火柴杆图，其中 X 与 Y 为同型的向量或矩阵
stem(…,'fill')	指定是否对火柴杆末端的"火柴头"填充颜色
stem(…,LineSpec)	用参数 LineSpec 指定线型，标记符号和火柴头的颜色画火柴杆图
h = stem(…)	返回火柴杆图的 line 图形对象句柄向量

在三维情况下，也有相应的画火柴杆图的命令 stem3，它的使用格式见表 3-56。

表 3-56　stem3 命令的使用格式

调用格式	说　明
stem3(Z)	用火柴杆图显示 Z 中数据与 xy 平面的高度。若 Z 为一行向量，则 x 与 y 将自动生成，stem3 将在与 x 轴平行的方向上等距的位置上画出 Z 的元素；若 Z 为列向量，stem3 将在与 y 轴平行的方向上等距的位置上画出 Z 的元素
stem3(X,Y,Z)	在参数 X 与 Y 指定的位置上画出 Z 的元素，其中 X、Y、Z 必须为同型的向量或矩阵
stem3(…,'fill')	指定是否要填充火柴杆图末端的火柴头颜色
stem3(…,LineSpec)	用指定的线型，标记符号和火柴头的颜色
h = stem3(…)	返回火柴杆图的 line 图形对象句柄

例 3-50：绘制下面函数的火柴杆图。

$$\begin{cases} x = e^{\cos t} \\ y = e^{\sin t} \\ z = e^{-t} \end{cases} \quad t \in (-2\pi, 2\pi).$$

解：在 MATLAB 命令窗口中输入如下命令：

```
>> close all
>> t=-2*pi:pi/20:2*pi;
>> x=exp(cos(t));
>> y=exp(sin(t));
>> z=exp(-t);
>> stem3(x,y,z,'fill','r')
>> title('三维火柴杆图')
```

运行结果如图 3-60 所示。

3．阶梯图

阶梯图在电子信息工程以及控制理论中用得非常多，在 MATLAB 中，实现这种作图的命令是 stairs，它的使用格式见表 3-57。

表 3-57   stairs 命令的使用格式

调用格式	说 明
stairs(Y)	用参量 Y 的元素画一阶梯图，若 Y 为向量，则横坐标 x 的范围从 1 到 m=length(Y)，若 Y 为 m×n 矩阵，则对 Y 的每一行画一阶梯图，其中 x 的范围从 1 到 n
stairs(X,Y)	结合 X 与 Y 画阶梯图，其中要求 X 与 Y 为同型的向量或矩阵。此外，X 可以为行向量或为列向量，且 Y 为有 length（X）行的矩阵
stairs(…,LineSpec)	用参数 LineSpec 指定的线型、标记符号和颜色画阶梯图
[xb,yb] = stairs(Y)	该命令没有画图，而是返回可以用命令 plot 画出参量 Y 的阶梯图上的坐标向量 xb 与 yb
[xb,yb] = stairs(X,Y)	该命令没有画图，而是返回可以用命令 plot 画出参量 X、Y 的阶梯图上的坐标向量 xb 与 yb

例 3-51：画出正弦波的阶梯图。

解：在 MATLAB 命令窗口中输入如下命令：

```
>> close all
>> x=-pi:pi/10:pi;
>> y=sin(x);
>> stairs(x,y)
>> hold on
>> plot(x,y,'--*')
>> hold off
>> text(-3.8,0.8,'正弦波的阶梯图','FontSize',16)
```

运行结果如图 3-61 所示。

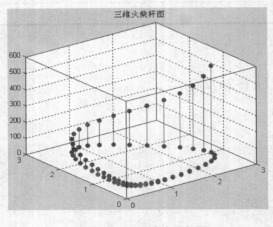

图 3-60   三维火柴杆图

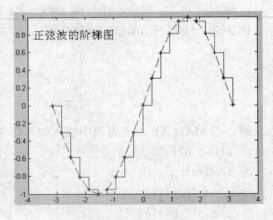

图 3-61   三维火柴杆图

3.7.3   向量图形

由于物理等学科的需要，在实际中有时需要绘制一些带方向的图形，即向量图。对于这种图形的绘制，MATLAB 中也有相关的命令，本小节就来学一下几个常用的命令。

1. 罗盘图

罗盘图即起点为坐标原点的二维或三维向量，同时还在坐标系中显示圆形的分隔线。实现这种作图的命令是 compass，它的使用格式见表 3-58。

表 3-58 compass 命令的使用格式

调用格式	说明
compass(X,Y)	参量 X 与 Y 为 n 维向量，显示 n 个箭头，箭头的起点为原点，箭头的位置为[X(i),Y(i)]
compass(Z)	参量 Z 为 n 维复数向量，命令显示 n 个箭头，箭头起点为原点，箭头的位置为[real(Z),imag(Z)]
compass(…,LineSpec)	用参量 LineSpec 指定箭头图的线型、标记符号、颜色等属性
h = compass(…)	返回 line 对象的句柄给 h

2. 羽毛图

羽毛图是在横坐标上等距地显示向量的图形，看起来就像鸟的羽毛一样。它的绘制命令是 feather，该命令的使用格式见表 3-59。

表 3-59 feather 命令的使用格式

调用格式	说明
feather(U,V)	显示由参量向量 U 与 V 确定的向量，其中 U 包含作为相对坐标系中的 x 成分，Y 包含作为相对坐标系中的 y 成分
feather(Z)	显示复数参量向量 Z 确定的向量，等价于 feather(real(Z),imag(Z))
feather(…,LineSpec)	用参量 LineSpec 报指定的线型、标记符号、颜色等属性画出羽毛图

例 3-52：绘制正弦函数的罗盘图与羽毛图。

解：在 MATLAB 命令窗口中输入如下命令：

```
>> clear
>> close all
>> x=-pi:pi/10:pi;
>> y=sin(x);
>> subplot(1,2,1)
>> compass(x,y)
>> title('罗盘图')
>> subplot(1,2,2)
>> feather(x,y)
>> title('羽毛图')
```

运行结果如图 3-62 所示。

3. 箭头图

上面两个命令绘制的图也可以叫做箭头图，但即将要讲的箭头图比上面两个箭头图更像数学中的向量，即它的箭头方向为向量方向，箭头的长短表示向量的大小。这种图的绘制命令是 quiver 与 quiver3，前者绘制的是二维图形，后者绘制是三维图形。它们的使用格式也十分相似，只是后者比前者多一个坐标参数，因此我们只介绍一下 quiver 的使用格式，见表 3-60。

表 3-60 quiver 命令的使用格式

调用格式	说明
quiver(U,V)	其中 U、V 为 $m \times n$ 矩阵，绘出在范围为 x=1:n 和 y=1:m 的坐标系中由 U 和 V 定义的向量
quiver(X,Y,U,V)	若 X 为 n 维向量，Y 为 m 维向量，U、V 为 m×n 矩阵，则画出由 X、Y 确定的每一个点处由 U 和 V 定义的向量
quiver(…,scale)	自动对向量的长度进行处理，使之不会重叠。可以对 scale 进行取值，若 scale=2，则向量长度伸长 2 倍，若 scale=0，则如实画出向量图
quiver(…,LineSpec)	用 LineSpec 指定的线型、符号、颜色等画向量图
quiver(…,LineSpec,'filled')	对用 LineSpec 指定的记号进行填充
h = quiver(…)	返回每个向量图的句柄

quiver 与 quiver3 这两个命令经常与其他的绘图命令配合使用，见下例。

例 3-53：绘制马鞍面 $z = -x^4 + y^4 - x^2 - y^2 - 2xy$ 上的法线方向向量。

解：在 MATLAB 命令窗口中输入如下命令：

```
>> close all
>> x=-4:0.25:4;
>> y=x;
>> [X,Y]=meshgrid(x,y);
>> Z=-X.^4+Y.^4-X.^2-Y.^2-2*X*Y;
>> surf(X,Y,Z)
>> hold on
>> [U,V,W]=surfnorm(X,Y,Z);
>> quiver3(X,Y,Z,U,V,W,1)
>> title('马鞍面的法向向量图')
```

运行结果如图 3-63 所示。

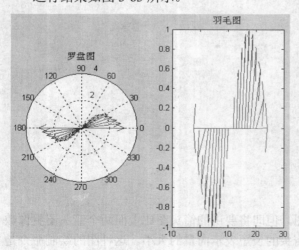

图 3-62 罗盘图与羽毛图

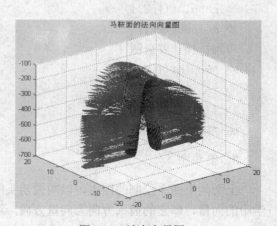

图 3-63 法向向量图

3.8　图像处理及动画演示

MATLAB 还可以进行一些简单的图像处理与动画制作，本节将为读者介绍这些方面的基本操作，关于这些功能的详细介绍，感兴趣的读者可以参考其他相关书籍。

3.8.1　图像的读写

MATLAB 支持的图像格式有*.bmp、*.cur、*.gif、*.hdf、*.ico、*.jpg、*.pbm、*.pcx、*.pgm、*.png、*.ppm、*.ras、*.tiff 以及*.xwd。对于这些格式的图像文件，MATLAB 提供了相应的读写命令，下面简单介绍这些命令的基本用法。

1．图像读入命令

在 MATLAB 中，imread 命令用来读入各种图像文件，它的使用格式见表 3-61。

表 3-61　imread 命令的使用格式

命令格式	说　明
A=imread(filename, fmt)	其中参数 fmt 用来指定图像的格式，图像格式可以与文件名写在一起，默认的文件目录为当前工作目录
[X, map]=imread(…)	其中 map 为颜色映像矩阵读取多帧 TIFF 文件中的一帧
[…]=imread(filename)	同上
[…]=imread(…, idx)	读取多帧 TIFF 文件中的一帧，idx 为帧号
[…]=imread(…, idx)	读取多帧 HDF 文件中的一帧
[…]=imread(…, 'BackgroundColor', BG)	仅适用于 png 文件
[A, map, alpha]=imread(…)	仅适用于 png 文件

例 3-54：imread 命令应用举例。

1）读取图像文件 image1.tif 的第 6 帧：

>> [X,map]=imread('image1.tif',6);

2）读取一个 24 位 PNG 图像，并设置阿尔法信道像素为红色：

>> BG=[255 0 0];

>> A=imread('image.png','BackgroundColor',BG);

2．图像写入命令

在 MATLAB 中，imwrite 命令用来写入各种图像文件，它的使用格式见表 3-62。

表 3-62　imwrite 命令的使用格式

命令格式	说　明
imwrite(A, filename, fmt)	将图像的数据 A 以 fmt 的格式写入到文件 filename 中
imwrite(X, map, filename, fmt)	将图像矩阵以及颜色映像矩阵以 fmt 的格式写入到文件 filename 中
imwrite(…, Parameter, Value, …)	可以让用户控制 HDF、JPEG、TIFF 3 种图像文件的输出，其中参数的说明读者可以参考 MATLAB 的帮助文档

例 3-55：将图像 image3.tif 保存成.hdf 格式。

```
>> [X, map]=imread('image3.tif');
>> imwrite(X,map,'image3.hdf','Compression','none','WriteMode','append');
```

 注意

当利用 imwrite 命令保存图像时，MATLAB 默认的保存方式为 unit8 的数据类型，如果图像矩阵是 double 型的，则 imwrite 在将矩阵写入文件之前，先对其进行偏置，即写入的是 unit8(X−1)。

3.8.2 图像的显示及信息查询

通过 MATLAB 窗口可以将图像显示出来，并可以对图像的一些基本信息进行查询，下面将具体介绍这些命令及相应用法。

1. 图像显示命令

MATLAB 中常用的图像显示命令有 image 命令、imagesc 命令以及 imshow 命令。Image 命令有两种调用格式：一种是通过调用 newplot 命令来确定在什么位置绘制图像，并设置相应轴对象的属性；另一种是不调用任何命令，直接在当前窗口中绘制图像，这种用法的参数列表只能包括属性名称及值对。该命令的使用格式见表 3-63。

表 3-63 image 命令的使用格式

命令格式	说 明
image(C)	将矩阵 C 中的值以图像形式显示出来
image(x,y,C)	其中 x、y 为二维向量，分别定义了 x 轴与 y 轴的范围
image(…, 'PropertyName', PropertyValue)	在绘制图像前需要调用 newplot 命令，后面的参数定义了属性名称及相应的值
image('PropertyName', PropertyValue, …)	输入参数只有属性名称及相应的值
handle = image(…)	返回所生成的图像对象的柄

例 3-56：image 命令应用举例。

```
>> figure
>> ax(1)=subplot(1,2,1);
>> rgb=imread('F:\tu\bird.jpg');
>> image(rgb);
>> title('RGB image')
>> ax(2)=subplot(1,2,2);
>> im=mean(rgb,3);
>> image(im);
>> title('Intensity Heat Map')
>> colormap(hot(256))
>> linkaxes(ax,'xy')
>> axis(ax,'image')
```

运行结果如图 3-64 所示。

图 3-64　image 命令应用举例

imagesc 命令与 image 命令非常相似，主要的不同是前者可以自动调整值域范围。它的使用格式见表 3-64。

表 3-64　imagesc 命令的使用格式

命令格式	说　明
imagesc(C)	将矩阵 C 中的值以图像形式显示出来
imagesc(x,y,C)	其中 x、y 为二维向量，分别定义了 x 轴与 y 轴的范围
imagesc(…, clims)	其中 clims 为二维向量，它限制了 C 中元素的取值范围
h = imagesc(…)	返回所生成的图像对象的柄

例 3-57：imagesc 命令应用举例。

```
>> load clown      % clown 为 MATLAB 预存的一个 mat 文件，里面包含一个矩阵 X 和一个
调色板 map
>> subplot(1,2,1)
>> imagesc(X)
>> colormap(gray)
>> subplot(1,2,2)
>> clims=[10 60];
>> imagesc(X,clims)
>> colormap(gray)
```

运行结果如图 3-65 所示。

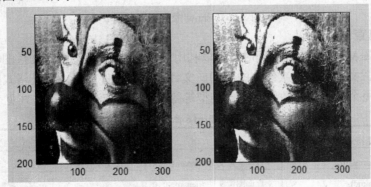

图 3-65　imagesc 命令应用举例

在实际当中，另一个经常用到的图像显示命令是 imshow 命令，其常用的使用格式见表 3-65。

表 3-65   imshow 命令的使用格式

命令格式	说 明
imshow(I)	显示灰度图像 I
imshow(I, [low high])	显示灰度图像 I，其值域为[low high]
imshow(RGB)	显示真彩色图像
imshow(BW)	显示二进制图像
imshow(X,map)	显示索引色图像，X 为图像矩阵，map 为调色板
imshow(filename)	显示 filename 文件中的图像
himage = imshow(…)	返回所生成的图像对象的柄
imshow(…,param1, val1, param2, val2,…)	根据参数及相应的值来显示图像，对于其中参数及相应的取值，读者可以参考 MATLAB 的帮助文档

例 3-58：imshow 命令应用举例，显示例 3-66 中的图像。

```
>> subplot(1,2,1)
>> I=imread('F:\tu\bird.jpg');
>> imshow(I,[0 80])
>> subplot(1,2,2)
>> imshow('F:\tu\bird.jpg')
```

运行结果如图 3-66 所示。

图 3-66 imshow 命令应用举例

2. 图像信息查询

在利用 MATLAB 进行图像处理时，可以利用 imfinfo 命令查询图像文件的相关信息。这些信息包括文件名、文件最后一次修改的时间、文件大小、文件格式、文件格式的版本号、图像的宽度与高度、每个像素的位数以及图像类型等等。该命令具体的使用格式见表 3-66。

表 3-66   imfinfo 命令的使用格式

命令格式	说 明
info=imfinfo(filename,fmt)	查询图像文件 filename 的信息，fmt 为文件格式
info=imfinfo(filename)	查询图像文件 filename 的信息
info=imfinfo(URL,…)	查询网络上的图像信息

例 3-59：查询例 3-57 中的图像信息。

```
>> info=imfinfo('F:\tu\bird.jpg')
info =
                Filename: 'F:\tu\bird.jpg'
             FileModDate: '05-May-2007 22:09:52'
                FileSize: 114852
                  Format: 'jpg'
           FormatVersion: ''
                   Width: 1024
                  Height: 768
                BitDepth: 24
               ColorType: 'truecolor'
         FormatSignature: ''
         NumberOfSamples: 3
            CodingMethod: 'Huffman'
           CodingProcess: 'Sequential'
                 Comment: {}
```

3.8.3　动画演示

MATLAB 还可以进行一些简单的动画演示，实现这种操作的主要命令为 moviein 命令、getframe 命令以及 movie 命令。动画演示的步骤为：

➢ 利用 moviein 命令对内存进行初始化，创建一个足够大的矩阵，使其能够容纳基于当前坐标轴大小的一系列指定的图形（帧）；moviein(n)可以创建一个足够大的 n 列矩阵。

➢ 利用 getframe 命令生成每个帧。

➢ 利用 movie 命令按照指定的速度和次数运行该动画，movie(M, n)可以播放由矩阵 M 所定义的画面 n 次，默认 n 时只播放一次。

例 3-60：演示山峰函数绕 z 轴旋转的动画。

解：程序步骤如下：

```
>> [X,Y,Z]=peaks(30);
>> surf(X,Y,Z)
>> axis([-3,3,-3,3,-10,10])
>> axis off
>> shading interp
>> colormap(hot)
>> M=moviein(20);          %建立一个 20 列的大矩阵
>> for i=1:20
view(-37.5+24*(i-1),30)    %改变视点
M(:,i)=getframe;           %将图形保存到 M 矩阵
```

```
end
>> movie(M,2)                    %播放画面 2 次
```

图 3-67 所示为动画的一幕。

图 3-67　动画演示

第 **4** 章

试验数据分析与处理

工程试验与工程测量中会对测量出的离散数据分析处理，找出测量数据的数学规律。数据插值与拟合、数理统计分析都属于这个范畴。本章将主要介绍使用 MATLAB 进行数据分析的方法和技巧，并给出了利用 MATLAB 语言实现一些常用数据分析算法的实例。

学 习 要 点

- 应用 MATLAB 进行数据插值与拟合的方法
- 应用 MATLAB 进行数据的线性回归分析
- 应用 MATLAB 进行方差分析
- 应用 MATLAB 进行正交试验分析与判别分析
- 应用 MATLAB 进行多元数据的相关分析

4.1 曲线拟合

工程实践中，只能通过测量得到一些离散的数据，然后利用这些数据得到一个光滑的曲线来反映某些工程参数的规律。这就是一个曲线拟合的过程。本节将介绍 MATLAB 的曲线拟合命令以及用 MATLAB 实现的一些常用拟合算法。

4.1.1 最小二乘法曲线拟合

在科学实验与工程实践中，经常进行测量数据 $\{(x_i, y_i), i = 0, 1, \cdots, m\}$ 的曲线拟合，其中 $y_i = f(x_i), i = 0, 1, \mathrm{L}, m$。要求一个函数 $y = S^*(x)$ 与所给数据 $\{(x_i, y_i), i = 0, 1, \cdots, m\}$ 拟合，若记误差 $\delta_i = S^*(x_i) - y_i \quad i = 0, 1, \cdots, m, \boldsymbol{\delta} = (\delta_0, \delta_1, \cdots, \delta_m)^{\mathrm{T}}$，设 $\varphi_0, \varphi_1, \cdots, \varphi_n$ 是 $C[a,b]$ 上的线性无关函数族，在 $\varphi = \mathrm{span}\{\varphi_0(x), \varphi_1(x), \cdots, \varphi_n(x)\}$ 中找一函数 $S^*(x)$，使误差平方和

$$\| \boldsymbol{\delta} \|^2 = \sum_{i=0}^{m} \delta_i^2 = \sum_{i=0}^{m} [S^*(x_i) - y_i]^2 = \min_{S(x) \in \varphi} \sum_{i=0}^{m} [S(x_i) - y_i]^2$$

这里，$S(x) = a_0 \varphi_0(x) + a_1 \varphi_1(x) + \cdots + a_n \varphi_n(x) \quad (n < m)$。

这就是所谓的曲线拟合的最小二乘方法，是曲线拟合最常用的一个方法。

MATLAB 提供了 polyfit 函数命令进行最小二乘的曲线拟合。

polyfit 命令的使用格式见表 4-1。

表 4-1 polyfit 调用格式

调用格式	说明
p = polyfit(x,y,n)	对 x 和 y 进行 n 维多项式的最小二乘拟合，输出结果 p 为含有 n+1 个元素的行向量，该向量以维数递减的形式给出拟合多项式的系数
[p,s] = polyfit(x,y,n)	结果中的 s 包括 R、df 和 normr，分别表示对 X 进行 QR 分解的三角元素、自由度、残差
[p,s,mu] = polyfit(x,y,n)	在拟合过程中，首先对 X 进行数据标准化处理，以在拟合中消除量纲等的影响，mu 包含两个元素，分别是标准化处理过程中使用的 X 的均值和标准差

例 4-1：用二次多项式拟合数据，见表 4-2。

表 4-2 给定数据

x	0.1	0.2	0.15	0.0	-0.2	0.3
y	0.95	0.84	0.86	1.06	1.50	0.72

解：在命令行中输入以下命令：

```
>>clear
>>x=[0.1, 0.2, 0.15, 0, -0.2, 0.3];
>>y=[0.95, 0.84, 0.86, 1.06, 1.50, 0.72];
>>p=polyfit(x, y, 2)
p =
    1.7432    -1.6959    1.0850
```

```
>> xi=-0.2:0.01:0.3;
>>yi=polyval(p,xi);
>>plot(x,y,'o',xi,yi,'k');
>>title('polyfit')
```

拟合结果如图 4-1 所示。

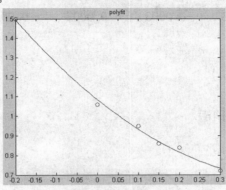

图 4-1　二项式拟合

例 4-2：用二次多项式拟合数据，见表 4-3。

表　4-3

x	0.5	1	1.5	2	2.5	3
y	1.75	2.45	3.81	4.8	8	8.6

解：在命令行中输入以下命令

```
>>clear
>>x=0.5:0.5:3;
>>y=[1.75,2.45,3.81,4.8,8,8.6];
>>[p,s]=polyfit(x,y,2)
p =
    0.4900    1.2501    0.8560
s =
    R: [3x3 double]
    df: 3
    normr: 1.1822
```

例 4-3：在[0，π]区间上对正弦函数进行拟合，然后在[0，2π]区间上画出图形，比较拟合区间和非拟合区间的图形，考查拟合的有效性。

解：在命令行中输入以下命令：

```
>>clear
>>x=0:0.1:pi;
>>y=sin(x);
>> [p,mu]=polyfit(x,y,9)
>>x1=0:0.1:2*pi;
```

```
>>y1=sin(x1);
>>y2=polyval(p,x1);
>>plot(x1,y2,'k*',x1,y1,'k-')
p =
   Columns 1 through 9
     0.0000      0.0000     -0.0003      0.0002      0.0080      0.0002     -0.1668
0.0000      1.0000
   Column 10
     0.0000
mu =
        R: [10x10 double]
       df: 22
    normr: 1.6178e-007
```

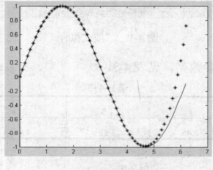

图 4-2　正弦函数拟合

　　从图 4-2 中可以看出，区间[0，π]经过了拟合，图形的符合性就比较优秀，[π,2π]区间没有经过拟合，图形就有了偏差。

😊 小技巧

　　1）上例中用到了 polyval 这个函数命令，它可以利用拟合出的系数向量和 x 自变量进行因变量 y 的回归。

　　2）MATLAB 的最优化工具箱中有个 lsqcurvefit 函数命令，也可以进行最小二乘曲线拟合，感兴趣的读者不妨一试。

4.1.2　直线的最小二乘拟合

　　一组数据 $[x_1,x_2,\cdots,x_n]$ 和 $[y_1,y_2,\cdots,y_n]$，已知 x 和 y 成线性关系，即 $y=kx+b$，对该直线进行拟合，就是求出待定系数 k 和 b 的过程。如果将直线拟合看成是一阶多项式拟合，那么可以直接利用 4.1.1 中的方法进行计算。由于最小二乘法直线拟合在数据处理中有其特殊的重要作用，这里再单独介绍另外一种方法：利用矩阵除法进行最小二乘拟合。

编写如下一个 M 文件：

```
function [k,b]=linefit(x,y)
n=length(x);
x=reshape(x,n,1);              %生成列向量
y=reshape(y,n,1);
A=[x,ones(n,1)];               %连接矩阵 A
bb=y;
B=A'*A;
bb=A'*bb;
yy=B\bb;
k=yy(1);                       % 得到 k
b=yy(2);                       %得到 b
```

例 4-4： 将以下数据进行直线拟合，见表 4-4。

表　4-4

x	0.5	1	1.5	2	2.5	3
y	1.75	. 2.45	3.81	4.8	8	8.6

解： 在命令行中输入以下命令：

```
>>clear
>> x=[0.5 1 1.5 2 2.5 3];
>> y=[1.75 2.45 3.81 4.8 8 8.6];
>> [k,b]=linefit(x,y)
k =
    2.9651
b =
    -0.2873
>> y1=polyval([k,b],x);
>> plot(x,y1);
>> hold on
>> plot(x,y,'*')
```

拟合结果如图 4-3 所示。

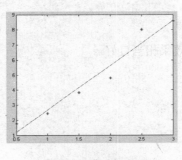

图 4-3　直线拟合

小技巧

如果存在以下函数的线性组合 $g(x) = c_1 f_1(x) + c_2 f_2(x) + \cdots + c_n f_n(x)$，其中 $f_i(x)$ $(i=1,2,L\ ,n)$ 为已知函数，c_i $(i=1,2,L\ ,n)$ 为待定系数，则对这种函数线性组合的曲线拟合，也可以采用以上方法。

例 4-5： 已知存在一个函数线性组合 $g(x) = c_1 + c_2 e^{-2x} + c_3 \cos(-2x) e^{-4x} + c_4 x^2$，求出待定系数 c_i，实验数据见表 4-5。

表 4-5

x	0	0.2	0.4	0.7	0.9	0.92
y	2.88	2.2576	1.9683	1.9258	2.0862	2.109

解： 编写如下 M 文件：

```
function yy=linefit2(x,y,A)
n=length(x);
y=reshape(y,n,1);
A=A';
yy=A\y;
yy=yy';
```

在命令窗口中输入以下命令

```
>>clear
>> x=[0 0.2 0.4 0.7 0.9 0.92 ];
>> y=[2.88 2.2576 1.9683 1.9258 2.0862 2.109 ];
>> A=[ones(size(x));exp(-2*x);cos(-2*x).*exp(-4*x);x.^2];
>> yy=linefit2(x,y,A)
yy =
    1.1652    1.3660    0.3483    0.8608
>> plot(x,y1)
>> x=[0:0.01:0.92]';
>> A1=[ones(size(x)) exp(-2*x),cos(-2*x).*exp(-4*x)  x.^2];
>> y1=A1*yy';
>> plot(x,y1)
```

从图 4-4 中可以看到，拟合效果相当良好。

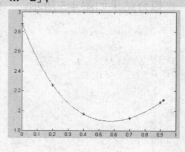

图 4-4　函数线性组合拟合

4.2 数值插值

工程实践中，能够测量到的数据通常是一些不连续的点，而实际中往往需要知道这些离散点以外的其他点的数值。例如，现代机械工业中进行零件的数控加工，根据设计可以给出零件外形曲线的某些型值点，加工时为控制每步走刀方向及步数要求计算出零件外形曲线中其他点的函数值，才能加工出外表光滑的零件。这就是函数插值的问题。数值插值有拉格朗日(Lagrange)插值、埃尔米特(Hermite)插值、牛顿(Newton)插值、分段插值、三次样条插值等几种，下面将分别进行介绍。

4.2.1 拉格朗日(Lagrange)插值

给定 n 个插值节点 $x_1, x_2, \cdots, x_n$ 和对应的函数值 $y_1, y_2, \cdots, y_n$，利用 n 次拉格朗日插值多项

式公式 $L_n(x) = \sum_{k=0}^{n} y_k l_k(x)$，其中 $l_k(x) = \dfrac{(x-x_0)\cdots(x-x_{k-1})(x-x_{k+1})\cdots(x-x_n)}{(x_k-x_0)\cdots(x_k-x_{k-1})(x_k-x_{k+1})\cdots(x_k-x_n)}$，可以

得到插值区间内任意 x 的函数值 y 为 $y(x) = L_n(x)$。从公式中可以看出，生成的多项式与用来插值的数据密切相关，数据变化则函数就要重新计算，所以当插值数据特别多的时候，计算量会比较大。MATLAB 中并没有现成的拉格朗日插值命令，下面是用 M 语言编写的函数文件。

```
function yy=lagrange(x,y,xx)
% Lagrange 插值，求数据(x,y)所表达的函数在插值点 xx 处的插值
 m=length(x);
n=length(y);
if m~=n, error('向量 x 与 y 的长度必须一致');
end
s=0;
for i=1:n
   t=ones(1,length(xx));
   for j=1:n
     if j~=i,
        t=t.*(xx-x(j))/(x(i)-x(j));
     end
   end
   s=s+t*y(i);
end
yy=s;
```

例 4-6：求测量点数据见表 4-6 ，用拉格朗日插值在[−0.2，0.3]区间以 0.01 为步长进行插值。

表 4-6

x	0.1	0.2	0.15	0	-0.2	0.3
y	0.95	0.84	0.86	1.06	1.5	0.72

解：在命令行中输入以下命令：

```
>> clear
>> x=[0.1, 0.2, 0.15, 0, -0.2, 0.3];
>> y=[0.95, 0.84, 0.86, 1.06, 1.50, 0.72];
>> xi=-0.2:0.01:0.3;
>> yi=lagrange(x, y, xi)
yi =
    Columns 1 through 12
        1.5000      1.2677      1.0872      0.9515      0.8539      0.7884      0.7498
0.7329      0.7335      0.7475      0.7714      0.8022
    Columns 13 through 24
        0.8371      0.8739      0.9106      0.9456      0.9777      1.0057      1.0291
1.0473      1.0600      1.0673      1.0692      1.0660
    Columns 25 through 36
        1.0582      1.0464      1.0311      1.0130      0.9930      0.9717      0.9500
0.9286      0.9084      0.8898      0.8735      0.8600
    Columns 37 through 48
        0.8496      0.8425      0.8387      0.8380      0.8400      0.8441      0.8493
0.8546      0.8583      0.8586      0.8534      0.8401
    Columns 49 through 51
        0.8158      0.7770      0.7200
>> plot(x, y, 'o', xi, yi, 'k');
>> title('lagrange');
```

结果如图 4-5 所示。

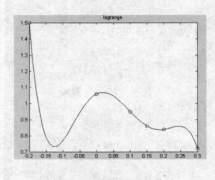

图 4-5　拉格朗日插值

从图 4-5 中可以看出，拉格朗日插值的一个特点是：拟合出的多项式通过每一个测量数据点。

4.2.2　埃尔米特(Hermite)插值

不少实际的插值问题既要求节点上函数值相等，又要求对应的导数值也相等，甚至要求高阶倒数也相等，满足这种要求的插值多项式就是埃尔米特插值多项式。

已知 n 个插值节点 $x_1, x_2, \cdots, x_n$ 和对应的函数值 $y_1, y_2, \cdots, y_n$ 以及一阶导数值 $y_1', y_2', \cdots, y_n'$，则在插值区域内任意 x 的函数值 y 为

$$y(x) = \sum_{i=1}^{n} h_i[(x_i - x)(2a_i y_i - y_i') + y_i]$$

其中，$h_i = \prod_{j=1, j\neq i}^{n} (\frac{x - x_j}{x_i - x_j})^2$，$a_i = \sum_{i=1, j\neq i}^{n} \frac{1}{x_i - x_j}$。

MATLAB 没有现成的埃尔米特插值命令，下面是用 M 语言编写的函数文件。

```
function yy=hermite(x0,y0,y1,x)
% hermite 插值，求数据(x0,y0)所表达的函数、y1 所表达的导数值，以及在插值点 x 处的
插值
n=length(x0);
m=length(x);
for k=1:m
    yy0=0;
    for i=1:n
        h=1;
        a=0;
        for j=1:n
            if j~=i
                h=h*((x(k)-x0(j))/(x0(i)-x0(j)))^2;
                a=1/(x0(i)-x0(j))+a;
            end
        end
        yy0=yy0+h*((x0(i)-x(k))*(2*a*y0(i)-y1(i))+y0(i));
    end
    yy(k)=yy0;
end
```

例 4-7： 已知某次实验中测得的某质点的速度和加速度随时间的变化见表 4-7，求质点在时刻 1.8 处的速度。

表　4-7

t	0.1	0.5	1	1.5	2	2.5	3
y	0.95	0.84	0.86	1.06	1.5	0.72	1.9
y1	1	1.5	2	2.5	3	3.5	4

解： 在命令行中输入以下命令：

```
>> clear
>> t=[0.1 0.5 1 1.5 2 2.5 3];
>> y=[0.95 0.84 0.86 1.06 1.5 0.72 1.9];
>> y1=[1 1.5 2 2.5 3 3.5 4];
>> yy=hermite(t,y,y1,1.8)
yy =
    1.3298
>> t1=[0.1:0.01:3];
>>yy1=hermite(t,y,y1,t1);
>>plot(t,y,'o',t,y1,'*',t1,yy1)
```

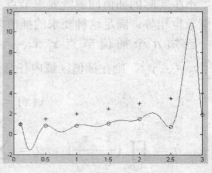

图 4-6 埃尔米特插值

插值结果如图 4-6 所示。

4.2.3 分段线性插值

利用多项式进行函数的拟合与插值并不是次数越高精度越高。早在 20 世纪初龙格(Runge)就给出了一个等距节点插值多项式不收敛的例子，从此这种高次插值的病态现象被称为龙格现象。针对这种问题，人们通过插值点用折线连接起来逼近原曲线，这就是所谓的分段线性插值。

MATLAB 提供了 interp1 函数进行分段线性插值。

interp1 函数的使用格式见表 4-8。

表 4-8 polyfit 调用格式

调用格式	说　明
yi = interp1(x,Y,xi)	对一组节点(x,Y)进行插值，计算插值点 xi 的函数值。x 为节点向量值，Y 为对应的节点函数值；如果 Y 为矩阵，则插值对 Y 的每一列进行；如果 Y 的维数超过 x 或 xi 的维数，返回 NaN
yi = interp1(Y,xi)	默认 x=1：n，n 为 Y 的元素个数值
yi = interp1(x,Y,xi,method)	method 指定的是插值使用的算法，默认为线性算法；其值可以是以下几种类型： 'nearest'　线性最近项插值 'linear'　线性插值（默认） 'spline'　三次样条插值 'pchip'　分段三次埃尔米特插值 'cubic'　同上

其中，对于'nearest'和 'linear' 方法，如果 xi 超出 x 的范围，返回 NaN；而对于其他几种方法，系统将对超出范围的值进行外推计算，见表 4-9。

表 4-9 外推计算

调用格式	说　明
yi = interp1(x,Y,xi,method,'extrap')	利用指定的方法对超出范围的值进行外推计算
yi = interp1(x,Y,xi,method,extrapval)	返回标量 extrapval 为超出范围值
pp = interp1(x,Y,method,'pp')	利用指定的方法产生分段多项式

例 4-8： 在 Runge 给出的等距节点插值多项式不收敛的例子中，函数为 $f(x) = \dfrac{1}{1+x^2}$，在[-5，5]区间以 0.1 为步长分别进行拉格朗日插值和分段线性插值，比较两种插值结果。

解： 在命令行中输入以下命令

```
>>clear
>>x=[-5:0.1:5];
>> y=1./(1+x.^2);
>> x=[-5:1:5];
>> y=1./(1+x.^2);
>> x0=[-5:0.1:5];
>> y0=lagrange(x,y,x0);
>> y1=1./(1+x0.^2);
>> y2=interp1(x,y,x0);
>> plot(x0,y0,'o');
>> hold on
>> plot(x0,y1,'--');
>> hold on
>> plot(x0,y2,'*')
```

插值结果如图 4-7 所示。

从图 4-7 中可以看出，拉格朗日插值出的圆圈线已经严重偏离了原函数的虚线，而分段线性插值出的星号线是收敛的。

例 4-9： 对 $\sin(x)$ 进行插值示例。

解： 在命令行中输入以下命令：

```
>> clear
>>x = 0:10;
>>y = sin(x);
>>xi = 0:.25:10;
>>yi = interp1(x,y,xi);
>>plot(x,y,'o',xi,yi)
```

插值结果如图 4-8 所示。

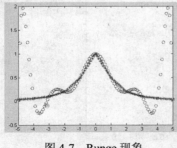

图 4-7　Runge 现象

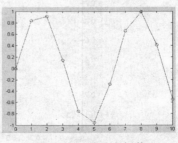

图 4-8　正弦分段插值

注意

MATLAB 提供了一个 interp1q 命令，可以进行快速分段线性插值。但是在使用时要注意的是，x 必须是一个单调递增的列向量，Y 必须是一个列向量或者行数为 x 长度的矩阵。

4.2.4 三次样条插值

在工程实际中，往往要求一些图形是二阶光滑的，比如高速飞机的机翼形线。早期的工程制图在作这种图形的时候，将样条（富有弹性的细长木条）固定在样点上，其他地方自由弯曲，然后画下长条的曲线，称为样条曲线。它实际上是由分段三次曲线连接而成，在连接点上要求二阶导数连续。这种方法在数学上被概括发展为数学样条，其中最常用的就是三次样条函数。

在 MATLAB 中，提供了 spline 函数进行三次样条插值。spline 函数的使用形式见表 4-10。

表 4-10　spline 调用格式

调用格式	说　明
pp = spline(x,Y)	计算出三次样条插值的分段多项式，可以用函数 ppval(pp,x)计算多项式在 x 处的值
yy = spline(x,Y,xx)	用三次样条插值利用 x 和 Y 在 xx 处进行插值，等同于 yi = interp1(x,Y,xi,'spline')

例 4-10： 对正弦函数和余弦函数进行三次样条插值。.

解： 在命令行中输入以下命令：

```
>>clear
>> x = 0:.25:1;
>> Y = [sin(x); cos(x)];
>> xx = 0:.1:1;
>> YY = spline(x, Y, xx);
>> plot(x, Y(1, :), 'o', xx, YY(1, :), '-'); hold on;
>> plot(x, Y(2, :), 'o', xx, YY(2, :), ':');
```

插值结果如图 4-9 所示。

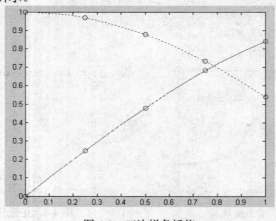

图 4-9　三次样条插值

4.2.5 多维插值

在工程实际中,一些比较复杂的问题通常是多维问题,因此多维插值就愈显重要。这里重点介绍一下二维插值。

MATLAB 中用来进行二维和三维插值的函数分别是 interp2 和 interp3。

interp2 的使用方式见表 4-11。

表 4-11 interp2 调用格式

调用格式	说 明
ZI = interp2(X,Y,Z,XI,YI)	返回以 X、Y 为自变量,Z 为函数值,对位置 XI、YI 的插值,X、Y 必须为单调的向量或用单调的向量以 meshgrid 格式形成的网格格式
ZI = interp2(Z,XI,YI)	X=1:n,Y=1:m,[m,n]=size(Z)
ZI = interp2(Z,ntimes)	在 Z 的各点间插入数据点对 Z 进行扩展,一次执行 ntimes 次,默认为 1 次
ZI = interp2(X,Y,Z,XI,YI,method)	method 指定的是插值使用的算法,默认为线性算法;其值可以是以下几种类型: 'nearest' 线性最近项插值 'linear' 线性插值(默认) 'spline' 三次样条插值 'cubic' 同上
ZI = interp2(⋯,method, extrapval)	返回标量 extrapval 为超出范围值

例 4-11:对 peak 函数进行二维插值。

解:在命令行中输入以下命令

```
>>clear
>> [X,Y] = meshgrid(-3:.25:3);
>>Z = peaks(X,Y);
>> [XI,YI] = meshgrid(-3:.125:3);
>>ZI = interp2(X,Y,Z,XI,YI)
>>mesh(X,Y,Z), hold, mesh(XI,YI,ZI+15)
>>axis([-3 3 -3 3 -5 20])
```

插值结果如图 4-10。

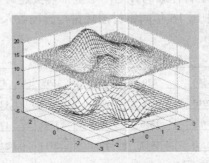

图 4-10 对 peak 函数插值

注意

MATLAB 提供了一个 interp3 命令，进行三维插值，其用法与 interp2 相似，有兴趣的读者可以自己动手学习一下。

4.3 回归分析

在客观世界中，变量之间的关系可以分为两种：确定性函数关系与不确定性统计关系。统计分析是研究统计关系的一种数学方法，可以由一个变量的值去估计另外一个变量的值。无论是在经济管理、社会科学还是在工程技术或医学、生物学中，回归分析都是一种普遍应用的统计分析和预测技术。本节主要针对目前应用最普遍的部分最小回归，进行一元线性回归、多元线性回归；同时，还将对近几年开始流行的部分最小二乘回归的 MATLAB 实现进行介绍。

4.3.1 一元线性回归

如果在总体中，因变量 y 与自变量 x 的统计关系符合一元线性的正态误差模型，即对给定的 x_i 有 $y_i = b_0 + b_1 x_i + \varepsilon_i$，那么 b_0 和 b_1 的估计值可以由下列公式得到：

$$
\begin{cases}
b_1 = \dfrac{\sum\limits_{i=1}^{n}(x_i - \bar{x})(y_i - \bar{y})}{\sum\limits_{i=1}^{n}(x_i - \bar{x})^2} \\
b_0 = \bar{y} - b_1 \bar{x}
\end{cases}
$$

其中，$\bar{x} = \dfrac{1}{n}\sum\limits_{i=1}^{n} x_i, \bar{y} = \dfrac{1}{n}\sum\limits_{i=1}^{n} y_i$。这就是部分最小二乘线性一元线性回归的公式。

MATLAB 提供的一元线性回归函数为 polyfit，因为一元线性回归其实就是一阶多项式拟合。polyfit 的用法在本章的第一节中有详细的介绍，这里不再赘述。

例 4-12：表 4-12 示出了中国 16 年间钢材消耗量与国民收入之间的关系，试对它们进行线性回归。

表 4-12　钢材消耗与国民经济

钢材消费量 x /万 t	549	429	538	698	872	988	807	738
国民收入 y /亿元	910	851	942	1097	1284	1502	1394	1303
钢材消费量 x /万 t	1025	1316	1539	1561	1785	1762	1960	1902
国民收入 y /亿元	1555	1917	2051	2111	2286	2311	2003	2435

解：在命令行中输入以下命令：

```
>> clear
```

```
>> x=[549 429    538   698      872 988 807 738 1025 1316    1539     1561
1785 1762    1960     1902];
>> y=[910 851     942 1097      1284      1502 1394     1303 1555 1917 2051 2111
2286 2311 2003    2435];
>> [p,s]=polyfit(x,y,1)
>> plot(x,y,'o')
>> x0=[429:1:1960];
>> x0=[min(x):1:max(x)];
>> y0=p(1)*x0+p(2);
>> hold on
>> plot(x0,y0)
p =
    0.9847   485.3616
s =
      R: [2x2 double]
     df: 14
  normr: 522.4439
```

计算结果如图 4-11 所示。

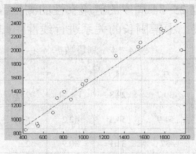

图 4-11　一元线性回归

4.3.2　多元线性回归

在大量的社会、经济、工程问题中，对于因变量 y 的全面解释往往需要多个自变量的共同作用。当有 p 个自变量 $x_1, x_2, \cdots, x_p$ 时，多元线性回归的理论模型为

$$y = \beta_0 + \beta_1 x_1 + \cdots + \beta_p x_p + \varepsilon$$

其中，ε 是随机误差，$E(\varepsilon) = 0$。

若对 y 和 $x_1, x_2, \cdots, x_p$ 分别进行 n 次独立观测，记

$$\mathbf{Y} = \begin{bmatrix} y_1 \\ y_2 \\ \vdots \\ y_n \end{bmatrix}, \quad \mathbf{X} = \begin{bmatrix} 1 & x_{11} & \cdots & x_{1p} \\ 1 & x_{21} & \cdots & x_{2p} \\ \vdots & \vdots & & \vdots \\ 1 & x_{n1} & \cdots & x_{np} \end{bmatrix}, \quad \boldsymbol{\beta} = \begin{bmatrix} \beta_0 \\ \beta_1 \\ \vdots \\ \beta_p \end{bmatrix}$$

则 $\boldsymbol{\beta}$ 的最小二乘估计量为 $(\mathbf{X}'\mathbf{X})^{-1}\mathbf{X}'\mathbf{Y}$，$\mathbf{Y}$ 的最小二乘估计量为 $\mathbf{X}(\mathbf{X}'\mathbf{X})^{-1}\mathbf{X}'\mathbf{Y}$。

MATLAB 提供了 regress 函数进行多元线性回归，该函数的使用形式见表 4-13。

表 4-13　regress 调用格式

调用格式	说明
b = regress(y,X)	对因变量 y 和自变量 X 进行多元线性回归，b 是对回归系数的最小二乘估计
[b,bint] = regress(y,X)	bint 是回归系数 b 的 95%置信度的置信区间
[b,bint,r] = regress(y,X)	r 为残差
[b,bint,r,rint] = regress(y,X)	rint 为 r 的置信区间
[b,bint,r,rint,stats] = regress(y,X)	stats 是检验统计量，其中第一值为回归方程的置信度，第二值为 F 统计量，第三值为与 F 统计量相应的 p 值。如果 F 很大而 p 很小，说明回归系数不为 0
[···] = regress(y,X,alpha)	alpha 指定的是置信水平

注意

计算 F 统计量及其 p 值的时候会假设回归方程含有常数项，所以在计算 stats 时，X 矩阵应该包含一个全一的列。

例 4-13：表 4-14 是对 20 位 25~34 周岁的健康女性的测量数据，试利用这些数据对身体脂肪与大腿围长、三头肌皮褶厚度、中臂围长的关系进行线性回归。

表 4-14　测量数据

受试验者 i	1	2	3	4	5	6	7	8	9	10
三头肌皮褶厚度 x_1	19.5	24.7	30.7	29.8	19.1	25.6	31.4	27.9	22.1	25.5
大腿围长 x_2	43.1	49.8	51.9	54.3	42.2	53.9	58.6	52.1	49.9	53.5
中臂围长 x_3	29.1	28.2	37	31.1	30.9	23.7	27.6	30.6	23.2	24.8
身体脂肪 y	11.9	22.8	18.7	20.1	12.9	21.7	27.1	25.4	21.3	19.3
受试验者 i	11	12	13	14	15	16	17	18	19	20
三头肌皮褶厚度 x_1	31.1	30.4	18.7	19.7	14.6	29.5	27.7	30.2	22.7	25.2
大腿围长 x_2	56.6	56.7	46.5	44.2	42.7	54.4	55.3	58.6	48.2	51
中臂围长 x_3	30	28.3	23	28.6	21.3	30.1	25.6	24.6	27.1	27.5
身体脂肪 y	25.4	27.2	11.7	17.8	12.8	23.9	22.6	25.4	14.8	21.1

解：在命令行中输入以下命令：

```
>> clear
>> y=[11.9   22.8 18.7 20.1 12.9 21.7 27.1 25.4 21.3 19.3  25.4   27.2 11.7 17.8 12.8
23.9 22.6 25.4 14.8 21.1];
>> x=[1 1 1 1 1 1 1 1 1 1 1 1 1 1 1 1 1 1 1 1; 19.5 24.7 30.7 29.8 19.1 25.6
31.4 27.9 22.1 25.5 31.1   30.4 18.7 19.7 14.6 29.5 27.7 30.2 22.7 25.2;  43.1 49.8
51.9 54.3 42.2 53.9 58.6 52.1 49.9 53.5 56.6    56.7 46.5 44.2 42.7 54.4 55.3 58.6 48.2 51;
```

29.1　28.2　37　31.130.923.727.630.623.224.8 30　28.323　28.621.330.125.624.6

27.127.5];

>> [b,bint,r,rint,stats]=regress(y',x')

b =

107.8763

4.0599

-2.6200

-2.0402

bint =

-100.7196　316.4721

-2.2526　 10.3723

-8.0200　　2.7801

-5.3790　　1.2986

r =

-2.8541

2.6523

-2.3515

-3.0467

1.0842

-0.5405

1.5828

3.1830

1.7691

-1.3383

0.7572

2.1928

-3.3433

4.0958

0.9780

0.1931

-0.6220

-1.3659

-3.6641

0.6382

rint =

-7.0341　　1.3260

-2.1549　　7.4594

-6.2411　　1.5381

-7.9113　　1.8179

```
       -3.2391      5.4075
       -5.6192      4.5382
       -3.0939      6.2594
       -1.4946      7.8607
       -3.0470      6.5851
       -6.0631      3.3864
       -4.2969      5.8113
       -2.8167      7.2024
       -7.8245      1.1379
       -0.2805      8.4722
       -3.3906      5.3465
       -4.9393      5.3255
       -5.7603      4.5164
       -6.0992      3.3674
       -8.3448      1.0165
       -4.6255      5.9018
stats =
  0.7993     21.2383      0.0000      6.2145
```

4.3.3 部分最小二乘回归

在经典最小二乘多元线性回归中，$\mathbf{Y}$ 的最小二乘估计量为 $\mathbf{X(X'X)^{-1}X'Y}$，这就要求（XX）是可逆的，所以当 $\mathbf{X}$ 中的变量存在严重的多重相关性，或者在 $\mathbf{X}$ 样本点与变量个数相比明显过少时，经典最小二乘多元线性回归就失效了。针对这个问题，人们提出了部分最小二乘方法，也叫偏最小二乘方法。它产生于化学领域的光谱分析，目前已被广泛应用于工程技术和经济管理的分析、预测研究中，被誉为"第二代多元统计分析技术"。限于篇幅的原因，这里对部分最小二乘回归方法的原理不作详细介绍，感兴趣的读者可以参考《偏最小二乘回归方法及其应用》（王惠文著，国防工业出版社）。

设有 q 个因变量 $\{y_1,\cdots,y_q\}$ 和 p 个自变量 $\{x_1,\cdots,x_p\}$。为了研究因变量与自变量的统计关系，观测 n 个样本点，构成了自变量与因变量的数据表 $\mathbf{X}=[x_1,\cdots,x_p]_{n\times p}$ 和 $\mathbf{Y}=[y_1,\cdots,y_q]_{n\times q}$。部分最小二乘回归分别在 $\mathbf{X}$ 和 $\mathbf{Y}$ 中提取成分 t_1 和 u_1，它们分别是 $x_1,\cdots,x_p$ 和 $y_1,\cdots,y_q$ 的线性组合。提取这两个成分有以下要求：

◆ 两个成分尽可能多地携带它们各自数据表中的变异信息；
◆ 两个成分的相关程度达到最大。

也就是说，它们能够尽可能好地代表各自的数据表，同时自变量程分 t_1 对因变量成分 u_1 有最强的解释能力。

在第一个成分被提取之后，分别实施 $\mathbf{X}$ 对 t_1 的回归和 $\mathbf{Y}$ 对 u_1 的回归。如果回归方程达到满意的精度则终止算法；否则，利用残余信息进行第二轮的成分提取，直到达到一个满意的精度。

下面的 M 文件是对自变量 X 和因变量 Y 进行部分最小二乘回归的函数文件。

```
function [beta,VIP]= pls(X,Y)

[n,p]=size(X);
[n,q]=size(Y);
meanX=mean(X);%均值
varX=var(X);%方差
meanY=mean(Y);% 均值
varY=var(Y);% 方差

%%%%数据标准化过程
for i=1:p
    for j=1:n
    X0(j,i)=(X(j,i)-meanX(i))/((varX(i))^0.5);
    end
end
for i=1:q
    for j=1:n
    Y0(j,i)=(Y(j,i)-meanY(i))/((varY(i))^0.5);
    end
end
%%%%%%%%%%%%%%%%%%%%%%%%%%%%%%%%%%%%%%%

[omega(:,1),t(:,1),pp(:,1),XX(:,:,1),rr(:,1),YY(:,:,1)]=plsfactor(X0,Y0);
[omega(:,2),t(:,2),pp(:,2),XX(:,:,2),rr(:,2),YY(:,:,2)]=plsfactor(XX(:,:,1),YY
(:,:,1));

PRESShj=0;
tt0=ones(n-1,2);

for i=1:n
    YY0(1:(i-1),:)=Y0(1:(i-1),:);
    YY0(i:(n-1),:)=Y0((i+1):n,:);
    tt0(1:(i-1),:)=t(1:(i-1),:);
    tt0(i:(n-1),:)=t((i+1):n,:);
    expPRESS(i,:)=(Y0(i,:)-t(i,:)*inv((tt0'*tt0))*tt0'*YY0);
    for m=1:q
        PRESShj=PRESShj+expPRESS(i,m)^2;
```

```
        end
    end
    sum1=sum(PRESShj);
    PRESSh=sum(sum1);

    for m=1:q
            for i=1:n
                SShj(i,m)=YY(i,m,1)^2;
            end
    end
    sum2=sum(SShj);
    SSh=sum(sum2);

    Q=1-(PRESSh/SSh);

    k=3;
    %%%%%%%%%%%%%%%%%%  循环，提取主元
    while Q>0.0975

[omega(:,k),t(:,k),pp(:,k),XX(:,:,k),rr(:,k),YY(:,:,k)]=plsfactor(XX(:,:,k-1),YY(:,:,k-1));
        PRESShj=0;
      tt00=ones(n-1,k);
    for i=1:n
      YY0(1:(i-1),:)=Y0(1:(i-1),:);
      YY0(i:(n-1),:)=Y0((i+1):n,:);
      tt00(1:(i-1),:)=t(1:(i-1),:);
      tt00(i:(n-1),:)=t((i+1):n,:);
      expPRESS(i,:)=(Y0(i,:)-t(i,:)*((tt00'*tt00)^(-1))*tt00'*YY0);
      for m=1:q
        PRESShj=PRESShj+expPRESS(i,m)^2;
      end
    end

    for m=1:q
            for i=1:n
                SShj(i,m)=YY(i,m,k-1)^2;
            end
    end
```

```
sum2=sum(SShj);
 SSh=sum(sum2);
  Q=1-(PRESSh/SSh);

  if Q>0.0975
    k=k+1;
  end

 end
%%%%%%%%%%%%%%%%%%%%%%%
h=k-1;%%%%%%%%%% 提取主元的个数

%%%%%%%%%%%%%%%%          还原回归系数
omegaxing=ones(p,h,q);
for m=1:q
omegaxing(:,1,m)=rr(m,1)*omega(:,1);
   for i=2:(h)
       for j=1:(i-1)
          omegaxingi =(eye(p)-omega(:,j)*pp(:,j)');
          omegaxingii=eye(p);
          omegaxingii=omegaxingii*omegaxingi;
       end
      omegaxing(:,i,m)=rr(m,i)*omegaxingii*omega(:,i);
   end
beta(:,m)=sum(omegaxing(:,:,m),2);
end
%%%%%%% 计算相关系数
for i=1:h
   for j=1:q
       relation(i,j)=sum(prod(corrcoef(t(:,i),Y(:,j))))/2;
   end
end
%%%%%%%%%%%%%%%%%%%%%%%%%%%%%
Rd=relation.*relation;
RdYt=sum(Rd,2)/q;
Rdtttt=sum(RdYt);
omega22=omega.*omega;
VIP=((p/Rdtttt)*(omega22*RdYt)).^0.5; %%%计算 VIP 系数
```

下面的 M 文件是专门的提取主元函数：

```
function [omega, t, pp, XXX, r, YYY]=plsfactor(X0, Y0)
XX=X0'*Y0*Y0'*X0;
[V, D]=eig(XX);
Lamda=max(D);
[MAXLamda, I]=max(Lamda);
omega=V(:, I);              %最大特征值对应的特征向量
  %%%第一主元
t=X0*omega;
pp=X0'*t/(t'*t);
XXX=X0-t*pp';
r=Y0'*t/(t'*t);
YYY=Y0-t*r';
```

部分最小二乘回归提供了一种多因变量对多自变量的回归建模方法，可以有效解决变量之间的多重相关性问题，适合在样本容量小于变量个数的情况下进行回归建模，可以实现多种多元统计分析方法的综合应用。

例 4-14：Linnerud 曾经对男子的体能数据进行统计分析，他对某健身俱乐部的 20 名中年男子进行体能指标测量。被测数据分为两组，第一组是身体特征指标 X，包括体重、腰围、脉搏；第二组是训练结果指标 Y，包括单杠、弯曲、跳高。表 4-15 就是测量数据。试利用部分最小二乘回归方法，对这些数据进行部分最小二乘回归分析。

表 4-15 男子体能数据

编号 i	1	2	3	4	5	6	7	8	9	10
体重 x_1	191	189	193	162	189	132	211	167	176	154
腰围 x_2	36	37	38	35	35	36	38	34	31	33
脉搏 x_3	50	52	58	62	46	56	56	60	74	56
单杠 y_1	5	2	12	12	13	4	8	6	15	17
弯曲 y_2	162	110	101	105	155	101	101	125	200	251
跳高 y_3	60	60	101	37	58	42	33	40	40	250
编号 i	11	12	13	14	15	16	17	18	19	20
体重 x_1	169	166	154	247	193	202	176	157	156	138
腰围 x_2	34	33	34	46	36	37	37	32	33	33
脉搏 x_3	50	52	64	50	46	54	54	52	54	68
单杠 y_1	17	13	14	1	6	4	4	11	15	2
弯曲 y_2	120	210	215	50	70	60	60	230	225	110
跳高 y_3	33	115	105	50	21	25	25	80	73	43

解：在命令行中输入以下命令：

```
>> clear
X=[191 36 50;
189 37 52;
193 38 58;
162 35 62;
189 35 46;
182 36 56;
211 38 56;
167 34 60;
176 31 74;
154 33 56;
169 34 50;
166 33 52;
154 34 64;
247 46 50;
193 36 46;
202 37 62;
176 37 54;
157 32 52;
156 33 54;
138 33 68
];
Y=[5 162 60;
2 110 60;
12 101 101;
12 105 37;
13 155 58;
4 101 42;
8 101 38;
6 125 40;
15 200 40;
17 251 250;
17 120 38;
13 210 115;
14 215 105;
1 50 50 ;
6 70 31;
12 210 120;
4 60 25;
```

```
11 230 80;
15 225 73;
2 110 43];
>> [beta,VIP]=entirepls(X,Y)
beta =
    -0.0778    -0.1385    -0.0604
    -0.4989    -0.5244    -0.1559
    -0.1322    -0.0854    -0.0073
VIP =
     0.9982
     1.2977
     0.5652
```

4.4 方差分析

在工程实践中，影响一个事务的因素是很多的。比如在化工生产中，原料成分、原料剂量、催化剂、反应温度、压力、反应时间、设备型号以及操作人员等因素都会对产品的质量和数量产生影响。有的因素影响大些，有的因素影响小些。为了保证优质、高产、低能耗，必须找出对产品的质量和产量有显著影响的因素，并研究出最优工艺条件。为此需要做科学试验，以取得一系列试验数据。如何利用试验数据进行分析、推断某个因素的影响是否显著？在最优工艺条件中如何选用显著性因素？就是方差分析要完成的工作。方差分析已广泛应用于气象预报、农业、工业、医学等许多领域中，同时它的思想也渗透到了数理统计的许多方法中。

试验样本的分组方式不同，采用的方差分析方法也不同，一般常用的有单因素方差分析与双因素方差分析。

4.4.1 单因素方差分析

为了考查某个因素对事物的影响，我们把影响事物的其他因素相对固定，而让所考查的因素改变，从而观察由于该因素改变所造成的影响，并由此分析、推断所论因素的影响是否显著以及应该如何选用该因素。这种把其他因素相对固定，只有一个因素变化的试验叫单因素试验。在单因素试验中进行方差分析被称为单因素方差分析。表4-16是单因素方差分析主要计算结果。

表 4-16 单因素方差分析表

方差来源	平方和 S	自由度 f	均方差 $\overline{S}$	F 值
因素 A 的影响	$S_A = r\sum_{j=1}^{p}(\overline{x}_j - \overline{x})^2$	$p-1$	$\overline{S}_A = \dfrac{S_A}{p-1}$	$F = \dfrac{\overline{S}_A}{\overline{S}_E}$
误差	$S_E = \sum_{j=1}^{p}\sum_{i=1}^{r}(x_{ij} - \overline{x}_j)^2$	$n-p$	$\overline{S}_E = \dfrac{S_E}{n-p}$	
总和	$S_T = \sum_{j=1}^{p}\sum_{i=1}^{r}(x_{ij} - \overline{x})^2$	$n-1$		

MATLAB 提供了 anova1 命令进行单因素方差分析，其使用方式见表 4-17。

表 4-17 anova1 调用格式

调用格式	说明
p = anova1(X)	X 的各列为彼此独立的样本观察值，其元素个数相同。p 为各列均值相等的概率值，若 p 值接近于 0，则原假设受到怀疑，说明至少有一列均值与其余列均值有明显不同
p = anova1(X,group)	group 数组中的元素可以用来标识箱线图中的坐标
p = anova1(X,group,displayopt)	displayopt 有两个值，"on" 和 "off"，其中 "on" 为默认值，此时系统将自动给出方差分析表和箱线图
[p,table] = anova1(...)	table 返回的是方差分析表
[p,table,stats] = anova1(...)	stats 为统计结果量，是结构体变量，包括每组的均值等信息

例 4-15: 为了考查染整工艺对布的缩水率是否有影响，选用 5 种不同的染整工艺分别用 A_1、A_2、A_3、A_4、A_5 表示，每种工艺处理 4 块布样，测得缩水率的百分数见表 4-18，试对其进行方差分析。

表 4-18 测量数据

	A_1	A_2	A_3	A_4	A_5
1	4.3	6.1	6.5	9.3	9.5
2	7.8	7.3	8.3	8.7	8.8
3	3.2	4.2	8.6	7.2	11.4
4	6.5	4.1	8.2	10.1	7.8

解: 在命令行中输入以下命令:

```
>>clear
>> X=[4.3  6.1  6.5  9.3  9.5; 7.8  7.3  8.3  8.7  8.8; 3.2  4.2  8.6  7.2
11.4; 6.5  4.1  8.2  10.1  7.8];
>> mean(X)
ans =
    5.4500    5.4250    7.9000    8.8250    9.3750
>> [p, table, stats]=anova1(X)
p =
    0.0042
table =
    'Source'     'SS'         'df'      'MS'         'F'          'Prob>F'
    'Columns'    [55.5370]    [ 4]      [13.8843]    [6.0590]     [0.0042]
    'Error'      [34.3725]    [15]      [ 2.2915]    []           []
    'Total'      [89.9095]    [19]      []           []           []
stats =
    gnames: [5x1 char]
```

```
          n: [4 4 4 4 4]
     source: 'anova1'
      means: [5.4500 5.4250 7.9000 8.8250 9.3750]
         df: 15
          s: 1.51381
```

计算结果如图 4-12 和图 4-13 所示，可以看到 $F = 6.06 > 4.89 = F_{0.99}(4,15)$，故可以认为染整工艺对缩水的影响高度显著。

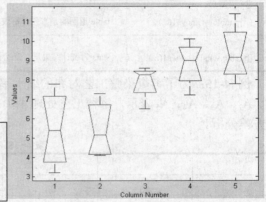

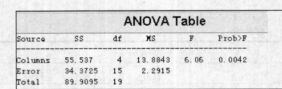

图 4-12　方差分析表

图 4-13　箱线图

4.4.2 双因素方差分析

在许多实际问题中，常常要研究几个因素同时变化时的方差分析。比如，在农业试验中，有时既要研究几种不同品种的种子对农作物的影响，还要研究几种不同种类的肥料对农作物收获量的影响。这里就有种子和肥料两种因素在变化。必须在两个因素同时变化下来分析对收获量的影响，以便找到最合适的种子和肥料种类的搭配。这就是双因素方差分析要完成的工作。双因素方差分析包括没有重复试验的方差分析和具有相等重复试验次数的方差分析，其分析分别见表 4-19 和表 4-20。

表 4-19　无重复双因素方差分析表

方差来源	平方和 S	自由度 f	均方差 $\overline{S}$	F 值
因素 A 的影响	$S_{\mathrm{A}} = q\sum_{i=1}^{p}\left(\overline{x}_{i\bullet} - \overline{x}\right)^2$	$p-1$	$\overline{S}_{\mathrm{A}} = \dfrac{S_{\mathrm{A}}}{p-1}$	$F = \dfrac{\overline{S}_{\mathrm{A}}}{\overline{S}_{\mathrm{E}}}$
因素 B 的影响	$S_{\mathrm{B}} = p\sum_{j=1}^{q}\left(\overline{x}_{\bullet j} - \overline{x}\right)^2$	$q-1$	$\overline{S}_{\mathrm{A}} = \dfrac{S_{\mathrm{B}}}{q-1}$	$F = \dfrac{\overline{S}_{\mathrm{B}}}{\overline{S}_{\mathrm{E}}}$
误差	$S_{\mathrm{E}} = \sum_{i=1}^{p}\sum_{j=1}^{q}\left(x_{ij} - \overline{x}_{i\bullet} - \overline{x}_{\bullet j} + \overline{x}\right)^2$	$(p-1)(q-1)$	$\overline{S}_{\mathrm{E}} = \dfrac{S_{\mathrm{E}}}{(p-1)(q-1)}$	
总和	$S_{\mathrm{T}} = \sum_{i=1}^{p}\sum_{j=1}^{q}\left(x_{ij} - \overline{x}\right)^2$	$pq-1$		

表 4-20　等重复双因素方差分析表（r 为试验次数）

方差来源	平方和 S	自由度 f	均方差 $\overline{S}$	F 值
因素 A 的影响	$S_A = qr\sum_{i=1}^{p}(\overline{x}_{i\bullet} - \overline{x})^2$	$p-1$	$\overline{s}_A = \dfrac{S_A}{p-1}$	$F_A = \dfrac{\overline{s}_A}{\overline{S}_E}$
因素 B 的影响	$S_B = pr\sum_{j=1}^{q}(\overline{x}_{\bullet j} - \overline{x})^2$	$q-1$	$\overline{s}_A = \dfrac{S_B}{q-1}$	$F_B = \dfrac{\overline{S}_B}{\overline{S}_E}$
$A \times B$	$S_{A\square} = r\sum_{i=1}^{p}\sum_{j=1}^{q}(\overline{x}_{ij} - \overline{x}_{i\bullet\bullet} - \overline{x}_{\bullet j\bullet} + \overline{x})^2$	$(p-1)(q-1)$	$\overline{S}_{A\square} = \dfrac{S_{A\square}}{(p-1)(q-1)}$	$F_{A\square} = \dfrac{\overline{S}_{A\square}}{\overline{S}_E}$
误差	$S_E = \sum_{k=1}^{r}\sum_{i=1}^{p}\sum_{j=1}^{q}(x_{ijk} - \overline{x}_{ij\bullet})^2$	$pq(r-1)$	$\overline{S}_E = \dfrac{S_E}{pq(r-1)}$	
总和	$S_T = \sum_{k=1}^{r}\sum_{i=1}^{p}\sum_{j=1}^{q}(x_{ijk} - \overline{x})^2$	$pqr-1$		

MATLAB 提供了 anova2 命令进行单因素方差分析，其使用方式见表 4-21。

表 4-21　anova2 调用格式

调用格式	说明
p = anova2(X,reps)	reps 定义的是试验重复的次数，必须为正整数，默认是 1
p = anova2(X,reps,displayopt)	displayopt 有两个值 "on" 和 "off"，其中 "on" 为默认值，此时系统将自动给出方差分析表
[p,table] = anova2(...)	table 返回的是方差分析表
[p,table,stats] = anova2(...)	stats 为统计结果量，是结构体变量，包括每组的均值等信息

执行平衡的双因素试验的方差分析来比较 X 中两个或多个列（行）的均值，不同列的数据表示因素 A 的差异，不同行的数据表示另一因素 B 的差异。如果行列对有多于一个的观察点，则变量 reps 指出每一单元观察点的数目，每一单元包含 reps 行，如：

$$\begin{array}{cc} A=1 & A=2 \end{array}$$
$$\left.\begin{array}{cc} x_{111} & x_{112} \\ x_{121} & x_{122} \end{array}\right\}B=1$$
$$\left.\begin{array}{cc} x_{211} & x_{212} \\ x_{221} & x_{222} \end{array}\right\}B=2$$
$$\left.\begin{array}{cc} x_{311} & x_{312} \\ x_{321} & x_{322} \end{array}\right\}B=3$$

例 4-16：火箭使用了四种燃料和三种推进器进行射程试验。每种燃料和每种推进器的组合各进行了一次试验，得到火箭射程，见表 4-22。试检验燃料种类与推进器种类对火箭射程有无显著性影响（A 为燃料，B 为推进器）。

表 4-22　测量数据

	B_1	B_2	B_3
A_1	58.2	56.2	65.3
A_2	49.1	54.1	51.6
A_3	60.1	70.9	39.2
A_4	75.8	58.2	48.7

解：在命令行中输入以下命令：

```
>>clear
>> X=[58.2    56.265.3;49.1    54.151.6;60.1    70.939.2;75.8    58.248.7];
```

```
>> [p,table,stats]=anova2(X',1)
p =
    0.7387    0.4491
table =
    'Source'     'SS'              'df'     'MS'          'F'         'Prob>F'
    'Columns'    [     157.5900]    [ 3]    [ 52.5300]    [0.4306]    [0.7387]
    'Rows'       [     223.8467]    [ 2]    [111.9233]    [0.9174]    [0.4491]
    'Error'      [     731.9800]    [ 6]        [121.9967]        []          []
    'Total'      [1.1134e+003]      [11]              []          []          []
stats =
      source: 'anova2'
     sigmasq: 121.9967
    colmeans: [59.9000 51.6000 56.7333 60.9000]
        coln: 3
    rowmeans: [60.8000 59.8500 51.2000]
        rown: 4
       inter: 0
        pval: NaN
          df: 6
```

计算结果如图 4-14 所示。

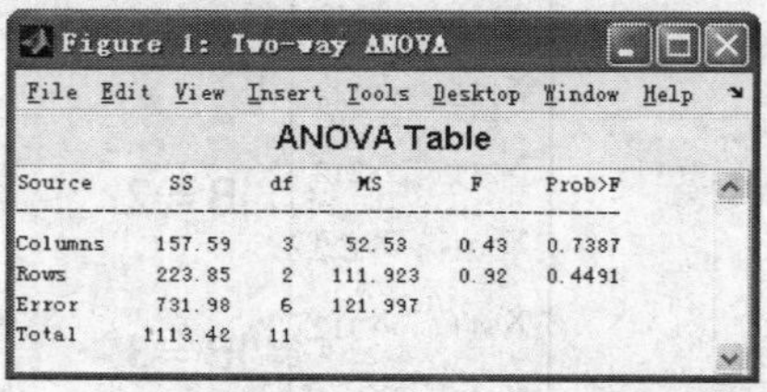

Source	SS	df	MS	F	Prob>F
Columns	157.59	3	52.53	0.43	0.7387
Rows	223.85	2	111.923	0.92	0.4491
Error	731.98	6	121.997		
Total	1113.42	11			

图 4-14　双因素方差分析

可以看到 $F_A = 0.43 < 3.29 = F_{0.9}(3,6)$，$F_B = 0.92 < 3.46 = F_{0.9}(2,6)$，所以会得到一个这样的结果：燃料种类和推进器种类对火箭的影响都不显著。这是不合理的。究其原因，就是没有考虑燃料种类的搭配作用。这时候，就要进行重复试验了。

重复两次试验的数据见表 4-23。

下面是对重复两次试验的计算程序。

```
>> X=[58.2    52.6 56.2 41.2    65.3 60.8;49.1 42.8 54.1 50.5 51.6 48.4;60.1 58.3
70.9 73.2    39.2 40.7;75.8 71.5  58.2 51 48.7 41.4];
>> [p,table,stats]=anova2(X',2)
p =
    0.0260    0.0035    0.0001
```

```
table =
    'Source'              'SS'                    'df'        'MS'           'F'
'Prob>F'
    'Columns'        [261.6750]      [ 3]      [ 87.2250]      [ 4.4174]      [0.0260]
    'Rows'           [370.9808]      [ 2]      [185.4904]      [ 9.3939]      [0.0035]
    'Interaction'    [1.7687e+003]   [ 6]      [294.7821]      [14.9288]
[6.1511e-005]
    'Error'          [236.9500]      [12]      [ 19.7458]                     []
[]
    'Total'          [2.6383e+003]   [23]              []                     []
[]
stats =
    source: 'anova2'
    sigmasq: 19.7458
    colmeans: [55.7167 49.4167 57.0667 57.7667]
        coln: 6
    rowmeans: [58.5500 56.9125 49.5125]
        rown: 8
       inter: 1
        pval: 6.1511e-005
          df: 12
```

表 4-23 重复试验测量数据

	B_1	B_2	B_3
A_1	58.2	56.2	65.3
	52.6	41.2	60.8
A_2	49.1	54.1	51.6
	42.8	50.5	48.4
A_3	60.1	70.9	39.2
	58.3	73.2	40.7
A_4	75.8	58.2	48.7
	71.5	51	41.4

计算结果如图 4-15 所示，可以看到，交互作用是非常显著的。

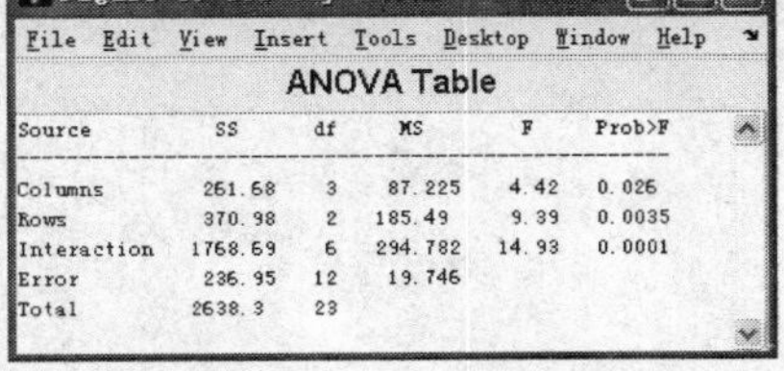

图 4-15 重复试验双因素方差分析

4.5　正交试验分析

在科学研究和生产中，经常要做很多试验，这就存在着如何安排试验和如何分析试验结果的问题。试验安排得好，试验次数不多，就能得到满意的结果；试验安排得不好，次数既多，结果还往往不能让人满意。因此，合理安排试验是一个很值得研究的问题。正交设计法就是一种科学安排与分析多因素试验的方法。它主要是利用一套现成的规格化表——正交表，来科学地挑选试验条件。正交试验方法的基础理论这里不作介绍，感兴趣的读者可以参考《应用数理统计》（韩於羹编，北京航空航天大学出版社）。

4.5.1　正交试验的极差分析

极差分析又叫直观分析法，通过计算每个因素水平下的指标最大值和指标最小值之差（极差）的大小，说明该因素对试验指标影响的大小。极差越大说明影响越大。**MATLAB** 没有专门进行正交极差分析的函数命令，下面的 M 文件是作者编写的进行正交试验极差分析的函数。

```
function [result,sum0]=zjjc(s,opt)
% 对正交试验进行极差分析，s 是输入矩阵，opt 是最优参数，其中
%若 opt=1,表示最优取最大，若 opt=2,表示最优取最小
%s=[    1     1   1     1   857;
%       1     2   2     2   951;
%       1     3   3     3   909;
%       2     1   2     3   878;
%       2     2   3     1   973;
%       2     3   1     2   899;
%       3     1   3     2   803;
%       3     2   1     3   1030;
%       3     3   2     1   927];
% s 的最后一列是各个正交组合的试验测量值，前几列是正交表

[m,n]=size(s);
 p=max(s(:,1));% 取水平数
 q=n-1;% 取列数
 sum0=zeros(p,q);
 for i=1:q
   for k=1:m
     for j=1:p
       if(s(k,i)==j)
           sum0(j,i)=sum0(j,i)+s(k,n);% 求和
       end
     end
   end
```

```
        end
 end

maxdiff=max(sum0)-min(sum0);% 求极差

result(1,:)=maxdiff;
if(opt==1)
    maxsum0=max(sum0);
    for kk=1:q
        modmax=mod(find(sum0==maxsum0(kk)),p);% 求最大水平
        if modmax==0
            modmax=p;
        end
        result(2,kk)=(modmax);
    end
else
    minsum0=min(sum0);
    for kk=1:q
        modmin=mod(find(sum0==minsum0(kk)),p);% 求最小水平
        if modmin==0
            modmin=p;
        end
        result(2,kk)=(modmin);
    end
end
```

　　例 4-17：某厂生产的油泵柱塞组合件存在质量不稳定、拉脱力波动大的问题。该组合件要求满足承受拉脱力大于 900kgf。为了寻找最优工艺条件，提高产品质量，决定进行试验。根据经验，认为柱塞头的外径、高度、倒角、收口油压（分别记为 A、B、C、D）等四个因素对拉脱力可能有影响，因此决定在试验中考查这四个因素，并根据经验，确定了各个因素的三种水平，试验方案采用 $L_9(3^4)$ 正交表，试验结果见表 4-24。试对其进行极差分析。

　　解：在命令行中输入以下命令

```
>>clear
>> s=[ 1      1  1    1  857;
    1      2  2    2  951;
    1      3  3    3  909;
    2      1  2    3  878;
    2      2  3    1  973;
```

```
       2    3    1    2    899;
       3    1    3    2    803;
       3    2    1    3   1030;
       3    3    2    1    927];
>> [result,sum0]=zjjc(s,1)
result =
      43    416    101    164
       3      2      1      3
sum0 =
          2717          2538          2786          2757
          2750          2954          2756          2653
          2760          2735          2685          2817
```

表 4-24 测量数据

	A	B	C	D	拉脱力数据
1	1	1	1	1	857
2	1	2	2	2	951
3	1	3	3	3	909
4	2	1	2	3	878
5	2	2	3	1	973
6	2	3	1	2	890
7	3	1	3	2	803
8	3	2	1	3	1030
9	3	3	2	1	927

result 的第一行是每个因素的极差，反映的是该因素波动对整体质量波动的影响大小。从结果可以看出，影响整体质量的大小顺序为 BDCA。result 的第二行是相应因素的最优生产条件，在本题中选择的是最大为最优，所以最优的生产条件是 $B_3D_2C_1A_3$。sum0 的每一行是相应因素每个水平的数据和。

4.5.2 正交试验的方差分析

极差分析简单易行，却并不能把试验中由于试验条件的改变引起的数据波动同试验误差引起的数据波动区别开来。也就是说，不能区分因素各水平间对应的试验结果的差异究竟是由于因素水平不同引起的，还是由于试验误差引起的，因此不能知道试验的精度。同时，各因素对试验结果影响的重要程度，也不能给予精确的数量估计。为了弥补这种不足，要对正交试验结果进行方差分析。

下面的 M 文件就是笔者编写的进行方差分析的函数。

```
function [result,error,errorDim]=zjfc(s,opt)
%对正交试验进行方差分析，s 是输入矩阵，opt 是空列参数向量，给出 s 中是空白列的列
```

序号
```
%s=[   1   1   1   1   1 1 1 83.4;
%      1   1   1   2   2 2 2 84;
%      1   2   2   1   1 2 2 87.3;
%      1   2   2   2   2 1 1 84.8;
%      2   1   2   1   2 1 2 87.3;
%      2   1   2   2   1 2 1 88;
%      2   2   1   1   2 2 1 92.3;
%      2   2   1   2   1 1 2 90.4;
%];
%opt=[3,7];
% s 的最后一列是各个正交组合的试验测量值，前几列是正交表
[m,n]=size(s);
p=max(s(:,1)); %取水平数
q=n-1;% 取列数
sum0=zeros(p,q);
for i=1:q
    for k=1:m
        for j=1:p
          if(s(k,i)==j)
               sum0(j,i)=sum0(j,i)+s(k,n);% 求和
          end
        end
     end
end
    totalsum=sum(s(:,n));
    ss=sum0.*sum0;
    levelsum=m/p; %水平重复数
    ss=sum(ss./levelsum)-totalsum^2/m; %每一列的 S
    ssError=sum(ss(opt));
for i=1:q
    f(i)=p-1;      %自由度
     end
    fError=sum(f(opt));  %误差自由度
    ssbar=ss./f
    Errorbar=ssError/fError;
    index=find(ssbar<Errorbar);
    index1=find(index==opt);
    index(index==index(index1))=[];% 剔除重复
```

```
ssErrorNew=ssError+sum(ss(index));   %并入误差
fErrorNew=fError+sum(f(index));   %新误差自由度
F=(ss./f)/(ssErrorNew./fErrorNew);   % F 值
errorDim=[opt,index];

errorDim=sort(errorDim);% 误差列的序号
result=[ss',f',ssbar',F'];
error=[ssError,fError;ssErrorNew,fErrorNew]
```

例 4-18： 某化工厂为提高苯酚的生产率，选了合成工艺条件中的五个因素进行研究，分别记为 A、B、C、D、E，每个因素选取两种水平，试验方案采用 $L_8(2^7)$ 正交表，试验结果见表 4-25。试对其进行极方差分析。

表 4-25　测量数据

	A	B		C	D	E		数据
	1	2	3	4	5	6	7	
1	1	1	1	1	1	1	1	83.4
2	1	1	1	2	2	2	2	84
3	1	2	2	1	1	2	2	87
4	1	2	2	2	2	1	1	84.8
5	2	1	2	1	2	1	2	87.3
6	2	1	2	2	1	2	1	88
7	2	2	1	1	2	2	1	92.3
8	2	2	1	2	1	1	2	90.4

解： 在命令行中输入以下命令：

```
>>clear
>> s=[  1  1  1  1  1 1 1 83.4;
        1  1  1  2  2 2 2 84;
        1  2  2  1  1 2 2 87.3;
        1  2  2  2  2 1 1 84.8;
        2  1  2  1  2 1 2 87.3;
        2  1  2  2  1 2 1 88;
        2  2  1  1  2 2 1 92.3;
        2  2  1  2  1 1 2 90.4;
     ];
>>opt=[3,7];
>> [result,error,errorDim]=zjfc(s,opt)
result =
    42.7813    1.0000    42.7813    127.8643
    18.3013    1.0000    18.3013     54.6986
```

0.9113	1.0000	0.9113	2.7235
1.2013	1.0000	1.2013	3.5903
0.0613	1.0000	0.0613	0.1831
4.0613	1.0000	4.0613	12.1382
0.0313	1.0000	0.0313	0.0934

```
error =
     0.9425    2.0000
     1.0038    3.0000
errorDim =
     3    5    7
```

result 中每列的含义分别是 S、f、$\overline{S}$、F；error 的两行分别为初始误差的 S、f 以及最终误差的 S、f；errorDim 给出的是正交表中误差列的序号。

由于 $F_{0.95}(1,3)=10.13$，$F_{0.99}(1,3)=34.12$，而 127.8643>34.12，54.6986>34.12，12.1382>10.13，所以 A、B 因素高度显著，E 因素显著，C 不显著。

 注意

正交试验的数据分析还有几种，比如重复试验、重复取样的方差分析、交互作用分析等，都可以在简单修改以上函数之后完成。

4.6　判别分析

在生产、科研和日常生活中经常遇到需要判别的问题，比如医学上确诊一个病人是否患有某种疾病就是一个判别问题。通常是将病人的几种症状与过去积累的大量患有该种疾病的病人的这几种症状的资料进行对照，看病人的症状是否属于患该种疾病的群体，若属于这一群体，就判断病人患有该种疾病，否则就与别的疾病资料相对照，最后确定病人所患为何种疾病。又如工业生产中，根据某种产品的一些非破坏性测试性指标判别产品的质量等级；在经济分析中，根据人均国民收入、人均农业产值、人均消费水平等指标判断一个国家的经济发展程度等。判别分析就是根据所研究的个体的某些指标的观测值来推断该个体所属类型的一种数据分析方法。它所处理的问题一般都是机理不甚清楚或者基本不了解的复杂问题。常用的判别分析方法主要有距离判别、费歇判别等。

4.6.1　距离判别

距离判别是定义一个样本到某个总体的"距离"的概念，然后根据样本到各个总体的"距离"的远近来判断样本的归属。最常用的是马氏距离，其定义如下：

X、Y 是总体 G 中抽取的样品，而 G 服从 p 维正态分布 $N_p(\mu,V)$。X、Y 两点间的距离为 $D(X,Y)$，满足 $D^2(X,Y)=(X-Y)'V^{-1}(X-Y)$。$X$、$G$ 间的距离为 $D(X,G)$，满足

$$D^2(X,G)=(X-\mu)'V^{-1}(X-\mu)。$$

对于两个协方差相同的正态总体 G_1 和 G_2，设 $x_1,x_2,\cdots,x_{n_1}$ 来自 G_1，$y_1,y_2,\cdots,y_{n_2}$ 来自 G_2。给定一个样本 X，判别函数为 $W(X)=(X-\overline{\mu})'V^{-1}(\overline{X}-\overline{Y})$，当 $W(X)>0$ 时判断 X 属于 G_1，当 $W(X)<0$ 时判断 X 属于 G_2，其中 $\overline{X}=\dfrac{1}{n_1}\sum\limits_{k=1}^{n_1}x_k$，$\overline{Y}=\dfrac{1}{n_2}\sum\limits_{k=1}^{n_2}y_k$，$S_1=\sum\limits_{k=1}^{n_1}(x_k-\overline{X})(x_k-\overline{X})'$，$S_2=\sum\limits_{k=1}^{n_2}(y_k-\overline{Y})(y_k-\overline{Y})'$，$V=\dfrac{1}{n_1+n_2-2}(S_1+S_2)$，$\overline{\mu}=\dfrac{1}{2}(\overline{X}+\overline{Y})$。

下面这个 M 文件是进行协方差相同的两总体判别分析函数。

```
function [W,d,r1,r2,alpha,r]=mpbfx(X1,X2,X)
%对两个协方差相等的样本 X1,X2 和给定的样本 X 进行距离判别分析
% W 是判别系数矩阵，前两个元素是判别系数，第三个元素是常数项
% d 是马氏距离，r1 是对 X1 的回判结果，r2 是对 X2 的回判结果
% alpha 是误判率，r 是对 X 的判别结果
miu1=mean(X1,2);
miu2=mean(X2,2);
miu=(miu1+miu2)/2;
[m,n1]=size(X1);
[m,n2]=size(X2);
 for i=1:m
     ss1(i,:)=X1(i,:)-miu1(i);
     ss2(i,:)=X2(i,:)-miu2(i);
 end
s1=ss1*ss1';
s2=ss2*ss2';
V=(s1+s2)/(n1+n2-2);
W(1:m)=inv(V)*(miu1-miu2);
W(m+1)=(-miu)'*inv(V)*(miu1-miu2);
d=(miu1-miu2)'*inv(V)*(miu1-miu2);
r1=W(1:m)*X1+W(m+1);
r2=W(1:m)*X2+W(m+1);
r1(r1>0)=1;
r1(r1<0)=2;
r2(r2>0)=1;
```

```
r2(r2<0)=2;
num1=n1-length(find(r1==1));
num2=n2-length(find(r2==2));
alpha=(num1+num2)/(n1+n2)
r=W(1:m)*X+W(m+1);
r(r>0)=1;
r(r<0)=2;
```

例 4-19： 某地区经勘探证明，A 盆地是一个钾盐矿区，B 盆地是一个钠盐（不含钾）矿区，其他盆地是否含钾盐有待判断。今从 A 和 B 两盆地各取 5 个盐泉样本，从其他盆地抽得 8 个盐泉样本，其数据见表 4-26，试对后 8 个待判盐泉进行钾性判别。

表 4-26　测量数据

盐泉类别	序号	特征 1	特征 2	特征 3	特征 4
第一类：含钾盐泉，A 盆地	1	13.85	2.79	7.8	49.6
	2	22.31	4.67	12.31	47.8
	3	28.82	4.63	16.18	62.15
	4	15.29	3.54	7.5	43.2
	5	28.79	4.9	16.12	58.1
第二类：含钠盐泉，B 盆地	1	2.18	1.06	1.22	20.6
	2	3.85	0.8	4.06	47.1
	3	11.4	0	3.5	0
	4	3.66	2.42	2.14	15.1
	5	12.1	0	15.68	0
待判盐泉	1	8.85	3.38	5.17	64
	2	28.6	2.4	1.2	31.3
	3	20.7	6.7	7.6	24.6
	4	7.9	2.4	4.3	9.9
	5	3.19	3.2	1.43	33.2
	6	12.4	5.1	4.43	30.2
	7	16.8	3.4	2.31	127
	8	15	2.7	5.02	26.1

解： 在命令行中输入以下命令

```
>>clear
>> X1=[13.85 22.31 28.82 15.29 28.79;
    2.79 4.67 4.63 3.54 4.9;
    7.8 12.31 16.18 7.5 16.12 ;
    49.6 47.8 62.15 43.2 58.1];
>>X2=[2.18 3.85 11.4 3.66 12.1;
    1.06 0.8  0    2.42 0;
```

```
      1.22 4.06 3.5 2.14 15.68;
      20.6 47.1 0 15.1 0];
>>X=[8.85 28.6 20.7 7.9 3.19 12.4 16.8 15;
     3.38 2.4  6.7  2.4  3.2 5.1  3.4 2.7;
     5.17 1.2 7.6   4.3  1.43 4.43 2.31 5.02;
     64 31.3 24.6 9.9 33.2 30.2 127 26.1];
>> [W, d, r1, r2, alpha, r]=mpbfx(X1, X2, X)
W =
    0.5034    2.2353   -0.1862    0.1259   -15.4222
d =
   18.1458
r1 =
    1    1    1    1    1
r2 =
    2    2    2    2    2
alpha =
    0
r =
    1    1    1    2    2    1    1    1
```

从结果中可以看出，$W(X) = 0.5034x_1 + 2.2353x_2 - 0.1862x_3 + 0.1259x_4 - 15.4222$，

回判结果对两个盆地的盐泉都判别正确，误判率为 0，对待判盐泉的判别结果为第 4、5 为含钠盐泉，其余都是含钾盐泉。

当两总体的协方差矩阵不相等时，判别函数取

$$W(X) = (X - \mu_2)' V_2^{-1} (X - \mu_2) - (X - \mu_1)' V_1^{-1} (X - \mu_1)$$

其中

$$V_1 = \frac{1}{n_1} S_1, \quad V_2 = \frac{1}{n_2} S_2$$

下面的 M 文件是当两总体的协方差不相等时计算函数，其用法与上一函数相似。

```
function [r1, r2, alpha, r]=mpbfx2(X1, X2, X)
X1=X1';
X2=X2';
miu1=mean(X1, 2);
miu2=mean(X2, 2);
[m, n1]=size(X1);
[m, n2]=size(X2);
[m, n]=size(X);
  for i=1:m
      ss11(i, :)=X1(i, :)-miu1(i);
```

```
        ss12(i,:)=X1(i,:)-miu2(i);
        ss22(i,:)=X2(i,:)-miu2(i);
        ss21(i,:)=X2(i,:)-miu1(i);
        ss2(i,:)=X(i,:)-miu2(i);
        ss1(i,:)=X(i,:)-miu1(i);
    end
s1=ss11*ss11';
s2=ss22*ss22';
V1=(s1)/(n1-1);
V2=(s2)/(n2-1);
for j=1:n1
    r1(j)=ss12(:,j)'*inv(V2)*ss12(:,j)-ss11(:,j)'*inv(V1)*ss11(:,j);
end
for k=1:n2
    r2(k)=ss22(:,k)'*inv(V2)*ss22(:,k)-ss21(:,k)'*inv(V1)*ss21(:,k);
end
r1(r1>=0)=1;
r1(r1<0)=2;
r2(r2>=0)=1;
r2(r2<0)=2;
num1=n1-length(find(r1==1));
num2=n2-length(find(r2==2));
alpha=(num1+num2)/(n1+n2);
for l=1:n
    r(l)=ss2(:,k)'*inv(V2)*ss2(:,k)-ss1(:,k)'*inv(V1)*ss1(:,k);
end
r(r>0)=1;
r(r<0)=2;
```

4.6.2　费歇判别

在距离判别中，当两个总体为协方差阵相同的正态分布时，可以导出一个线性判别函数，这样研究起来就很方便。费歇判别对一般总体也能导出线性判别函数，它借助于方差分析的思想来建立判别准则，既能导出线性判别函数，也能导出一般的波莱尔判别函数。

对于 m 个总体 $G_1, G_2, \cdots, G_m$，其均值和协差阵分别为 $\mu_1, \mu_2, \cdots, \mu_m$ 和 $V_1, V_2, \cdots, V_m$，则对任意一个样品 X，其线性判别函数为 $E^{-1}B$ 的最大特征值对应的特征向量，其中

$$E=\sum_{i=1}^{m}V_i，\quad B=M'(I-\frac{1}{m}J)M，\quad M=(\mu_1, \mu_2\cdots, \mu_m)'，\quad J=\begin{bmatrix} 1 & \cdots & 1 \\ \vdots & & \vdots \\ 1 & \cdots & 1 \end{bmatrix}_{m\times m}，\quad I \text{ 为 } m \text{ 阶单位矩阵。}$$

下面的 M 文件是对协方差阵相同的几个样本进行判别的函数。

```
function [u,result,num]=fisher(M,V,X)
[m,n]=size(M);
I=eye(m);
J=ones(m);
B=M'*(I-J./m)*M;
E=m*V;
[U,D]=eig(inv(E)*B);
[lamda,index]=max(sum(D));
u=U(:,index);
result=abs(X*u-M*u);
[minu,num]=min(result);
```

例 4-20: 有 4 个三维总体 G_1, G_2, G_3, G_4, 已知 $\mu_1=(2.1,1.5,0.4)'$, $\mu_2=(1.5,0.8,7.6)'$,

$\mu_3=(10.3,9.6,1.8)'$, $\mu_4=(16.5,11.7,9.8)'$, 共同的协方差阵为 $V=\begin{bmatrix} 5.92 & 1.01 & 1.24 \\ 1.01 & 2.68 & 0.85 \\ 1.24 & 0.85 & 3.47 \end{bmatrix}$

试求线性判别函数，并判断样本 $X=(8.6,8.4,3)$ 的归属。

解: 在命令行中输入以下命令:

```
>>clear
>> M=[2.1 1.5 0.4;
     1.5 0.8 7.6;
     10.3 9.6 1.8;
     16.5 11.7 9.8];
>>V=[5.92 1.01 1.24;
     1.01 2.68 0.85;
     1.24 0.85 3.47];
>>X=[8.6 8.4 3];
>> [u,result,num]=fisher(M,V,X)
u =
   -0.4485
   -0.8660
    0.2212
result =
    8.3150
   10.7833
    2.0671
    4.8961
```

```
num =
     3
```

从计算结果可以看到，费歇线性判别函数为 $u(X) = -0.4485x_1 - 0.866x_2 + 0.2212x_3$，result 是将样本代入后算得的差值 $|u'X - u'\mu_i|$，其中的最小值是 2.0671，num 给出的就是它所在的位置。可以判定，$X \in G_3$。

4.7　多元数据相关分析

多元数据相关分析主要就是研究随机向量之间的相互依赖关系，比较实用的主要有主成分分析和典型相关分析。

4.7.1　主成分分析

主成分分析是将多个指标化为少数指标的一种多元数据处理方法。

设有某个 p 维总体 G，它的每个样品都是一个 p 维随机向量的一个实现，就是说每个样品都测得 p 个指标，这 p 个指标之间往往互有影响。能否将这 p 个指标综合成很少几个综合性指标，而且这几个综合性指标既能充分反映原有指标的信息，它们彼此之间还相互无关？回答是肯定的，这就是主成分分析要完成的工作。

设 $X = (x_1, x_2, \cdots, x_p)'$ 为 p 维随机向量，V 是协方差阵。若 V 是非负定阵，则其特征根皆是非负实数，将它们依大小顺序排列 $\lambda_1 \geq \lambda_2 \geq \cdots \geq \lambda_p \geq 0$，并设前 m 个为正，且 λ_1，λ_2，$\cdots$，λ_m 相应的特征向量为 a_1，a_2，$\cdots$，a_m，则 $a_1'X$，$a_2'X$，$\cdots$，$a_m'X$ 分别为第 1、2、$\cdots$、m 个主成分。

下面的 M 文件是对矩阵 X 进行主成分分析的函数。

```
function [F,rate,maxlamda]=mainfactor(X)
[n,p]=size(X);
meanX=mean(X);
varX=var(X);
for i=1:p
    for j=1:n
    X0(j,i)=(X(j,i)-meanX(i))/((varX(i))^0.5);
    end
end
V=corrcoef(X0);
[VV0,lamda0]=eig(V);
lamda1=sum(lamda0);
lamda=lamda1(find(lamda1>0));
VV=VV0(:,find(lamda1>0));
k=1;
```

```
while(k<=length(lamda))
    [maxlamda(k),I]=max(lamda);
    maxVV(:,k)=VV(:,I);
    lamda(I)=[];
    VV(:,I)=[];
    k=k+1;
end
lamdarate=maxlamda/sum(maxlamda)
rate=(zeros(1,length(maxlamda)));
for l=1:length(maxlamda)
    F(:,l)=maxVV(:,l)'*X';
    for m=1:1
    rate(l)=rate(l)+lamdarate(m);
    end
end
```

例 4-21：对例 4-13 中的自变量数据进行主成分分析。

解：在命令行中输入以下命令：

```
>>clear
>> X=[ 19.5 24.7 30.7 29.8   19.125.631.427.922.125.5 31.1   30.418.719.7
14.629.527.730.222.725.2;  43.1 49.851.954.342.253.958.652.149.953.5   56.6
56.746.544.242.754.455.358.648.251; 29.1  28.2  37  31.130.923.727.630.6
23.224.8 30 28.323  28.621.330.125.624.627.127.5 ];
>> [F,rate,maxlamda]=mainfactor(X)
F =
   113.2766    13.1191     1.1560     6.5183     0.3613
   229.0117    17.3767     2.2080     5.0724     0.4814
   123.3809    -7.1538     0.4702     5.7693     0.2179
rate =
     0.9681     1.0000     1.0000     1.0000     1.0000
maxlamda =
    19.3620     0.6380     0.0000     0.0000     0.0000
```

结果中，maxlamda 是从大到小排列的协方差阵特征值，rate 是每个主成分的贡献率，F 是对应的主成分。可以看到，第一个主成分的贡献就达到了 0.9681。

4.7.2　典型相关分析

主成分分析是在一组数据内部进行成分提取，使所提取的主成分尽可能地携带原数据的信息，能对原数据的变异情况具有最强的解释能力。本节要介绍的典型相关分析是对两组数据进行分析，分析它们之间是否存在相关关系。它分别从两组数据中提取相关性最大的两个成分，通过测定这两个成分之间的相关关系，来推测两个数据表之间的相关关系。典型相关分析有着重要的应用背景，例如：在宏观经济分析中，研究国民经济的投入要素与产出要素这两组变量之间的联系情况；在市场分析中，研究销售情况与产品性能之间的关系等。

对于两组数据表 $X_{n\times p}$ 和 $Y_{n\times q}$，有

$$V_1 = (X'X)^{-1}X'Y(Y'Y)^{-1}Y'X \quad , \quad V_2 = (Y'Y)^{-1}Y'X(X'X)^{-1}X'Y$$

V_1、V_2 的特征值是相同的，则对应它们最大特征值的特征向量 $\mathbf{a}_1, \mathbf{b}_1$ 就是 X 和 Y 的第一典型主轴，$F_1 = X\mathbf{a}_1$ 和 $G_1 = X\mathbf{b}_1$ 是第一典型成分，依此类推。

下面的 M 文件就是对 X 和 Y 进行典型相关分析的函数。

```
function [maxVV1,maxVV2,F,G]=dxxg(X,Y)
[n,p]=size(X);
[n,q]=size(Y);
meanX=mean(X);
varX=var(X);
meanY=mean(Y);
varY=var(Y);
for i=1:p
    for j=1:n
    X0(j,i)=(X(j,i)-meanX(i))/((varX(i))^0.5);
    end
end
for i=1:q
    for j=1:n
    Y0(j,i)=(Y(j,i)-meanY(i))/((varY(i))^0.5);
    end
end
V1=inv(X0'*X0)*X0'*Y0*inv(Y0'*Y0)*Y0'*X0;
V2=inv(Y0'*Y0)*Y0'*X0*inv(X0'*X0)*X0'*Y0;
[VV1,lamda1]=eig(V1);
[VV2,lamda2]=eig(V2);
lamda11=sum(lamda1);
lamda21=sum(lamda2);
k=1;
while(k<=(length(lamda1))^0.5)
    [maxlamda1(k),I]=max(lamda11);
    maxVV1(:,k)=VV1(:,I);
    lamda11(I)=[];
    VV1(:,I)=[];
     [maxlamda2(k),I]=max(lamda21);
```

```
        maxVV2(:,k)=VV2(:,I);
          lamda21(I)=[];
        VV2(:,I)=[];
        k=k+1;
    end
F=X0*maxVV1;
G=Y0*maxVV2;
```

例 4-22： 对例 4-14 中的自变量数据进行典型相关分析。

解： 在命令行中输入以下命令：

```
>> syms X
>> X=[191 36 50; 189 37 52; 193 38 58; 162 35 62; 189 35 46; 182 36 56; 211 38
56; 167 34 60; 176 31 74; 154 33 56; 169 34 50; 166 33 52; 154 34 64; 247 46 50; 193
36 46; 202 37 62; 176 37 54; 157 32 52; 156 33 54; 138 33 68];
    Y=[5 162 60; 2 110 60; 12 101 101; 12 105 37; 13 155 58; 4 101 42; 8 101 38; 6 125
40; 15 200 40; 17 251 250; 17 120 38; 13 210 115; 14 215 105; 1 50 50 ; 6 70 31; 12
210 120; 4 60 25; 11 230 80; 15 225 73; 2 110 43];
>> [maxVV1,maxVV2,F,G]=dxxg(X,Y)
maxVV1 =
        0.4405      -0.8429      -0.1616
       -0.8971       0.5281       0.4282
        0.0336      -0.1034       0.8891
maxVV2 =
       -0.2645      -0.3314      -0.7046
       -0.7976       0.1090       0.6721
        0.5421       0.9372      -0.2276
F =
        0.0247      -0.2369      -0.7531
       -0.2819      -0.0324      -0.3597
       -0.4627      -0.0900       0.4877
       -0.1566       0.4161       0.7827
        0.2506      -0.2762      -1.3670
       -0.1079      -0.0157       0.0456
       -0.1510      -0.6758       0.1233
        0.2035       0.1092       0.3696
        1.2698      -0.8936       1.6359
        0.2331       0.4454      -0.1723
        0.1926       0.1843      -0.8766
        0.4286       0.0931      -0.7440
       -0.0098       0.4956       0.9480
```

−1.7782	−0.4993	0.2176
0.0417	−0.2478	−1.2595
−0.0034	−0.6195	0.7883
−0.5045	0.3827	−0.0280
0.5482	0.2354	−0.8189
0.2595	0.4058	−0.4320
0.0036	0.8195	1.4122

G =

−0.0960	0.1193	0.8156
0.7170	0.2168	0.6568
0.7649	0.3237	−0.9547
0.0373	−0.8391	−0.6277
−0.4281	−0.4309	−0.3171
0.5414	−0.2532	0.3735
0.2990	−0.5770	−0.1419
0.1142	−0.3733	0.3736
−1.2921	−0.8069	−0.0204
0.1779	2.9947	−0.6711
−0.3935	−1.1081	−1.1374
−0.5266	0.7067	0.0208
−0.7461	0.4700	−0.0144
1.4262	−0.0078	0.1900
0.7202	−0.6336	−0.1773
−0.4237	0.8608	0.1319
0.8843	−0.6353	0.0085
−1.0515	0.2272	0.6575
−1.2619	−0.1602	0.1017
0.5373	−0.0939	0.7323

maxVV1 和 maxVV2 为 X 和 Y 的典型主轴，F 和 G 为 X 和 Y 的典型成分。

4.8　MATLAB 数理统计基础

MATLAB 的数理统计工具箱是 MATLAB 工具箱中较为简单的一个，其涉及的数学知识是大家都很熟悉的数理统计，比如求均值与方差等。因此在本章中，我们将对 MATLAB 数理统计工具箱中的一些函数进行简单介绍。

4.8.1　样本均值

MATLAB 中计算样本均值的函数为 mean，其调用格式见表 4-27。

表 4-27   mean 调用格式

调用格式	说 明
M = mean(A)	如果 A 为向量，输出 M 为 A 中所有参数的平均值；如果 A 为矩阵，输出 M 是一个行向量，其每一个元素是对应的列的元素的平均值
M = mean(A,dim)	按指定的维数求平均值

MATLAB 还提供了表 4-28 中的其他几个求平均数的函数，调用格式与 mean 函数相似。

表 4-28   mean 调用格式

函数	说 明
nanmean	求算术平均
geomean	求几何平均
harmmean	求和谐平均
trimmean	求调整平均

例 4-23：

```
>> A=[5 3 9 8 7 3;1 5 3 6 7 8];
>> mean(A)
ans =
    3.0000    4.0000    6.0000    7.0000    7.0000    5.5000
>> mean(A,2)
ans =
    5.8333
    5.0000
>> nanmean(A)
ans =
    3.0000    4.0000    6.0000    7.0000    7.0000    5.5000
>> geomean(A)
ans =
    2.2361    3.8730    5.1962    6.9282    7.0000    4.8990
>> harmmean(A)
ans =
    1.6667    3.7500    4.5000    6.8571    7.0000    4.3636
>> trimmean(A,1)
ans =
    3.0000    4.0000    6.0000    7.0000    7.0000    5.5000
```

4.8.2   样本方差与标准差

MATLAB 中计算样本方差的函数为 var，其调用格式见表 4-29。

MATLAB 中计算样本标准差的函数为 std，其调用格式见表 4-30。

表 4-29　var 调用格式

调用格式	说　明
V = var(X)	如果 X 是向量，输出 V 是 X 中所有元素的样本方差；如果 X 是矩阵，输出 V 是行向量，其每一个元素是对应列的元素的样本方差，这里使用的是 n−1 标准化
V = var(X,1)	使用 n 标准化，即按二阶中心矩的方式计算
V = var(X,w)	w 是权重向量，其元素必须为正，长度与 X 匹配
V = var(X,w,dim)	dim 指定计算维数

表 4-30　std 调用格式

调用格式	说　明
s = std(X)	按照样本方差的无偏估计计算样本标准差，如果 X 是向量，输出 s 是 X 中所有元素的样本标准差；如果 X 是矩阵，输出 s 是行向量，其每一个元素是对应列的元素的样本标准差
s = std(X,flag)	如果 flag 为 0，同上；如果 flag 为 1，按照二阶中心矩的方式计算样本标准差
s = std(X,flag,dim)	dim 指定计算维数

例 4-24： 已知某批灯泡的寿命服从正态分布 $N(\mu, \sigma^2)$，今从中抽取 4 只进行寿命试验，测得数据如下（单位：h）：1502，1453，1367，1650

试估计参数 μ 和 σ。

解： 在命令行中输入以下命令：

```
>>clear
>> A=[1502, 1453, 1367, 1650];
>> miu=mean(A)
miu =
        1493
>> sigma=var(A, 1)
sigma =
  1.0552e+004
>> sigma^0.5
ans =
  102.7205
>> sigma2=std(A, 1)
sigma2 =
  102.7205
```

可以看出，两个估计值分别为 1493 和 102.7205，在这里我们使用的是二阶中心矩。

4.8.3　协方差和相关系数

MATLAB 中计算协方差的函数为 cov，其调用格式见表 4-31。

MATLAB 中计算相关系数的函数为 corrcoef，其调用格式见表 4-32。

表 4-31 cov 调用格式

调用格式	说 明
cov(x)	x 为向量时，计算其方差；x 为矩阵时，计算其协方差矩阵，其中协方差矩阵的对角元素是 x 矩阵的列向量的方差，使用的是 n−1 标准化
cov(x,y)	计算 x、y 的协方差矩阵，要求 x、y 维数相同
cov(x,1)	使用的是 n 标准化
cov(x,y,1)	使用的是 n−1 标准化

表 4-32 corrcoef 调用格式

调用格式	说 明
R = corrcoef(X)	计算矩阵 X 的列元的相关系数矩阵 R
R = corrcoef(x,y)	计算列向量 x、y 的相关系数矩阵 R
[R,P]=corrcoef(...)	P 返回的是不相关的概率矩阵
[R,P,RLO,RUP]=corrcoef(...)	RLO、RUP 分别是相关系数 95%置信度的估计区间上、下限

例 4-25：

```
>> A = [-1 1 2 ; -2 3 1 ; 4 0 3];
>> cov(A)
ans =
    10.3333    -4.1667    3.0000
    -4.1667     2.3333   -1.5000
     3.0000    -1.5000    1.0000
>> corrcoef(A)
ans =
    1.0000    -0.8486    0.9333
   -0.8486     1.0000   -0.9820
    0.9333    -0.9820    1.0000
```

4.8.4 数据比较

MATLAB 提供了很多对统计数据的大小或中值进行查找的函数，见表 4-33。

例 4-26：

```
>> A=[136.5 138.5 140.3 112.7 88 93 154.2];
>> max(A)
ans =
  154.2000
>> min(A)
ans =
    88
>> median(A)
```

```
ans =
    136.5000
>> sort(A)
ans =
    88.0000    93.0000    112.7000    136.5000    138.5000    140.3000    154.2000
>> range(A)
ans =
    66.2000
```

表 4-33　数据比较函数

函数	说　明
max	求最大值
nanmax	求忽略 NaN 的最大值
min	求最小值
nanmin	求忽略 NaN 的最小值
median	求中值
nanmedian	求忽略 NaN 的中值
mad	求绝对差平均值
sort	由小到大排序
sortrows	按首行进行排序
range	求值范围，即最大值与最小值的差

例 4-27：

```
>> A = floor(rand(6,7) * 100);
>> A(1:4,1)=95;  A(5:6,1)=76;  A(2:4,2)=7;  A(3,3)=73
A =
    95    27    95    79    67    70    69
    95     7    48    95    75     3    31
    95     7    73    65    74    27    95
    95     7    14     3    39     4     3
    76    15    42    84    65     9    43
    76    97    91    93    17    82    38
>> sortrows(A)
ans =
    76    15    42    84    65     9    43
    76    97    91    93    17    82    38
    95     7    14     3    39     4     3
    95     7    48    95    75     3    31
    95     7    73    65    74    27    95
    95    27    95    79    67    70    69
```

```
>> sortrows(A, 1)
ans =
    76    15    42    84    65     9    43
    76    97    91    93    17    82    38
    95    27    95    79    67    70    69
    95     7    48    95    75     3    31
    95     7    73    65    74    27    95
    95     7    14     3    39     4     3
>> sortrows(A, [1 7])
ans =
    76    97    91    93    17    82    38
    76    15    42    84    65     9    43
    95     7    14     3    39     4     3
    95     7    48    95    75     3    31
    95    27    95    79    67    70    69
    95     7    73    65    74    27    95
```

4.8.5 数据累积与累和

MATLAB 提供了很多对统计数据的大小或中值进行查找的函数，见表 4-34。

表 4-34 数据累积与累和函数

函数	说明
sum	求累和
nansum	忽略 NaN 求累和
cumsum	求此元素位置以前的元素和
cumtrapz	求梯形累和
cumprod	求当前元素与所有前面元素的积

例 4-28：

```
>> A = floor(rand(6,7) * 100);
A(1:4, 1)=95;  A(5:6, 1)=76;  A(2:4, 2)=7;  A(3, 3)=73;
>> sum(A)
ans =
   532   172   247   403   215   275   338
>> sum(A, 2)
ans =
   447
   260
   366
   347
```

```
      449
      313
>> cumtrapz(A)
ans =
        0          0          0          0          0          0          0
  95.0000    38.5000    30.0000    50.0000    33.5000    52.5000    54.0000
 190.0000    45.5000    91.0000    87.5000    47.0000   110.5000    95.0000
 285.0000    52.5000   144.5000   147.0000    66.5000   173.5000   154.0000
 370.5000    88.5000   190.5000   226.0000   121.0000   200.0000   224.5000
 446.5000   129.0000   230.5000   318.0000   175.5000   222.0000   280.5000
```

第 **5** 章

矩阵分析

MATLAB 中所有的数值功能都是以矩阵为基本单元进行的，其矩阵运算功能可谓是全面、强大。本章将对矩阵及其运算进行详细介绍。

- ◉ 矩阵的建立及其运算
- ◉ 矩阵的特征值计算
- ◉ 矩阵的对角化分析与矩阵变换
- ◉ 矩阵的分解
- ◉ 利用矩阵进行线性方程组的求解

5.1 特征值与特征向量

矩阵运算是线性代数中极其重要的部分。通过本书第 2 章的学习，我们已经知道了如何利用 MATLAB 对矩阵进行一些基本的运算，本节主要学一下如何用 MATLAB 求矩阵的特征值与特征向量。物理、力学和工程技术中的很多问题在数学上都归结为求矩阵的特征值问题，例如，振动问题（桥梁的振动、机械的振动、电磁振荡、地震引起的建筑物的振动等）、物理学中某些临界值的确定等。

5.1.1 标准特征值与特征向量问题

对于方阵 $A \in R^{n \times n}$，多项式

$$f(\lambda) = \det(\lambda I - A)$$

称为 A 的特征多项式，它是关于 λ 的 n 次多项式。方程 $f(\lambda) = 0$ 的根称为矩阵 A 的特征值；设 λ 为 A 的一个特征值，方程组

$$(\lambda I - A)x = 0$$

的非零解（也即 $Ax = \lambda x$ 的非零解）x 称为矩阵 A 对应于特征值 λ 的特征向量。

在 MATLAB 中求矩阵特征值与特征向量的命令是 eig，该命令的具体使用格式见表 5-1。

表 5-1　eig 命令的使用格式

调用格式	说　明
lambda=eig(A)	返回由矩阵 A 的所有特征值组成的列向量 lambda
[V,D]=eig(A)	求矩阵 A 的特征值与特征向量，其中 D 为对角矩阵，其对角元素为 A 的特征值，相应的特征向量为 V 的相应列向量
[V,D]=eig(A,'nobalance')	在求解矩阵特征值对特征向量之前，不进行平衡处理（见下面解释）

对于上面的调用格式，需要说明的是最后一个，所谓平衡处理是指先求矩阵 A 的一个相似矩阵 B，然后通过求 B 的特征值来得到 A 的特征值（因为相似矩阵的特征值相等）。这种处理可以提高特征值与特征向量的计算精度，但有时这种处理会破坏某些矩阵的特性，这时就可用上面的命令来取消平衡处理。如用了平衡处理，那么其中的相似矩阵以及平衡矩阵可以通过 balance 命令来得到，该命令的具体使用格式见表 5-2。

表 5-2　balance 命令的使用格式

调用格式	说　明
[T,B]=balance(A)	求相似变换矩阵 T 和平衡矩阵 B，满足 $B = T^{-1}AT$
B = balance(A)	求平衡矩阵 B

例 5-1：求矩阵 $A = \begin{bmatrix} 1 & -8 & 4 & 2 \\ 3 & -5 & 7 & 9 \\ 0 & 2 & 8 & -1 \\ 3 & 0 & -4 & 8 \end{bmatrix}$ 的特征值与特征向量，并求出相似矩阵 T 及平衡矩阵 B。

解：MATLAB 程序如下：

```
>> A=[1 -8 4 2;3 -5 7 9;0 2 8 -1;3 0 -4 8];
>> [V,D]=eig(A)                    %求矩阵 A 的特征值与特征向量
V =
   -0.8113    -0.8859    -0.3917    -0.2890
   -0.5361     0.1847     0.4465     0.3113
    0.0967     0.0088    -0.0940    -0.3460
    0.2123     0.4253     0.7990     0.8366


D =
   -5.2863          0          0          0
         0     1.6682          0          0
         0          0     7.0000          0
         0          0          0     8.6181
>> [T,B]=balance(A)                %求相似矩阵 T 及平衡矩阵 B
T =
    1.0000          0          0          0
         0     1.0000          0          0
         0          0     0.5000          0
         0          0          0     0.5000


B =
    1.0000    -8.0000     2.0000     1.0000
    3.0000    -5.0000     3.5000     4.5000
         0     4.0000     8.0000    -1.0000
    6.0000          0    -4.0000     8.0000
```

因为矩阵的特征值即为其特征多项式的根,从而我们可以用求多项式根的方法来求特征值。具体的作法是先用 poly 命令求出矩阵 A 的特征多项式,再利用多项式的求根命令 roots 求出该多项式的根。

poly 命令的使用格式见表 5-3。

表 5-3　poly 命令的使用格式

调用格式	说　明
c=poly(A)	返回由 A 的特征多项式系数组成的行向量
c=poly(r)	返回由以 r 中元素为根的特征多项式系数组成的行向量

roots 命令的使用格式为:

◆ roots(c)　返回由多项式 c 的根组成的列向量,若 c 有 n+1 个元素,则与 c 对应的多项
为:$c_1 x^n + \cdots + c_n x^n + c_{n+1}$。

例 5-2:用求特征多项式之根的方法来求上例中矩阵 A 的特征值。

解： MATLAB 程序如下：

```
>> A=[1 -8 4 2;3 -5 7 9;0 2 8 -1;3 0 -4 8];
>> c=poly(A)
c =
    1.0000  -12.0000   -5.0000  356.0000 -532.0000
>> lambda=roots(c)   %求 c 对应的多项式的根，结果与上例是一样的
lambda =
   -5.2863
    8.6181
    7.0000
    1.6682
```

 注意

在实际应用中，如果要求计算精度比较高，那么最好不要用上面的方法求特征值，相同情况下，eig 命令求得的特征值更准确、精度更高。

5.1.2 广义特征值与特征向量问题

上面的特征值与特征向量问题都是《线性代数》中所学的，在《矩阵论》中，还有广义特征值与特征向量的概念。求方程组

$$Ax = \lambda Bx$$

的非零解（其中 A、B 为同阶方阵），其中的 λ 值和向量 x 分别称为广义特征值和广义特征向量。在 MATLAB 中，这种特征值与特征向量同样可以利用 eig 命令求得，只是格式有所不同。

用 eig 命令求广义特征值和广义特征向量的格式见表 5-4。

表 5-4 eig 命令求广义特征值（向量）的使用格式

调用格式	说　明
lambda = eig(A,B)	返回由广义特征值组成的向量 lambda
[V,D] = eig(A,B)	返回由广义特征值组成的对角矩阵 D 以及相应的广义特征向量矩阵 V
[V,D] = eig(A,B,flag)	用 flag 指定的算法计算特征值矩阵 D 和特征向量矩阵 V，flag 的可能值为：'chol' 表示对 B 使用楚列斯基(Cholesky)分解算法，其中 A 为对称埃米特(Hermite)矩阵，B 为正定阵。'qz' 表示使用 QZ 算法，其中 A、B 为非对称或非埃尔米特矩阵

例 5-3： 例 5-1 中的矩阵 A 以及矩阵 $B = \begin{bmatrix} 1 & 0 & 2 & 3 \\ 0 & 3 & 5 & 2 \\ 1 & 1 & 0 & 6 \\ 5 & 7 & 8 & 2 \end{bmatrix}$，求义特征值和广义特征向量。

解： MATLAB 程序如下：

```
>> A=[1 -8 4 2;3 -5 7 9;0 2 8 -1;3 0 -4 8];
>> B=[1 0 2 3;0 3 5 2;1 1 0 6;5 7 8 2];
```

```
>> [V, D]=eig(A, B)
V =
      0.5936    -1.0000    -1.0000    -0.7083
      0.0379    -0.0205    -0.0579    -0.8560
      0.7317     0.0624     0.4825     1.0000
     -1.0000     0.2940     0.5103     0.5030


D =
     -1.2907          0          0          0
          0     0.2213          0          0
          0          0     1.6137          0
          0          0          0     3.9798
```

5.1.3 部分特征值问题

在一些工程及物理问题中，通常我们只需要求出矩阵 A 的按模最大的特征值（称为 A 的主特征值）和相应的特征向量，这些求部分特征值问题可以利用 eigs 命令来实现。

eigs 命令的常用格式见表 5-5。

表 5-5   eigs 命令的使用格式

调用格式	说 明
lambda=eigs(A)	求矩阵 A 的 6 个最大特征值，并以向量 lambda 形式存放
lambda = eigs(A,k)	返回矩阵 A 的 k 个最大特征值
lambda = eigs(A,k,sigma)	根据 sigma 的取值来求 A 的部分特征值，其中 sigma 的取值及相关说明见表 5-6
lambda = eigs(Afun,k)	求用 M 文件 Afun.m 生成的矩阵 A 的 k 个最大模特征值
lambda = eigs(Afun,k,sigma)	根据 sigma 的取值来求由 M 文件 Afun.m 生成的矩阵 A 的 k 个最大模特征值，其中 sigma 的取值同上表

表 5-6   sigma 取值及说明

sigma 取值	说 明
'lm'	求按模最大的 k 个特征值
'sm'	求按模最小的 k 个特征值
'la'	对实对称问题求 k 个最大特征值
'sa'	对实对称问题求 k 个最小特征值
'lr'	对非实对称和复数问题求 k 个最大实部特征值
'sr'	对非实对称和复数问题求 k 个最小实部特征值
'li'	对非实对称和复数问题求 k 个最大虚部特征值
'si'	对非实对称和复数问题求 k 个最小虚部特征值

例 5-4: 求矩阵 $A = \begin{bmatrix} 1 & 2 & -3 & 4 \\ 0 & -1 & 2 & 1 \\ -2 & 0 & 3 & 5 \\ 1 & 1 & 0 & 1 \end{bmatrix}$ 的按模最大与最小特征值。

解: MATLAB 程序如下:

```
>> A=[1 2 -3 4;0 -1 2 1;-2 0 3 5;1 1 0 1];
>> d_max=eigs(A,1)        %求按模最大特征值
Iteration 1: a few Ritz values of the 4-by-4 matrix:
     0
     0

d_max =
    3.9402
>> d_min=eigs(A,1,'sm')        %求按模最小特征值
Iteration 1: a few Ritz values of the 4-by-4 matrix:
     0
     0

d_min =
    -1.2260
```

同 eig 命令一样,eigs 命令也可用于求部分广义特征值,相应的使用格式见表 5-7。

表 5-7　eigs 命令求部分广义特征值的使用格式

调用格式	说　明
lambda = eigs(A,B)	求矩阵的广义特征值问题,满足 AV=BVD,其中 D 为特征值对角阵,V 为特征向量矩阵,B 必须是对称正定或埃尔米特矩阵
lambda = eigs(A,B,k)	求 A、B 对应的 k 个最大广义特征值
lambda = eigs(A,B,k,sigma)	根据 sigma 的取值来求 k 个相应广义特征值,其中 sigma 的取值见表 5-6
lambda = eigs(Afun,k,B)	求 k 个最大广义特征值,其中矩阵 A 由 Afun.m 生成

例 5-5: 对于例 5-4 中的矩阵 A 以及 $B = \begin{bmatrix} 3 & 1 & 4 & 2 \\ 1 & 14 & -3 & 3 \\ 4 & -3 & 19 & 1 \\ 2 & 3 & 1 & 2 \end{bmatrix}$,求最大与最小的两个广义特征值。

解: MATLAB 程序如下:

```
>> A=[1 2 -3 4;0 -1 2 1;-2 0 3 5;1 1 0 1];
>> B=[3 1 4 2;1 14 -3 3;4 -3 19 1;2 3 1 2];
>> d1=eigs(A,B,2)
Iteration 1: a few Ritz values of the 4-by-4 matrix:
     0
```

```
       0
       0

d =

    -8.1022
     1.2643

>> d2=eigs(A,B,2,'sm')
Iteration 1: a few Ritz values of the 4-by-4 matrix:
       0
       0
       0

d =

    -0.0965
     0.3744
```

5.2 矩阵对角化

矩阵对角化是《线性代数》中较为重要的内容，因为它在实际中可以大大简化矩阵的各种运算；在解线性常微分方程组时，一个重要的方法就是矩阵对角化。为了表述更加清晰，我们将本节分为两部分：第一部分简单介绍一下矩阵对角化方面的理论知识；第二部分主要讲如何利用 MATLAB 将一个矩阵对角化。

5.2.1 预备知识

对于矩阵 $A \in C^{n \times n}$，所谓的矩阵对角化就是找一个非奇异矩阵 P，使得

$$P^{-1}AP = \begin{bmatrix} \lambda_1 & & \\ & \ddots & \\ & & \lambda_n \end{bmatrix}$$

其中，$\lambda_1, \cdots, \lambda_n$ 为 A 的 n 个特征值。并非每个矩阵都是可以对角化的，下面的三个定理给出了矩阵对角化的条件：

定理 1：n 阶矩阵 A 可对角化的充要条件是 A 有 n 个线性无关的特征向量。

定理 2：矩阵 A 可对角化的充要条件是 A 的每一个特征值的几何重复度等于代数重复度。

定理 3：实对称矩阵 A 总可以对角化，且存在正交矩阵矩阵 P 使得

$$P^{\mathrm{T}}AP = \begin{bmatrix} \lambda_1 & & \\ & \ddots & \\ & & \lambda_n \end{bmatrix}$$

其中，$\lambda_1, \cdots, \lambda_n$ 为 A 的 n 个特征值。

在矩阵对角化之前，必须要判断这个矩阵是否可以对角化，MATLAB 中没有判断一个矩阵是否可以对角化的程序，我们可以根据上面的定理 1 来编写一个判断矩阵对角化的函数。代码如下：

```
function y=isdiag(A)
% 该函数用来判断矩阵 A 是否可以对角化
% 若返回值为 1 则说明 A 可以对角化，若返回值为 0 则说明 A 不可以对角化

[m,n]=size(A);                    % 求矩阵 A 的阶数
if m~=n                           % 若 A 不是方阵则肯定不能对角化
    y=0;
    return;
else
    [V,D]=eig(A);
    if rank(V)==n                 % 判断 A 的特征向量是否线性无关
        y=1;
        return;
    else
        y=0;
    end
end
end
```

例 5-6： 利用上面的函数判断矩阵 $A = \begin{bmatrix} 1 & 2 & 0 & -4 \\ 5 & 0 & 7 & 0 \\ 2 & 3 & 1 & 0 \\ 0 & 1 & 1 & -1 \end{bmatrix}$ 是否可以对角化。

解： MATLAB 程序如下：

```
>> A=[1 2 0 -4;5 0 7 0;2 3 1 0;0 1 1 -1];
>> y=isdiag(A)
y =
    1
```

由此可知此例中的矩阵可以对角化。

5.2.2　具体操作

上一小节我们主要讲了对角化理论中的一些基本知识，并给出了判断一个矩阵是否可对角

化的函数源程序，本小节主要讲一下对角化的具体操作。

事实上，这种对角化我们可以通过 eig 命令来实现。对于一个方阵 A，注意到用[V,D]=eig(A)求出的特征值矩阵 D 以及特征向量矩阵 V 满足下面的关系：

$$AV=DV=VD$$

若 A 可对角化，那么矩阵 V 一定是可逆的，因此我们可以在上式的两边分别左乘V^{-1}，即有

$$V^{-1}AV=D$$

也就是说若 A 可对角化，那么利用 eig 求出的 V 即为上一小节中的 P。这种方法需要注意的是求出的 P 的列向量长度均为 1，读者可以根据实际情况来相应给这些列乘以一个非零数。下面给出将一个矩阵对角化的函数源代码。

```
function [P,D]=reduce_diag(A)
% 该函数用来将一个矩阵 A 对角化
% 输出变量为矩阵 P，满足 inv(P)*A*P=diag(lambda_1,...,1.lambda_n)

if ~isdiag(A)          % 判断矩阵 A 是否可化为对角矩阵
    error('该矩阵不能对角化！');
else
    disp('注意：将下面的矩阵 P 的任意列乘以任意非零数所得矩阵仍满足
inv(P)*P*A=D');
    [P,D]=eig(A);
end
```

例 5-7：将上例中的矩阵 A 化为对角矩阵，并求出变换矩阵，使其列向量长度分别为10,20,30,40。

解：MATLAB 程序如下：

```
>> A=[1 2 0 -4;5 0 7 0;2 3 1 0;0 1 1 -1];
>> [P,D]=reduce_diag(A)
```

注意：将下面的矩阵 P 的任意列乘以任意非零数所得矩阵仍满足 inv(P)*P*A=D

```
P =
    0.1646     0.5575    -0.3936     0.6922
    0.7937    -0.5168     0.8548     0.0264
    0.5523    -0.5324    -0.3060    -0.5017
    0.1948    -0.3724    -0.1441     0.5181

D =
    5.9078         0         0         0
         0    1.8177         0         0
         0         0   -4.8081         0
         0         0         0   -1.9174
>> P(:,1)=10*P(:,1);
```

```
>> P(:,2)=20*P(:,2);
>> P(:,3)=30*P(:,3);
>> P(:,4)=40*P(:,4);
>> P
P =
    16.4637   111.5012   -11.8081    27.6898
    79.3691  -103.3576    25.6439     1.0553
    55.2254  -106.4827    -9.1796   -20.0675
    19.4844   -74.4723    -4.3235    20.7234
>> inv(P)*A*P
ans =
     5.9078     0.0000    -0.0000     0.0000
    -0.0000     1.8177    -0.0000     0.0000
    -0.0000     0.0000    -4.8081     0.0000
    -0.0000     0.0000     0.0000    -1.9174
```

对于复矩阵，将其化为对角矩阵的操作步骤与上面的操作是一样的。若矩阵 A 为实对称矩阵，那么所求出的 P 一定为正交矩阵，从而满足定理 3，见下例：

例 5-8： 找一个正交换矩阵，将实对称矩阵 $A = \begin{bmatrix} 1 & 2 & 3 \\ 2 & 4 & 5 \\ 3 & 5 & 1 \end{bmatrix}$ 化为对角矩阵。

解： MATLAB 程序如下：

```
>> clear
>> A=[1 2 3;2 4 5;3 5 1];
>> [P,D]=reduce_diag(A)
```

注意：将下面的矩阵 P 的任意列乘以任意非零数所得矩阵仍满足 inv(P)*P*A=D。

```
P =
     0.3588     0.8485     0.3891
     0.4636    -0.5238     0.7147
    -0.8102     0.0760     0.5813
D =
    -3.1898          0          0
         0     0.0342          0
         0          0     9.1555
>> P'*A*P
ans =
    -3.1898     0.0000    -0.0000
     0.0000     0.0342    -0.0000
    -0.0000    -0.0000     9.1555
```

5.3 若尔当 (Jordan) 标准形

若尔当标准形在工程计算，尤其是在控制理论中有着重要的作用，因此求一个矩阵的若尔当标准形就显得尤为重要了。强大的 MATLAB 提供了求若尔当标准形的命令。

5.3.1 若尔当 (Jordan) 标准形介绍

称 n_i 阶矩阵

$$J_i = \begin{bmatrix} \lambda_i & 1 & & \\ & \lambda_i & \ddots & \\ & & \ddots & 1 \\ & & & \lambda_i \end{bmatrix}$$

为若尔当块。设 $J_1, J_2, \cdots, J_s$ 为若尔当块，称准对角矩阵

$$J = \begin{bmatrix} J_1 & & & \\ & J_2 & & \\ & & \ddots & \\ & & & J_s \end{bmatrix}$$

为若尔当标准形。所谓求矩阵 A 的若尔当标准形，即找非奇异矩阵 P(不唯一)，使得 $P^{-1}AP = J$。

例如对于矩阵 $A = \begin{bmatrix} 17 & 0 & -25 \\ 0 & 1 & 0 \\ 9 & 0 & -13 \end{bmatrix}$，可以找到矩阵 $P = \begin{bmatrix} 0 & 5 & 2 \\ 1 & 0 & 0 \\ 0 & 3 & 1 \end{bmatrix}$，使得

$$P^{-1}AP = \begin{bmatrix} 1 & 0 & 0 \\ 0 & 2 & 1 \\ 0 & 0 & 2 \end{bmatrix}$$

若尔当标准形之所以在实际中有着重要的应用，是因为它具有下面几个特点：

➤ 其对角元即为矩阵 A 的特征值；

➤ 对于给定特征值 λ_i，其对应若尔当块的个数等于 λ_i 的几何重复度；

➤ 对于给定特征值 λ_i，其所对应全体若尔当块的阶数之和等于 λ_i 的代数重复度。

5.3.2 jordan 命令

在 MATLAB 中可利用 jordan 命令将一个矩阵化为若尔当标准形，它的使用格式见表 5-8。

表 5-8　jordan 命令的使用格式

调用格式	说　　明
J = jordan(A)	求矩阵 A 的若尔当标准形，其中 A 为一已知的符号或数值矩阵
[P,J] = jordan(A)	返回若尔当标准形矩阵 J 与相似变换矩阵 P，其中 P 的列向量为矩阵 A 的广义特征向量。它们满足：P\A*P=J

例 5-9：求上一小节中矩阵 A 的若尔当标准形及变换矩阵 P。

解：MATLAB 程序如下：

```
>> A=[17 0 -25;0 1 0;9 0 -13];
>> [P,J]=jordan(A)
P =

     0    15     1
     1     0     0
     0     9     0
J =

     1     0     0
     0     2     1
     0     0     2
>> inv(P)*A*P          %验证变换矩阵 P
ans =
   1.0000         0         0
        0    2.0000    1.0000
        0    0.0000    2.0000
```

例 5-10：将 λ-矩阵 $A(\lambda)=\begin{bmatrix} 1-\lambda & \lambda^2 & \lambda \\ \lambda & \lambda & -\lambda \\ 1+\lambda^2 & \lambda^2 & -\lambda^2 \end{bmatrix}$ 化为若尔当标准形。

解：MATLAB 程序如下：

```
>> syms lambda
>>A=[1-lambda lambda^2 lambda;lambda lambda -lambda;1+lambda^2 lambda^2 -lambda^2];
>> [P,J]=jordan(A);
>> J
J =

[              1,              0,              0]
[              0,         lambda,              0]
```

```
[                    0,               0,   -lambda^2-lambda]
```

5.4 矩阵的反射与旋转变换

无论是在矩阵分析中，还是在各种工程实际中，矩阵变换都是重要的工具之一。本节将讲述如何利用 MATLAB 来实现最常用的两种矩阵变换：豪斯霍尔德(Householder)反射变换与吉文斯(Givens)旋转变换。

5.4.1 两种变换介绍

为了使读者学习后两小节更轻松，我们先以二维情况介绍一下两种变换。一个 2 维正交矩阵 Q 如有形式

$$Q = \begin{bmatrix} \cos\theta & \sin\theta \\ -\sin\theta & \cos\theta \end{bmatrix}$$

则称之为旋转变换。如果 $y = Q^{\mathrm{T}}x$，则 y 是通过将向量 x 顺时针旋转 θ 度得到的。

一个 2 维矩阵 Q 如果有形式

$$Q = \begin{bmatrix} \cos\theta & \sin\theta \\ \sin\theta & -\cos\theta \end{bmatrix}$$

则称之为反射变换。如果 $y = Q^{\mathrm{T}}x$，则 y 是将向量 x 关于由

$$S = span\left\{ \begin{bmatrix} \cos(\theta/2) \\ \sin(\theta/2) \end{bmatrix} \right\}$$

所定义的直线作反射得到的。

例 5-11： 若 $x = \begin{bmatrix} 1 & \sqrt{3} \end{bmatrix}^{\mathrm{T}}$，令

$$Q = \begin{bmatrix} \cos 60° & \sin 60° \\ -\sin 60° & \cos 60° \end{bmatrix} = \begin{bmatrix} 1/2 & \sqrt{3}/2 \\ -\sqrt{3}/2 & 1/2 \end{bmatrix}$$

则 $Qx = \begin{bmatrix} 2 & 0 \end{bmatrix}^{\mathrm{T}}$，因此顺时针 60° 的旋转使 x 的第二个分量化为 0；如果

$$Q = \begin{bmatrix} \cos 60° & \sin 60° \\ \sin 60° & -\cos 60° \end{bmatrix} = \begin{bmatrix} 1/2 & \sqrt{3}/2 \\ \sqrt{3}/2 & -1/2 \end{bmatrix}$$

则 $Qx = \begin{bmatrix} 2 & 0 \end{bmatrix}^{\mathrm{T}}$，于是将向量 x 对 30° 的直线作反射也使得其第二个分量化为 0。

5.4.2　豪斯霍尔德(Householder)反射变换

豪斯霍尔德变换也称初等反射（elementary reflection），是 Turnbull 与 Aitken 于 1932 年作为一种规范矩阵提出来的。但这种变换成为数值代数的一种标准工具还要归功于豪斯霍尔德于 1958 年发表的一篇关于非对称矩阵的对角化论文。

设 $v \in R^n$ 是非零向量，形如

$$P = I - \frac{2}{v^{\mathrm{T}}v}vv^{\mathrm{T}}$$

的 n 维方阵 P 称为豪斯霍尔德矩阵，向量 v 称为豪斯霍尔德向量。如果用 P 去乘向量 x 就得到向量 x 关于超平面 $span\{v\}^{\perp}$ 的反射。易见豪斯霍尔德矩阵是对称正交的。

不难验证要使 $Px = \pm \| x \|_2 e_1$，应当选取 $v = x \mp \| x \|_2 e_1$，下面我们给出一个可以避免上溢的求豪斯霍尔德向量的函数源程序：

```
function [v, beta]=house(x)
% 此函数用来计算满足 v(1)=1 的 v 和 beta 使得 P=I-beta*v*v'
% 是正交矩阵且 P*x=norm(x)*e1

n=length(x);
if n==1
    error('请正确输入向量!');
else
    sigma=x(2:n)'*x(2:n);
    v=[1;x(2:n)];
    if sigma==0
        beta=0;
    else
        mu=sqrt(x(1)^2+sigma);
        if x(1)<=0
            v(1)=x(1)-mu;
        else
            v(1)=-sigma/(x(1)+mu);
        end
        beta=2*v(1)^2/(sigma+v(1)^2);
        v=v/v(1);
    end
end
end
```

例 5-12：求一个可以将向量 $x = \begin{bmatrix} 2 & 3 & 4 \end{bmatrix}^{\mathrm{T}}$ 化为 $\| x \|_2 e_1$ 的豪斯霍尔德向量，要求该向量第一个元素为 1，并求出相应的豪斯霍尔德矩阵进行验证。

解：MATLAB 程序如下：

```
>> x=[2 3 4]';
>> [v,beta]=house(x)        %求豪斯霍尔德向量
v =
     1.0000
    -0.8862
    -1.1816
beta =
    0.6286
>> P=eye(3)-beta*v*v'                      %求豪斯霍尔德矩阵
P =
    0.3714     0.5571     0.7428
    0.5571     0.5063    -0.6583
    0.7428    -0.6583     0.1223
>> a=norm(x)                   %求出 x 的 2-范数以便下面验证
a =
    5.3852
>> P*x                    %验证 P*x=norm(x)*e1
ans =
    5.3852
    0.0000
         0
```

5.4.3 吉文斯(Givens)旋转变换

豪斯霍尔德反射对于大量引进零元是非常有用的，然而在许多工程计算中，我们要有选择地消去矩阵或向量的一些元素，而吉文斯旋转变换就是解决这种问题的工具。利用这种变换可以很容易地将一个向量某个指定分量化为 0,因为在 MATLAB 中有相应的命令来实现这种操作，因此我们不再详述其具体变换过程。

MATLAB 中实现吉文斯变换的命令是 planerot，它的使用格式为：

◆ [G,y]=planerot(x)　返回吉文斯变换矩阵 G，以及列向量 y=Gx 且 y(2)=0,其中 x 为 2 维列向量。

例 5-13：利用吉文斯变换编写一个将任意列向量 x 化为 $\|x\|_2 \, e_1$ 形式的函数，并利用这个函数将向量 $x = [1 \quad 2 \quad 3 \quad 4 \quad 5 \quad 6]^T$ 化为 $\|x\|_2 \, e_1$ 的形式，以此验证所编函数正确与否。

解：函数源程序如下：

```
function [P,y]=Givens(x)
% 此函数用来将一个 n 维列向量化为:y=[norm(x) 0 ... 0]'
% 输出参数 P 为变换矩阵，即 y=P*x

n=length(x);
P=eye(n);
for i=n:-1:2
    [G,x(i-1:i)]=planerot(x(i-1:i));
    P(i-1:i,:)=G*P(i-1:i,:);
end
y=x;
```

下面利用这个函数将题中的 x 化为 $\|x\|_2\, e_1$ 的形式：

```
>> x=[1 2 3 4 5 6]';
>> a=norm(x)                %求出 x 的 2-范数
a =
    9.5394
>> [P,y]=Givens(x)
P =
    0.1048     0.2097     0.3145     0.4193     0.5241     0.6290
   -0.9945     0.0221     0.0331     0.0442     0.0552     0.0663
        0     -0.9775     0.0682     0.0909     0.1137     0.1364
        0          0     -0.9462     0.1475     0.1843     0.2212
        0          0          0     -0.8901     0.2918     0.3502
        0          0          0          0     -0.7682     0.6402
y =
    9.5394
        0
        0
        0
        0
        0
>> P*x                      %验证所编函数是否正确
ans =
    9.5394
   -0.0000
   -0.0000
   -0.0000
   -0.0000
```

        −0.0000

因为吉文斯变换可以将指定的向量元素化为零，因此它在实际中非常有用。下面我们举一个吉文斯变换应用的例子。

例 5-14：利用吉文斯变换编写一个将下海森伯格(Hessenberg)矩阵化为下三角矩阵的函数，并利用该函数将 $H = \begin{bmatrix} 1 & 2 & 0 & 0 \\ 3 & 4 & 5 & 0 \\ 2 & 5 & 8 & 7 \\ 1 & 2 & 8 & 4 \end{bmatrix}$ 化为下三角矩阵。

解：对于一个下海森伯格矩阵，我们可以按下面的步骤将其化为下三角矩阵：

$$
\begin{bmatrix} \times & \times & & \\ \times & \times & \times & \\ \times & \times & \times & \times \\ \times & \times & \times & \times \end{bmatrix}
\xrightarrow[\text{素利用 Givens 变换}]{\text{对第一行前两个元}}
\begin{bmatrix} \times & 0 & & \\ \times & \times & \times & \\ \times & \times & \times & \times \\ \times & \times & \times & \times \end{bmatrix}
\xrightarrow[\text{素利用 Givens 变换}]{\text{对第二行后两个元}}
\begin{bmatrix} \times & & & \\ \times & \times & 0 & \\ \times & \times & \times & \times \\ \times & \times & \times & \times \end{bmatrix}
$$

$$
\xrightarrow[\text{素利用 Givens 变换}]{\text{对第三行后两个元}}
\begin{bmatrix} \times & & & \\ \times & \times & 0 & \\ \times & \times & \times & 0 \\ \times & \times & \times & \times \end{bmatrix}
$$

具体的函数源程序如下

```
function [L,P]=reduce_hess_tril(H)
% 此函数用来将下海森伯格矩阵化为下三角矩阵 L
% 输出参数 P 为变换矩阵，即:H=L*P
[m,n]=size(H);
if m~=n
    error('输入的矩阵不是方阵！');
else
    P=eye(n);
    for i=1:n-1
        x=H(i,i:i+1);
        [G,y]=planerot(x');
        H(i,i:i+1)=y';
        H(i+1:n,i:i+1)=H(i+1:n,i:i+1)*G';
        P(:,i:i+1)=P(:,i:i+1)*G';
    end
    L=H;
end
```

下面利用上面的函数将题中的海森伯格矩阵化为下三角矩阵：

```
>> H=[1 2 0 0;3 4 5 0;2 5 8 7;1 2 8 4];
>> [L,P]=reduce_hess_tril(H)
L =
```

```
    2.2361         0         0         0
    4.9193    5.0794         0         0
    5.3666    7.7962    7.2401         0
    2.2361    7.8750    4.2271    0.3405


P =
    0.4472    0.1575   -0.2248   -0.8513
    0.8944   -0.0787    0.1124    0.4256
         0    0.9844    0.0450    0.1703
         0         0    0.9668   -0.2554
>> H*P        %验证所编函数的正确性
ans =
    2.2361         0         0         0
    4.9193    5.0794         0         0
    5.3666    7.7962    7.2401   -0.0000
    2.2361    7.8750    4.2271    0.3405
```

5.5　矩阵分解

　　矩阵分解是矩阵分析的一个重要工具，例如求矩阵的特征值和特征向量、求矩阵的逆以及矩阵的秩等都要用到矩阵分解。在工程实际中，尤其是在电子信息理论和控制理论中，矩阵分析尤为重要。本节主要讲述如何利用 MATLAB 来实现矩阵分析中常用的一些矩阵分解。

5.5.1　楚列斯基(Cholesky)分解

　　楚列斯基分解是专门针对对称正定矩阵的分解。设 $A = (a_{ij}) \in R^{n \times n}$ 是对称正定矩阵，$A = R^T R$ 称为矩阵 A 的楚列斯基分解，其中 $R \in R^{n \times n}$ 是一个具有正的对角元上三角矩阵，即

$$R = \begin{bmatrix} r_{11} & r_{12} & r_{13} & r_{14} \\ & r_{22} & r_{23} & r_{24} \\ & & r_{33} & r_{34} \\ & & & r_{44} \end{bmatrix}$$

这种分解是唯一存在的。

　　在 MATLAB 中，实现这种分解的命令是 chol，它的使用格式见表 5-9。

表 5-9　chol 命令的使用格式

调用格式	说　　明
R= chol(A)	返回楚列斯基分解因子 R
[R,p] = chol(A)	该命令不产生任何错误信息，若 A 为正定阵，则 p=0，R 同上；　若 X 非正定，则 p 为正整数，R 是有序的上三角阵

例 5-15：将正定矩阵 $A = \begin{bmatrix} 1 & 1 & 1 & 1 \\ 1 & 2 & 3 & 4 \\ 1 & 3 & 6 & 10 \\ 1 & 4 & 10 & 20 \end{bmatrix}$ 进行楚列斯基分解。

解：MATLAB 程序如下：

```
>> A=[1 1 1 1;1 2 3 4;1 3 6 10;1 4 10 20];
>> R=chol(A)
R =
    1    1    1    1
    0    1    2    3
    0    0    1    3
    0    0    0    1
>> R'*R
ans =
    1    1    1    1
    1    2    3    4
    1    3    6    10
    1    4    10   20
```

5.5.2 LU 分解

矩阵的 LU 分解又称矩阵的三角分解，它的目的是将一个矩阵分解成一个下三角矩阵 L 和一个上三角矩阵 U 的乘积，即 A=LU。这种分解在解线性方程组、求矩阵的逆等计算中有着重要的作用。

在 MATLAB 中，实现 LU 分解的命令是 lu，它的使用格式见表 5-10。

表 5-10　lu 命令的使用格式

调用格式	说　明
[L,U] = lu(A)	对矩阵 A 进行 LU 分解，其中 L 为单位下三角阵或其变换形式，U 为上三角阵
[L,U,P] = lu(A)	对矩阵 A 进行 LU 分解，其中 L 为单位下三角阵，U 为上三角阵，P 为置换矩阵，满足 LU=PA

例 5-16：分别用上述两个命令对矩阵 $A = \begin{bmatrix} 1 & 2 & 3 & 4 \\ 5 & 6 & 7 & 8 \\ 2 & 3 & 4 & 1 \\ 7 & 8 & 5 & 6 \end{bmatrix}$ 进行 LU 分解，比较二者的不同。

解：MATLAB 程序如下：

```
>> A=[1 2 3 4;5 6 7 8;2 3 4 1;7 8 5 6];
>> [L,U]=lu(A)
L =
    0.1429    1.0000         0         0
    0.7143    0.3333    1.0000         0
```

```
        0.2857        0.8333        0.2500        1.0000
        1.0000             0             0             0

U =
        7.0000        8.0000        5.0000        6.0000
             0        0.8571        2.2857        3.1429
             0             0        2.6667        2.6667
             0             0             0       -4.0000
>> [L,U,P]=lu(A)
L =
        1.0000             0             0             0
        0.1429        1.0000             0             0
        0.7143        0.3333        1.0000             0
        0.2857        0.8333        0.2500        1.0000

U =
        7.0000        8.0000        5.0000        6.0000
             0        0.8571        2.2857        3.1429
             0             0        2.6667        2.6667
             0             0             0       -4.0000

P =
        0        0        0        1
        1        0        0        0
        0        1        0        0
        0        0        1        0
```

 注意

在实际应用中，我们一般都使用第二种格式的 lu 分解命令，因为第一种调用格式输出的矩阵 L 并不一定是下三角矩阵（见上例），这对于分析和计算都是不利的。

5.5.3 LDM^T 与 LDL^T 分解

对于 n 阶方阵 A，所谓的 LDM^T 分解就是将 A 分解为三个矩阵的乘积：LDM^T，其中 L、M 是单位下三角矩阵，D 为对角矩阵。事实上，这种分解是 LU 分解的一种变形，因此这种分解可以将 LU 分解稍作修改得到，也可以根据三个矩阵的特殊结构直接计算出来（见《矩阵计算》P153-155，G.H. 戈卢布，C.F. 范洛恩著，袁亚湘等译，科学出版社）。

下面我们给出通过直接计算得到 L、D、M 的算法源程序。

```
function [L, D, M]=ldm(A)
% 此函数用来求解矩阵 A 的 LDM' 分解
% 其中 L, M 均为单位下三角矩阵，D 为对角矩阵
[m, n]=size(A);
if m~=n
    error('输入矩阵不是方阵，请正确输入矩阵！');
    return;
end
D(1, 1)=A(1, 1);
for i=1:n
    L(i, i)=1;
    M(i, i)=1;
end
L(2:n, 1)=A(2:n, 1)/D(1, 1);
M(2:n, 1)=A(1, 2:n)'/D(1, 1);

for j=2:n
    v(1)=A(1, j);
    for i=2:j
        v(i)=A(i, j)-L(i, 1:i-1)*v(1:i-1)';
    end
    for i=1:j-1
        M(j, i)=v(i)/D(i, i);
    end
    D(j, j)=v(j);
    L(j+1:n, j)=(A(j+1:n, j)-L(j+1:n, 1:j-1)*v(1:j-1)')/v(j);
end
end
```

例 5-17： 利用上面的函数对矩阵 $A = \begin{bmatrix} 1 & 2 & 3 & 4 \\ 4 & 6 & 10 & 2 \\ 1 & 1 & 0 & 1 \\ 0 & 0 & 2 & 3 \end{bmatrix}$ 进行 LDM^T 分解。

解： MATLAB 程序如下：

```
>> A=[1 2 3 4;4 6 10 2;1 1 0 1;0 0 2 3];
>> [L, D, M]=ldm(A)
L =
    1.0000         0         0         0
```

```
           4.0000      1.0000            0           0
           1.0000      0.5000       1.0000           0
                0           0      -1.0000      1.0000

D =
           1       0       0       0
           0      -2       0       0
           0       0      -2       0
           0       0       0       7
M =
           1       0       0       0
           2       1       0       0
           3       1       1       0
           4       7      -2       1
>> L*D*M'                        %验证分解是否正确
ans =
           1       2       3       4
           4       6      10       2
           1       1       0       1
           0       0       2       3
```

如果 A 是非奇异对称矩阵，那么在 LDM^T 分解中有 L=M，此时 LDM^T 分解中的有些步骤是多余的，下面我们给出实对称矩阵 A 的 LDL^T 分解的算法源程序。

```
function [L,D]=ldl(A)
%  此函数用来求解实对称矩阵 A 的 LDL' 分解
%  其中 L 为单位下三角矩阵，D 为对角矩阵

[m,n]=size(A);
if m~=n | ~isequal(A,A')
    error('请正确输入矩阵！');
    return;
end
D(1,1)=A(1,1);
for i=1:n
    L(i,i)=1;
end
L(2:n,1)=A(2:n,1)/D(1,1);
for j=2:n
    v(1)=A(1,j);
    for i=1:j-1
```

```
        v(i)=L(j,i)*D(i,i);
    end
    v(j)=A(j,j)-L(j,1:j-1)*v(1:j-1)';
    D(j,j)=v(j);
    L(j+1:n,j)=(A(j+1:n,j)-L(j+1:n,1:j-1)*v(1:j-1)')/v(j);
end
```

例 5-18：利用上面的函数将对称矩阵 $A = \begin{bmatrix} 1 & 2 & 3 & 4 \\ 2 & 5 & 7 & 8 \\ 3 & 7 & 6 & 9 \\ 4 & 8 & 9 & 1 \end{bmatrix}$ 进行 LDL^T 分解。

解：MATLAB 程序如下：

```
>> clear
>> A=[1 2 3 4;2 5 7 8;3 7 6 9;4 8 9 1];
>> [L,D]=ldl(A)
L =
    1.0000         0         0         0
    2.0000    1.0000         0         0
    3.0000    1.0000    1.0000         0
    4.0000         0    0.7500    1.0000

D =
    1.0000         0         0         0
         0    1.0000         0         0
         0         0   -4.0000         0
         0         0         0  -12.7500
>> L*D*L'                 %验证分解是否正确
ans =
    1    2    3    4
    2    5    7    8
    3    7    6    9
    4    8    9    1
```

5.5.4 QR 分解

矩阵 A 的 QR 分解也叫正交三角分解，即将矩阵 A 表示成一个正交矩阵 Q 与一个上三角矩阵 R 的乘积形式。这种分解在工程中是应用最广泛的一种矩阵分解。

在 MATLAB 中，矩阵 A 的 QR 分解命令是 qr，它的使用格式见表 5-11。

表 5-11　qr 命令的使用格式

调用格式	说　明
[Q,R] = qr(A)	返回正交矩阵 Q 和上三角阵 R，Q 和 R 满足 A=QR；若 A 为 m×n 矩阵，则 Q 为 m×m 矩阵，R 为 m×n 矩阵
[Q,R,E] = qr(A)	求得正交矩阵 Q 和上三角阵 R，E 为置换矩阵使得 R 的对角线元素按绝对值大小降序排列，满足 AE=QR
[Q,R] = qr(A,0)	产生矩阵 A 的"经济型"分解，即若 A 为 m×n 矩阵，且 m>n，则返回 Q 的前 n 列，R 为 n×n 矩阵；否则该命令等价于[Q,R] = qr(A)
[Q,R,E] = qr(A,0)	产生矩阵 A 的"经济型"分解，E 为置换矩阵使得 R 的对角线元素按绝对值大小降序排列，且 A(:, E) =Q*R
R = qr(A)	对稀疏矩阵 A 进行分解，只产生一个上三角阵 R，R 为 A^TA 的 Cholesky 分解因子，即满足 $R^TR = A^TA$
R = qr(A,0)	对稀疏矩阵 A 的"经济型"分解
[C,R]=qr(A,b)	此命令用来计算方程组 Ax=b 的最小二乘解

例 5-19：对矩阵 $A = \begin{bmatrix} 1 & 2 & 3 \\ 4 & 5 & 6 \\ 1 & 0 & 1 \\ 0 & 1 & 1 \end{bmatrix}$ 进行 QR 分解。

解：MATLAB 程序如下：

```
>> clear
>> A=[1 2 3;4 5 6;1 0 1;0 1 1];
>> [Q,R]=qr(A)
Q =
    -0.2357     0.4410    -0.7638    -0.4082
    -0.9428     0.0630     0.3273     0.0000
    -0.2357    -0.6929    -0.5455     0.4082
          0     0.5669    -0.1091     0.8165

R =

    -4.2426    -5.1854    -6.5997
          0     1.7638     1.5749
          0          0    -0.9820
          0          0          0
```

下面我们介绍在实际的数值计算中经常要用到的两个命令：qrdelete 命令与 qrinsert 命令。前者用来求当矩阵 A 去掉一行或一列时，在其原有 QR 分解基础上更新出新矩阵的 QR 分解；后者用来求当 A 增加一行或一列时，在其原有 QR 分解基础上更新出新矩阵的 QR 分解。例如，在编写积极集法解二次规划的算法时就用到这两个命令，利用它们来求增加或去掉某行（列）时 A 的 QR 分解要比直接应用 qr 命令节省时间。（见 P.E. Gill, G.H. Golub, W. Murray, M.A. Saunders, Methods for modifying matrix factorizations, Math. Comp. 28:505-535, 1974.）

qrdelete 命令与 qrinsert 命令的使用格式分别见表 5-12 和表 5-13。

表 5-12　qrdelete 命令的使用格式

调用格式	说　明
[Q1,R1]=qrdelete(Q,R,j)	返回去掉 A 的第 j 列后，新矩阵的 QR 分解矩阵。其中 Q、R 为原来 A 的 QR 分解矩阵
[Q1,R1]=qrdelete(Q,R,j,'col')	同上
[Q1,R1]=qrdelete(Q,R,j,'row')	返回去掉 A 的第 j 行后，新矩阵的 QR 分解矩阵。其中 Q、R 为原来 A 的 QR 分解矩阵

表 5-13　qrinsert 命令的使用格式

调用格式	说　明
[Q1,R1]=qrinsert(Q,R,j,x)	返回在 A 的第 j 列前插入向量 x 后，新矩阵的 QR 分解矩阵。其中 Q、R 为原来 A 的 QR 分解矩阵
[Q1,R1]=qrinsert(Q,R,j,x,'col')	同上
[Q1,R1]=qrinsert(Q,R,j,x,'row')	返回在 A 的第 j 行前插入向量 x 后，新矩阵的 QR 分解矩阵。其中 Q、R 为原来 A 的 QR 分解矩阵

例 5-20： 对于例 5-19 中的矩阵 A，去掉其第 3 行，求新得矩阵的 QR 分解。

解： MATLAB 程序如下：

```
>> A=[1 2 3;4 5 6;1 0 1;0 1 1];
>> [Q,R]=qr(A);
>> [Q1,R1]=qrdelete(Q,R,3,'row')
Q1 =
    0.2425   -0.5708    0.7845
    0.9701    0.1427   -0.1961
   -0.0000   -0.8086   -0.5883

R1 =
    4.1231    5.3358    6.5485
         0   -1.2367   -1.6648
         0         0    0.5883
>> A(3,:)=[]     %去掉 A 的第 3 行
A =
     1     2     3
     4     5     6
     0     1     1
>> Q1*R1         %与上面去掉第三行的 A 作比较
ans =
    1.0000    2.0000    3.0000
    4.0000    5.0000    6.0000
   -0.0000    1.0000    1.0000
```

5.5.5 SVD 分解

奇异值分解（SVD）是现代数值分析（尤其是数值计算）的最基本和最重要的工具之一，因此在工程实际中有着广泛的应用。

所谓的 SVD 分解指的是将 $m \times n$ 矩阵 A 表示为三个矩阵乘积形式：USV^T，其中 U 为 $m \times m$ 酉矩阵，V 为 $n \times n$ 酉矩阵，S 为对角矩阵，其对角线元素为矩阵 A 的奇异值且满足 $s_1 \geq s_2 \geq \cdots \geq s_r > s_{r+1} = \cdots = s_n = 0$，$r$ 为矩阵 A 的秩。在 MATLAB 中，这种分解是通过 svd 命令来实现的。

svd 命令的使用格式见表 5-14。

表 5-14　svd 命令的使用格式

调用格式	说　明
s = svd (A)	返回矩阵 A 的奇异值向量 s
[U,S,V] = svd (A)	返回矩阵 A 的奇异值分解因子 U、S、V
[U,S,V] = svd (A,0)	返回 m×n 矩阵 A 的 "经济型" 奇异值分解，若 m>n 则只计算出矩阵 U 的前 n 列，矩阵 S 为 n×n 矩阵，否则同 [U,S,V] = svd (A)

例 5-21： 求矩阵 $A = \begin{bmatrix} 1 & 2 & 3 \\ 4 & 5 & 6 \\ 7 & 8 & 9 \\ 0 & 1 & 2 \end{bmatrix}$ 的 SVD 分解。

解： MATLAB 程序如下：

```
>> clear
>> A=[1 2 3;4 5 6;7 8 9;0 1 2];
>> r=rank(A)        %求出矩阵 A 的秩，与下面 S 的非零对角元个数一致
r =
     2
>> [S,V,D]=svd(A)
S =
    -0.2139    -0.5810    -0.5101    -0.5971
    -0.5174    -0.1251     0.7704    -0.3510
    -0.8209     0.3309    -0.3673     0.2859
    -0.1127    -0.7330     0.1070     0.6622
V =
   16.9557         0         0
         0    1.5825         0
         0         0    0.0000
         0         0         0
D =
    -0.4736     0.7804     0.4082
```

$$
\begin{matrix}
-0.5718 & 0.0802 & -0.8165 \\
-0.6699 & -0.6201 & 0.4082
\end{matrix}
$$

5.5.6 舒尔(Schur)分解

舒尔分解是 Schur 于 1909 年提出的矩阵分解,它是一种典型的酉相似变换,这种变换的最大好处是能够保持数值稳定,因此在工程计算中也是重要工具之一。

对于矩阵 $A \in C^{n \times n}$,所谓的舒尔分解是指找一个酉矩阵 $U \in C^{n \times n}$,使得 $U^H A U = T$,其中 T 为上三角矩阵,称为舒尔矩阵,其对角元素为矩阵 A 的特征值。在 MATLAB 中,这种分解是通过 schur 命令来实现的。

schur 命令的使用格式见表 5-15。

表 5-15   schur 命令的使用格式

调用格式	说　明
T = schur(A)	返回舒尔矩阵 T,若 A 有复特征值,则相应的对角元以 2×2 的块矩阵形式给出
T = schur(A,flag)	若 A 有复特征值,则 flag='complex', 否则 flag='real'
[U,T] = schur(A,…)	返回酉矩阵 U 和舒尔矩阵 T

例 5-22:求矩阵 $A = \begin{bmatrix} 1 & 2 & 3 \\ 2 & 3 & 1 \\ 1 & 3 & 0 \end{bmatrix}$ 的舒尔分解。

解:MATLAB 程序如下:

```
>> clear
>> A=[1 2 3;2 3 1;1 3 0];
>> [U,T]=schur(A)
U =
    0.5965   -0.8005   -0.0582
    0.6552    0.4438    0.6113
    0.4635    0.4028   -0.7893
T =
    5.5281    1.1062    0.7134
         0   -0.7640    2.0905
         0   -0.4130   -0.7640
>> lambda=eig(A)     %因为矩阵 A 有复特征值,所以对应上面的 T 有一个 2 阶块矩阵
lambda =
    5.5281
   -0.7640 + 0.9292i
   -0.7640 - 0.9292i
```

对于上面这种有复特征值的矩阵,我们可以利用[U,T] = schur(A,'copmlex')来求其舒尔分

解，也可利用 rsf2csf 命令将上例中的 U,T 转化为复矩阵。下面我们再用这两种方法求上例中矩阵 A 的舒尔分解。

例 5-23： 求上例中的矩阵 A 的复舒尔分解。

解： <法一：>
```
>> A=[1 2 3;2 3 1;1 3 0];
>> [U, T]=schur(A,'complex')
U =
    0.5965       0.0236 - 0.7315i   -0.3251 + 0.0532i
    0.6552      -0.2483 + 0.4056i    0.1803 - 0.5586i
    0.4635       0.3206 + 0.3681i    0.1636 + 0.7212i
T =
    5.5281      -0.2897 + 1.0108i    0.4493 - 0.6519i
    0           -0.7640 + 0.9292i   -1.6774
    0            0                  -0.7640 - 0.9292i
```
<法二：>
```
>> [U, T]=schur(A);
>> [U, T]=rsf2csf(U, T)
U =
    0.5965       0.0236 - 0.7315i   -0.3251 + 0.0532i
    0.6552      -0.2483 + 0.4056i    0.1803 - 0.5586i
    0.4635       0.3206 + 0.3681i    0.1636 + 0.7212i
T =
    5.5281      -0.2897 + 1.0108i    0.4493 - 0.6519i
    0           -0.7640 + 0.9292i   -1.6774
    0            0                  -0.7640 - 0.9292i
```

5.5.7 海森伯格(Hessenberg)分解

如果矩阵 H 的第一子对角线下元素都是 0，则 H（或其转置形式）称为上（下）海森伯格矩阵。这种矩阵在零元素所占比例及分布上都接近三角矩阵，虽然它在特征值等性质方面不如三角矩阵那样简单，但在实际应用中，应用相似变换将一个矩阵化为海森伯格矩阵是可行的，而化为三角矩阵则不易实现；而且通过化为海森伯格矩阵来处理矩阵计算问题能够大大节省计算量，因此在工程计算中，海森伯格分解也是常用的工具之一。在 MATLAB 中，可以通过 hess 命令来得到这种形式。hess 命令的使用格式见表 5-16。

表 5-16 hess 命令的使用格式

调用格式	说　明
H = hess(A)	返回矩阵 A 的上海森伯格形式
[P,H] = hess(A)	返回一个上海森伯格矩阵 H 以及一个为矩阵 P，满足：A = PHP' 且 P'P =I
[H,T,Q,U] = hess(A,B)	对于方阵 A、B, 返回上海森伯格矩阵 H, 上三角阵 T 以及酉矩阵 Q、U, 使得 QAU=H 且 QBU=T

例 5-24：将矩阵 $A = \begin{bmatrix} -1 & 2 & 3 & 0 \\ 0 & -2 & 3 & 4 \\ 1 & 0 & 4 & 5 \\ 1 & 2 & 9 & -3 \end{bmatrix}$ 化为海森伯格形式，并求出变换矩阵 P。

解：MATLAB 程序如下：

```
>> clear
>> A=[-1 2 3 0;0 -2 3 4;1 0 4 5;1 2 9 -3];
>> [P,H]=hess(A)
P =
    1.0000        0        0        0
         0        0   0.9570   0.2900
         0  -0.7071   0.2051  -0.6767
         0  -0.7071  -0.2051   0.6767
H =
   -1.0000  -2.1213   2.5293  -1.4501
   -1.4142   7.5000  -2.9485   4.8535
         0  -5.1720  -2.9673   1.7777
         0        0   2.4848  -5.5327
```

5.6 线性方程组的求解

在《线性代数》中，求解线性方程组是一个基本内容，在实际中，许多工程问题都可以化为线性方程组的求解问题。本节将讲述如何用 MATLAB 来解各种线性方程组。为了使读者能够更好地掌握本节内容，我们将本节分为四部分：第一部分简单介绍一下线性方程组的基础知识；以后几节讲述利用 MATLAB 求解线性方程组的几种方法。

5.6.1 线性方程组基础

对于线性方程组 $Ax=b$，其中 $A \in R^{m \times n}$，$b \in R^m$。若 $m=n$，我们称之为恰定方程组；若 $m>n$，我们称之为超定方程组；若 $m<n$，我们称之为欠定方程组。若 $b=0$，则相应的方程组称为齐次线性方程组，否则称为非齐次线性方程组。对于齐次线性方程组解的个数有下面的定理：

定理 1：设方程组系数矩阵 A 的秩为 r，则

(i) 若 $r=n$，则齐次线性方程组有唯一解；

(ii) 若 $r<n$，则齐次线性方程组有无穷解。

对于非齐次线性方程组解的存在性有下面的定理：

定理 2：设方程组系数矩阵 A 的秩为 r，增广矩阵 $[A\,b]$ 的秩为 s，则

(i) 若 $r=s=n$，则非齐次线性方程组有唯一解；

(ii) 若 $r=s<n$，则非齐次线性方程组有无穷解；

(iii) 若 $r \neq s$，则非齐次线性方程组无解。

关于齐次线性方程组与非齐次线性方程组之间的关系有下面的定理：

定理 3：非齐次线性方程组的通解等于其一个特解与对应齐次方程组的通解之和。

若线性方程组有无穷多解，我们希望找到一个基础解系 $\eta_1, \eta_2, \cdots, \eta_r$，以此来表示相应齐次方程组的通解：$k_1\eta_1 + k_2\eta_2 + \cdots + k_r\eta_r\ (k_i \in R)$。对于这个基础解系，我们可以通过求矩阵 A 的核空间矩阵得到，在 MATLAB 中，可以用 null 命令得到 A 的核空间矩阵。

null 命令的使用格式见表 5-17。

表 5-17 null 命令的使用格式

调用格式	说　明
Z= null(A)	返回矩阵 A 核空间矩阵 Z，即其列向量为方程组 Ax=0 的一个基础解系，Z 还满足 $Z'Z = I$
Z= null(A,'r')	Z 的列向量是方程 Ax=0 的有理基，与上面的命令不同的是 Z 不满足 $Z^{\mathrm{T}}Z = I$

例 5-25：求方程组 $\begin{cases} x_1 + 2x_2 + 2x_3 + x_4 = 0 \\ 2x_1 + x_2 - 2x_3 - 2x_4 = 0 \\ x_1 - x_2 - 4x_3 - 3x_4 = 0 \end{cases}$ 的通解。

解：MATLAB 程序如下：

```
>> clear
>> A=[1 2 2 1;2 1 -2 -2;1 -1 -4 -3];    %输入系数矩阵 A
>> format rat            %指定以有理形式输出
>> Z=null(A,'r')
Z =
       2              5/3
      -2             -4/3
       1              0
       0              1
```

所以该方程组的通解为

$$x = k_1 \begin{bmatrix} 2 \\ -2 \\ 1 \\ 0 \end{bmatrix} + k_2 \begin{bmatrix} 5/3 \\ -4/3 \\ 0 \\ 1 \end{bmatrix} \quad (k_1, k_2 \in R)$$

在本小节的最后，我们给出一个判断线性方程组 Ax=b 解的存在性的函数 isexist.m 如下：

```
function y=isexist(A,b)
```

% 该函数用来判断线性方程组 Ax=b 的解的存在性
% 若方程组无解则返回 0，若有唯一解则返回 1，若有无穷多解则返回 Inf

```
[m,n]=size(A);
[mb,nb]=size(b);
```

```
if m~=mb
    error('输入有误！');
    return;
end
r=rank(A);
s=rank([A,b]);
if r==s&r==n
    y=1;
elseif r==s&r<n
    y=Inf;
else
    y=0;
end
```

5.6.2 利用矩阵的逆（伪逆）与除法求解

对于线性方程组 Ax=b，若其为恰定方程组且 A 是非奇异的，则求 x 的最明显的方法便是利用矩阵的逆，即 $x = A^{-1}b$；若不是恰定方程组，则可利用伪逆来求其一个特解。

例 5-26：求线性方程组 $\begin{cases} x_1 + 2x_2 + 2x_3 = 1 \\ x_2 - 2x_3 - 2x_4 = 2 \\ x_1 + 3x_2 - 2x_4 = 3 \end{cases}$ 的通解。

解：MATLAB 程序如下：

```
>> clear
>> format rat
>> A=[1 2 2 0;0 1 -2 -2;1 3 0 -2];
>> b=[1 2 3]';
>> x0=pinv(A)*b      %利用伪逆求方程组的一个特解
x0 =
    13/77
    46/77
    -2/11
    -40/77
>> Z=null(A,'r')     %求相应齐次方程组的基础解系
Z =
    -6        -4
     2         2
     1         0
     0         1
```

因此原方程组的通解为

$$x = \begin{bmatrix} 13/77 \\ 46/77 \\ -2/11 \\ -40/77 \end{bmatrix} + k_1 \begin{bmatrix} -6 \\ 2 \\ 1 \\ 0 \end{bmatrix} + k_2 \begin{bmatrix} -4 \\ 2 \\ 0 \\ 1 \end{bmatrix} \quad (k_1, k_2 \in R)$$

若系数矩阵 A 非奇异，我们还可以利用矩阵除法来求解方程组的解，即 x=A\b，虽然这种方法与上面的方法都采用高斯(Gauss)消去法，但该方法不对矩阵 A 求逆，因此可以提高计算精度且能够节省计算时间。

例 5-27：编写一个 M 文件，用来比较上面两种方法求解线性方程组在时间与精度上的区别。

解：编写 compare.m 文件如下：

```
% 该M文件用来演示求逆法与除法求解线性方程组在时间与精度上的区别

A=1000*rand(1000,1000);    %随机生成一个1000维的系数矩阵
x=ones(1000,1);
b=A*x;
disp('利用矩阵的逆求解所用时间及误差为：');
tic
y=inv(A)*b;
t1=toc
error1=norm(y-x)        %利用2-范数来刻画结果与精确解的误差

disp('利用除法求解所用时间及误差为：')
tic
y=A\b;
t2=toc
error2=norm(y-x)
```

该 M 文件的运行结果为：

```
>> compare
利用矩阵的逆求解所用时间及误差为：
t1 =
    1.5140
error1 =
  3.1653e-010
利用除法求解所用时间及误差为：
t2 =
    0.5650
error2 =
  8.4552e-011
```

由这个例子可以看出，利用除法来解线性方程组所用时间仅为求逆法的约 1/3，其精度也要比求逆法高出一个数量级左右，因此在实际中应尽量不要使用求逆法。

 小技巧

如果线性方程组 Ax=b 的系数矩阵 A 奇异且该方程组有解，那么有时可以利用伪逆来求其一个特解，即 x=pinv(A)*b。

5.6.3 利用行阶梯形求解

这种方法只适用于恰定方程组，且系数矩阵非奇异，若不然这种方法只能简化方程组的形式，若想将其解出还需进一步编程实现，因此本小节内容都假设系数矩阵非奇异。

将一个矩阵化为行阶梯形的命令是 rref ，它的使用格式见表 5-18。

表 5-18　rref 命令的使用格式

调用格式	说　明
R=rref(A)	利用高斯消去法得到矩阵 A 的行阶梯形 R
[R,jb]=rref(A)	返回矩阵 A 的行阶梯形 R 以及向量 jb
[R,jb]=rref(A,tol)	返回基于给定误差限 tol 的矩阵 A 的行阶梯形 R 以及向量 jb

上面命令中的向量 jb 满足下列条件：

1）r=length(jb)即矩阵 A 的秩；

2）x(jb)为线性方程组 Ax=b 的约束变量；

3）A(:,jb)为矩阵 A 所在空间的基；

4）R(1:r,jb)是 $r \times r$ 单位矩阵。

当系数矩阵非奇异时，我们可以利用这个命令将增广矩阵[A b]化为行阶梯形，那么 R 的最后一列即为方程组的解。

例 5-28：求方程组 $\begin{cases} 5x_1 + 6x_2 & =1 \\ x_1 + 5x_2 + 6x_3 & =0 \\ x_2 + 5x_3 + 6x_4 & =0 \\ x_3 + 5x_4 + 6x_5 & =0 \\ x_4 + 5x_5 & =1 \end{cases}$ 的解。

解：MATLAB 程序如下：

```
>> clear
>> A=[5 6 0 0 0;1 5 6 0 0;0 1 5 6 0;0 0 1 5 6;0 0 0 1 5];
>> b=[1 2 3 4 5]';
>> r=rank(A)     %求 A 的秩看其是否非奇异
r =
```

```
        5
>> B=[A,b];      %B 为增广矩阵
>> R=rref(B)     %将增广矩阵化为阶梯形
R =
    1.0000        0        0        0        0    5.4782
         0   1.0000        0        0        0   -4.3985
         0        0   1.0000        0        0    3.0857
         0        0        0   1.0000        0   -1.3383
         0        0        0        0   1.0000    1.2677
>> x=R(:,6)      %R 的最后一列即为解
x =
    5.4782
   -4.3985
    3.0857
   -1.3383
    1.2677
>> A*x      %验证解的正确性
ans =
    1.0000
    2.0000
    3.0000
    4.0000
    5.0000
```

MATLAB 还提供了一个显示矩阵化为行阶梯形过程的命令：rrefmovie。

例 5-29：将矩阵 $A = \begin{bmatrix} 1 & 2 \\ 3 & 4 \end{bmatrix}$ 化为行阶梯形，并显示求解过程。

解：MATLAB 程序如下：

```
>> A=[1 2;3 4];
>> rrefmovie(A)
  Original matrix
A =
     1          2
     3          4
Press any key to continue. . .
  swap rows 1 and 2
A =
     3          4
     1          2
```

```
Press any key to continue. . .
    pivot = A(1, 1)
A =
        1              4/3
        1               2
Press any key to continue. . .
    eliminate in column 1
A =
        1              4/3
        1               2
Press any key to continue. . .
A =
        1              4/3
        0              2/3
Press any key to continue. . .
    pivot = A(2, 2)
A =
        1              4/3
        0               1
Press any key to continue. . .
    eliminate in column 2
A =
        1              4/3
        0               1
Press any key to continue. . .
A =

        1               0
        0               1
```

5.6.4 利用矩阵分解法求解

利用矩阵分解来求解线性方程组，可以节省内存，节省计算时间，因此它也是在工程计算中最常用的技术。本小节将讲述如何利用 LU 分解、QR 分解与楚列斯基(Cholesky)分解来求解线性方程组。

1. LU 分解法

这种方法的思路是先将系数矩阵 A 进行 LU 分解，得到 LU=PA，然后解 Ly=Pb，最后再解 Ux=y 得到原方程组的解。因为矩阵 L、U 的特殊结构，使得上面两个方程组可以很容易地求出来。下面我们给出一个利用 LU 分解法求解线性方程组 Ax=b 的函数 solvebyLU.m：

```
function x=solvebyLU(A,b)
% 该函数利用 LU 分解法求线性方程组 Ax=b 的解

flag=isexist(A,b); %调用第一小节中的 isexist 函数判断方程组解的情况
if flag==0
    disp('该方程组无解！');
    x=[];
    return;
else
    r=rank(A);
    [m,n]=size(A);
    [L,U,P]=lu(A);
    b=P*b;

    % 解 Ly=b
    y(1)=b(1);
    if m>1
        for i=2:m
            y(i)=b(i)-L(i,1:i-1)*y(1:i-1)';
        end
    end
    y=y';

    % 解 Ux=y 得原方程组的一个特解
    x0(r)=y(r)/U(r,r);
    if r>1
        for i=r-1:-1:1
            x0(i)=(y(i)-U(i,i+1:r)*x0(i+1:r)')/U(i,i);
        end
    end
    x0=x0';

    if flag==1    %若方程组有唯一解
        x=x0;
        return;
    else          %若方程组有无穷多解
        format rat;
        Z=null(A,'r'); %求出对应齐次方程组的基础解系
        [mZ,nZ]=size(Z);
```

```
            x0(r+1:n)=0;
            for i=1:nZ
                t=sym(char([107 48+i]));
                k(i)=t;        %取 k=[k1,k2...,];
            end
            x=x0;
            for i=1:nZ
                x=x+k(i)*Z(:,i); %将方程组的通解表示为特解加对应齐次通解形式
            end
        end
    end
end
```

例 5-30：利用 LU 分解法求方程组 $\begin{cases} x_1 + x_2 - 3x_3 - x_4 = 1 \\ 3x_1 - x_2 - 3x_3 + 4x_4 = 4 \\ x_1 + 5x_2 - 9x_3 - 8x_4 = 0 \end{cases}$ 的通解。

解：MATLAB 程序如下：

```
>> clear
>> A=[1 1 -3 -1;3 -1 -3 4;1 5 -9 -8];
>> b=[1 4 0]';
>> x=solvebyLU(A,b)
x =

   5/4+3/2*k1-3/4*k2
  -1/4+3/2*k1+7/4*k2
                  k1
                  k2
```

2. QR 分解法

利用 QR 分解法解方程组的思路与上面的 LU 分解法是一样的，也是先将系数矩阵 A 进行 QR 分解：A=QR，然后解 Qy=b，最后解 Rx=y 得到原方程组的解。对于这种方法，我们需要注意 Q 是正交矩阵，因此 Qy=b 的解即 y=Q'b。下面我们给出一个利用 QR 分解法求解线性方程组 Ax=b 的函数 solvebyQR.m：

```
function x=solvebyQR(A,b)
% 该函数利用 QR 分解法求线性方程组 Ax=b 的解

flag=isexist(A,b); %调用第一小节中的 isexist 函数判断方程组解的情况
if flag==0
    disp('该方程组无解！');
    x=[];
```

```
        return;
else
    r=rank(A);
    [m,n]=size(A);
    [Q,R]=qr(A);
    b=Q'*b;

    % 解 Rx=b 得原方程组的一个特解
    x0(r)=b(r)/R(r,r);
    if r>1
        for i=r-1:-1:1
            x0(i)=(b(i)-R(i,i+1:r)*x0(i+1:r)')/R(i,i);
        end
    end
    x0=x0';

    if flag==1    %若方程组有唯一解
        x=x0;
        return;
    else          %若方程组有无穷多解
        format rat;
        Z=null(A,'r');  %求出对应齐次方程组的基础解系
        [mZ,nZ]=size(Z);
        x0(r+1:n)=0;
        for i=1:nZ
            t=sym(char([107 48+i]));
            k(i)=t;          %取 k=[k1,...,kr];
        end
        x=x0;
        for i=1:nZ
            x=x+k(i)*Z(:,i);  %将方程组的通解表示为特解加对应齐次通解形式
        end
    end
end
```

例 5-31：利用 QR 分解法求方程组
$$\begin{cases} x_1 - 2x_2 + 3x_3 + x_4 = 1 \\ 3x_1 - x_2 + x_3 - 3x_4 = 2 \\ 2x_1 + x_2 + 2x_3 - 2x_4 = 3 \end{cases}$$
的通解。

解：MATLAB 程序如下：

```
>> clear
>> A=[1 -2 3 1;3 -1 1 -3;2 1 2 -2];
>> b=[1 2 3]';
>> x=solvebyQR(A,b)
x =
 7/10+13/10*k1
   3/5+2/5*k1
   1/2-1/2*k1
           k1
```

3. 楚列斯基分解法

与上面两种矩阵分解法不同的是，楚列斯基分解法只适用于系数矩阵 A 是对称正定的情况。

它的解方程思路是先将矩阵 A 进行楚列斯基分解：A=R'R，然后解 R'y=b，最后再解 Rx=y 得到原方程组的解。下面我们给出一个利用楚列斯基分解法求解线性方程组 Ax=b 的函数 solvebyCHOL.m：

```
function x=solvebyCHOL(A,b)
% 该函数利用楚列斯基分解法求线性方程组 Ax=b 的解

lambda=eig(A);
if lambda>eps&isequal(A,A')
    [n,n]=size(A);
    R=chol(A);

    %解 R'y=b
    y(1)=b(1)/R(1,1);
    if n>1
        for i=2:n
            y(i)=(b(i)-R(1:i-1,i)'*y(1:i-1)')/R(i,i);
        end
    end

    %解 Rx=y
    x(n)=y(n)/R(n,n);
    if n>1
        for i=n-1:-1:1
            x(i)=(y(i)-R(i,i+1:n)*x(i+1:n)')/R(i,i);
        end
    end
    x=x';
```

```
else
    x=[];
    disp('该方法只适用于对称正定的系数矩阵！');
end
```

例 5-32：利用楚列斯基分解法求 $\begin{cases} 3x_1 + 3x_2 - 3x_3 = 1 \\ 3x_1 + 5x_2 - 2x_3 = 2 \\ -3x_1 - 2x_2 + 5x_3 = 3 \end{cases}$ 的解。

解：MATLAB 程序如下：

```
>> clear
>> A=[3 3 -3;3 5 -2;-3 -2 5];
>> b=[1 2 3]';
>> x=solvebyCHOL(A,b)
x =
    3.3333
   -0.6667
    2.3333
>> A*x        %验证解的正确性
ans =
    1.0000
    2.0000
    3.0000
```

在本小节的最后，再给出一个函数 solvelineq.m。对于这个函数，读者可以通过输入参数来选择用上面的哪种矩阵分解法求解线性方程组。

```
function x=solvelineq(A,b,flag)
% 该函数是矩阵分解法汇总，通过 flag 的取值来调用不同的矩阵分解
% 若 flag='LU'，则调用 LU 分解法；
% 若 flag='QR'，则调用 QR 分解法；
% 若 flag='CHOL'，则调用 CHOL 分解法；

if strcmp(flag,'LU')
    x=solvebyLU(A,b);
elseif strcmp(flag,'QR')
    x=solvebyQR(A,b);
elseif strcmp(flag,'CHOL')
    x=solvebyCHOL(A,b);
else
    error('flag 的值只能为 LU,QR,CHOL!');
end
```

5.6.5 非负最小二乘解

在实际问题中，用户往往会要求线性方程组的解是非负的，若此时方程组没有精确解，则希望找到一个能够尽量满足方程的非负解。对于这种情况，可以利用 MATLAB 中求非负最小二乘解的命令 lsqnonneg 来实现（这个命令在第 8 章还会讲到）。该命令实际上是解下面的二次规划问题：

$$\min \quad \| Ax-b \|_2$$
$$\text{s.t.} \quad x_i \geq 0, i=1,2,\cdots,n \tag{1}$$

以此来得到线性方程组 Ax=b 的非负最小二乘解。

lsqnonneg 命令常用的使用格式见表 5-19。

表 5-19　lsqnonneg 命令的使用格式

调用格式	说　明
x=lsqnonneg(A,b)	利用高斯消去法得到矩阵 A 的行阶梯形 R
x=lsqnonneg(A,b,x0)	返回矩阵 A 的行阶梯形 R 以及向量 jb

例 5-33：求方程组 $\begin{cases} x_2 - x_3 + 2x_4 = 1 \\ x_1 - x_3 + x_4 = 0 \\ -2x_1 + x_2 + x_4 = 1 \end{cases}$ 的最小二乘解。

解：MATLAB 程序如下：

```
>> clear
>> A=[0 1 -1 2;1 0 -1 1;-2 1 0 1];
>> b=[1 0 1]';
>> x=lsqnonneg(A,b)
x =
         0
         0
    1.0000
    1.0000
>> A*x      %验证解的正确性
ans =
    1.0000
   -0.0000
    1.0000
```

5.7 综合应用举例

矩阵分析在工程计算、纯数学、优化、计算数学等各个领域都有着重要的应用。在本章的最后一节，我们给出一些综合的例子，其中既有工程方面的，也有数学理论方面的。对于这些例子，读者应当仔细琢磨，并上机实现每一个例子，从中体会 MATLAB 在实际应用中的强大功能。

例 5-34（电路问题）：下图（图 5-1）为某个电路的网格图，其中 $R_1 = 1, R_2 = 2, R_3 = 4, R_4 = 3$，

$R_5 = 1, R_6 = 5, E_1 = 41, E_2 = 38$，利用基尔霍夫定律求解电路中的电流 I_1, I_2, I_3。

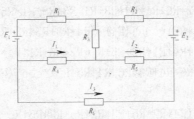

图 5-1 电路网格图

解：基尔霍夫定律说明电路网格中，任意单向闭路的电压和为零，由此对上路分析可得如下的线性方程组：

$$\begin{cases} (R_1 + R_3 + R_4)I_1 + R_3 I_2 + R_4 I_3 = E_1 \\ R_3 I_1 + (R_2 + R_3 + R_5)I_2 - R_5 I_3 = E_2 \\ R_4 I_1 - R_5 I_2 + (R_4 + R_5 + R_6)I_3 = 0 \end{cases}$$

将电阻及电压相应的取值代入，可得该线性方程组的系数矩阵及右端项分别为

$$A = \begin{bmatrix} 8 & 4 & 3 \\ 4 & 7 & -1 \\ 3 & -1 & 9 \end{bmatrix}, \qquad b = \begin{bmatrix} 41 \\ 38 \\ 0 \end{bmatrix}$$

事实上，系数矩阵 A 是一个对称正定矩阵（读者可以通过 eig 命令来验证），因此可以利用楚列斯基(Cholesky)分解求这个线性方程组的解，具体操作如下：

```
>> A=[8 4 3;4 7 -1;3 -1 9];
>> b=[41 38 0]';
>> I=solvelineq(A,b,'CHOL')    %调用上一节中求解线性方程组的函数 solvelieq
I =
    4.0000
    3.0000
   -1.0000
```

我们发现其中的 I_3 是负值，这说明电流的方向与图中箭头方向相反。

对于这个例子，我们也可以利用 MATLAB 将 I_1, I_2, I_3 的具体表达式写出来，具体的操作步骤如下：

```
>> syms R1 R2 R3 R4 R5 R6 E1 E2
```

```
>> A=[R1+R3+R4 R3 R4;R3 R2+R3+R5 -R5;R4 -R5 R4+R5+R6];
>> b=[E1 E2 0]';
>> I=inv(A)*b
I =
```

(R2*R4+R2*R5+R2*R6+R4*R3+R3*R5+R3*R6+R5*R4+R5*R6)/(R4*R2*R5+R3*R2*R5+R3*R5*R6+R1*R3*R6+R1*R2*R4+R1*R2*R5+R1*R2*R6+R1*R4*R3+R1*R3*R5+R1*R5*R4+R1*R5*R6+R3*R2*R4+R3*R2*R6+R4*R2*R6+R4*R3*R6+R4*R5*R6)*conj(E1)-(R4*R3+R3*R5+R3*R6+R5*R4)/(R4*R2*R5+R3*R2*R5+R3*R5*R6+R1*R3*R6+R1*R2*R4+R1*R2*R5+R1*R2*R6+R1*R4*R3+R1*R3*R5+R1*R5*R4+R1*R5*R6+R3*R2*R4+R3*R2*R6+R4*R2*R6+R4*R3*R6+R4*R5*R6)*conj(E2)

-(R4*R3+R3*R5+R3*R6+R5*R4)/(R4*R2*R5+R3*R2*R5+R3*R5*R6+R1*R3*R6+R1*R2*R4+R1*R2*R5+R1*R2*R6+R1*R4*R3+R1*R3*R5+R1*R5*R4+R1*R5*R6+R3*R2*R4+R3*R2*R6+R4*R2*R6+R4*R3*R6+R4*R5*R6)*conj(E1)+(R4*R1+R1*R5+R1*R6+R4*R3+R3*R5+R3*R6+R5*R4+R4*R6)/(R4*R2*R5+R3*R2*R5+R3*R5*R6+R1*R3*R6+R1*R2*R4+R1*R2*R5+R1*R2*R6+R1*R4*R3+R1*R3*R5+R1*R5*R4+R1*R5*R6+R3*R2*R4+R3*R2*R6+R4*R2*R6+R4*R3*R6+R4*R5*R6)*conj(E2)

-(R3*R5+R2*R4+R4*R3+R5*R4)/(R4*R2*R5+R3*R2*R5+R3*R5*R6+R1*R3*R6+R1*R2*R4+R1*R2*R5+R1*R2*R6+R1*R4*R3+R1*R3*R5+R1*R5*R4+R1*R5*R6+R3*R2*R4+R3*R2*R6+R4*R2*R6+R4*R3*R6+R4*R5*R6)*conj(E1)+(R1*R5+R3*R5+R5*R4+R4*R3)/(R4*R2*R5+R3*R2*R5+R3*R5*R6+R1*R3*R6+R1*R2*R4+R1*R2*R5+R1*R2*R6+R1*R4*R3+R1*R3*R5+R1*R5*R4+R1*R5*R6+R3*R2*R4+R3*R2*R6+R4*R2*R6+R4*R3*R6+R4*R5*R6)*conj(E2)

例 5-35（"病态"矩阵问题）：利用 MATLAB 分析希尔伯特(Hilbert)矩阵的病态性质。

解：我们的分析思路是：取 A 是一个 6 维的希尔伯特矩阵，取

$$b=\begin{bmatrix}1 & 2 & 1 & 1.414 & 1 & 2\end{bmatrix}^T, \quad b+\Delta b=\begin{bmatrix}1 & 2 & 1 & 1.4142 & 1 & 2\end{bmatrix}^T$$

其中 $b+\Delta b$ 是在 b 的基础上有一个相当微小的扰动 Δb。分别求解线性方程组 $Ax_1=b$ 与 $Ax_2=b+\Delta b$，比较 x_1 与 x_2，若两者相差很大，则说明系数矩阵是"病态"相当严重的。

MATLAB 的操作步骤如下：

```
>> format rat      %将希尔伯特矩阵以有理形式表示出来
>> A=hilb(6)
A =
```

1	1/2	1/3	1/4	1/5	1/6
1/2	1/3	1/4	1/5	1/6	1/7
1/3	1/4	1/5	1/6	1/7	1/8
1/4	1/5	1/6	1/7	1/8	1/9
1/5	1/6	1/7	1/8	1/9	1/10
1/6	1/7	1/8	1/9	1/10	1/11

```
>> b1=[1 2 1 1.414 1 2]';
```

```
>> b2=[1 2 1 1.4142 1 2]';
>> format
>> x1=solvelineq(A,b1,'LU')        %利用 LU 分解来求解 Ax=b1
x1 =
   1.0e+006 *
   -0.0065
    0.1857
   -1.2562
    3.2714
   -3.6163
    1.4271
>> x2=solvelineq(A,b2,'LU')        %利用 LU 分解来求解 Ax=b2
x2 =
   1.0e+006 *
   -0.0065
    0.1857
   -1.2565
    3.2721
   -3.6171
    1.4274
>> errb=norm(b1-b2)      %求 b1 与 b2 差的 2-范数,以此来度量扰动的大小
errb =
   2.0000e-004
>> errx=norm(x1-x2)      %求 x1 与 x2 差的 2-范数,以此来度量解扰动的大小
errx =
   1.1553e+003
```

从计算结果可以看出:解的扰动相比于 b 的扰动要剧烈的多,前者大约是后者的近 10^7 倍。由此可知希尔伯特矩阵是“病态”严重的矩阵。

例 5-36(矩阵更新问题):在编写算法或处理工程、优化等问题时,经常会碰到一些矩阵更新的情况,这时读者必须弄清楚矩阵的更新步骤,这样才能编写出相应的更新算法。下面来看一个关于矩阵逆的更新问题:对于一个非奇异矩阵 A,如果用某一列向量 b 替换其第 p 列,那么如何在 A^{-1} 的基础上更新出新矩阵的逆呢?

解:首先来分析一下上述问题:设 $A = \begin{bmatrix} a_1 & a_2 & \cdots & a_p \cdots & a_n \end{bmatrix}$,设其逆为 A^{-1},则有 $A^{-1}A = \begin{bmatrix} A^{-1}a_1 & A^{-1}a_2 & \cdots & A^{-1}a_p \cdots & A^{-1}a_n \end{bmatrix} = I$。设 A 的第 p 列 a_p 被列向量 b 替换后的矩阵为 $\overline{A}$,即 $\overline{A} = \begin{bmatrix} a_1 & \cdots & a_{p-1} & b & a_{p+1} & \cdots & a_n \end{bmatrix}$。令 $d = A^{-1}b$,则有:

$$A^{-1}\overline{A}=\begin{bmatrix} A^{-1}a_1 & \cdots & A^{-1}a_{p-1} & A^{-1}b & A^{-1}a_{p+1} & \cdots & A^{-1}a_n \end{bmatrix}$$

$$=\begin{bmatrix} 1 & & & d_1 & & & \\ & 1 & & d_2 & & & \\ & & \ddots & \vdots & & & \\ & & & d_p & & & \\ & & & d_{p+1} & 1 & & \\ & & & \vdots & & \ddots & \\ & & & d_{n-1} & & & 1 \\ & & & d_n & & & 1 \end{bmatrix}$$

如果 $d_p \neq 0$，则我们可以通过初等行变换将上式的右端化为单位矩阵，然后将相应的变换作用到 A^{-1}，那么得到的矩阵即为 A^{-1} 的更新。事实上行变换矩阵即为

$$P=\begin{bmatrix} 1 & & -d_1/d_p & & \\ & \ddots & \vdots & & \\ & & d_p^{-1} & & \\ & & \vdots & \ddots & \\ & & -d_n/d_p & & 1 \end{bmatrix}$$

该问题具体的矩阵更新函数如下：

```
function invA=updateinv(invA,p,b)
% 此函数用来计算 A 中的第 p 列 a_p 被另一列 b 代替后，其逆的更新

[n,n]=size(invA);
d=invA*b;
if abs(d(p))<eps        %若 d(p)=0 则说明替换后的矩阵是奇异的
    warning('替换后的矩阵是奇异的！');
    newinvA=[];
    return;
else
    % 对 A 的逆作相应的行变换
    invA(p,:)=invA(p,:)/d(p);
    if p>1
        for i=1:p-1
            invA(i,:)=invA(i,:)-d(i)*invA(p,:);
        end
    end
    if p<n
```

```
        for i=p+1:n
            invA(i,:)=invA(i,:)-d(i)*invA(p,:);
        end
    end
end
```

为了验证上面所编函数的正确性，接下来举一个例子：

例 5-37（矩阵更新实例）：已知矩阵 $A = \begin{bmatrix} 1 & 2 & 3 & 4 \\ 5 & 6 & 1 & 0 \\ 0 & 1 & 1 & 0 \\ 1 & 1 & 2 & 3 \end{bmatrix}$，$b = \begin{bmatrix} 1 \\ 0 \\ 1 \\ 0 \end{bmatrix}$，求 A^{-1}，并在 A^{-1} 的基础

上求矩阵 A 的第 2 列被 b 替换后的逆矩阵。

解： MATLAB 程序如下：

```
>> A=[1 2 3 4;5 6 1 0;0 1 1 0;1 1 2 3];
>> b=[1 0 1 0]';
>> invA=inv(A)
invA =
    -1.5000     0.1000     0.4000     2.0000
     1.5000     0.1000    -0.6000    -2.0000
    -1.5000    -0.1000     1.6000     2.0000
     1.0000          0    -1.0000    -1.0000
>> newinvA=updateinv(invA,2,b)
newinvA =
     0.3333     0.2222    -0.3333    -0.4444
     1.6667     0.1111    -0.6667    -2.2222
    -1.6667    -0.1111     1.6667     2.2222
     1.0000          0    -1.0000    -1.0000
>> A(:,2)=b      %显示 A 的第 2 列被 b 替换后的矩阵
A =
     1     1     3     4
     5     0     1     0
     0     1     1     0
     1     0     2     3
>> inv(A)     %求新矩阵的逆，与 newinvA 比较（结果是一样的）
ans =
     0.3333     0.2222    -0.3333    -0.4444
     1.6667     0.1111    -0.6667    -2.2222
    -1.6667    -0.1111     1.6667     2.2222
     1.0000          0    -1.0000    -1.0000
```

第 **6** 章

数学分析

　　本章主要介绍了使用 MATLAB 解决工程计算中常见的微积分问题的技巧和方法。极限、导数、微分、积分、级数求和以及积分变换都是工程上最基本的数学分析手段，因此熟练掌握本章内容是MATLAB 高级应用的基础。

- 求给定表达式的极限、导数、微分、积分的 MATLAB 命令
- 应用 MATLAB 提供的命令来解决级数求和与积分变换问题
- 应用 MATLAB 提供的命令来解决多元函数分析问题
- 应用 MATLAB 提供的命令来计算多重积分

6.1　极限、导数与微分

在工程计算中，经常会研究某一函数随自变量的变化趋势与相应的变化率，也就是要研究函数的极限与导数问题。本节主要讲述如何用 MATLAB 来解决这些问题。

6.1.1　极限

极限是数学分析最基本的概念与出发点，在工程实际中，其计算往往比较繁琐，而运用 MATLAB 提供的 limit 命令则可以很轻松地解决这些问题。

limit 命令的调用格式见表 6-1。

表 6-1　limit 调用格式

命令	说明	
limit (f,x,a)　或　limit (f,a)	求解	$\lim\limits_{x \to a} f(x)$
limit (f)	求解	$\lim\limits_{x \to 0} f(x)$
limit (f,x,a,'right')	求解	$\lim\limits_{x \to a+} f(x)$
limit (f,x,a,'left')	求解	$\lim\limits_{x \to a-} f(x)$

下面来看几个具体的例子：

例 6-1：计算 $\lim\limits_{x \to 0} \dfrac{\sin x}{x}$。

解：在命令行中输入以下命令：

```
>> clear
>> syms x;
>> f=sin(x)/x;
>> limit(f)
 ans =
     1
```

例 6-2：计算 $\lim\limits_{n \to \infty}(1+\dfrac{1}{n})^n$。

解：在命令行中输入以下命令：

```
>> clear
>> syms n
>> limit((1+1/n)^n, inf)
 ans =
     exp(1)
```

例 6-3：计算 $\lim\limits_{x \to 0+} \dfrac{\ln(1+x)}{x}$。

解： 在命令行中输入以下命令：

```
>> clear
>> syms x
>> limit(log(1+x)/x, x, 0, 'right')
ans =
     1
```

小技巧

遇到 $\lim\limits_{(x,y)\to(0,0)} \dfrac{e^{x}+e^{y}}{\cos x - \sin y}$ 这样的问题怎么办？请参照以下过程：

```
>> syms x y
>> f=((exp(x)+exp(y))/(cos(x)-sin(y)));
>> limit(limit(f, x, 0), y, 0)
```

6.1.2 导数与微分

导数是数学分析的基础内容之一，在工程应用中用来描述各种各样的变化率。可以根据导数的定义，利用上一节的 limit 命令来求解已知函数的导数，事实上，MATLAB 提供了专门的函数求导命令 diff。

diff 命令的调用格式见表 6-2。

表 6-2 diff 调用格式

命令	说明
diff (f)	求函数 f(x)的导数
diff (f,n)	求函数 f(x)的 n 阶导数
diff (f,x,n)	求多元函数 $f(x, y, \cdots)$ 对 x 的 n 阶导数

下面来看几个具体的例子：

例 6-4： 计算 $y = 2^{x} + \sqrt{x}\ln x$ 的导数。

解： 在命令行中输入以下命令：

```
>> clear
>> syms x
>> f=2^x+x^(1/2)*log(x);
>> diff(f)
   ans =
   2^x*log(2)+1/2/x^(1/2)*log(x)+1/x^(1/2)
```

例 6-5： 计算 $y = \sin(2x+3)$ 的 3 阶导数。

解： 在命令行中输入以下命令：

```
>> clear
>> syms x
>> f=sin(2*x+3);
>> diff(f,3)
   ans =
   -8*cos(2*x+3)
```

例 6-6： 计算 $f = \ln[e^{2(x+y^2)} + (x^2 + y) + \sin(1 + x^2)]$ 对 x、y 的 1 阶、2 阶偏导数。

解： 在命令行中输入以下命令：

```
>> clear
>> syms x y
>> f=log(exp(2*(x+y^2))+(x^2+y)+sin(1+x^2));
>> fx=diff(f,x)
   fx =
   (2*exp(2*x+2*y^2)+2*x+2*cos(1+x^2)*x)/(exp(2*x+2*y^2)+x^2+y+sin(1+x^2))
>> fy=diff(f,y)
   fy =
   (4*y*exp(2*x+2*y^2)+1)/(exp(2*x+2*y^2)+x^2+y+sin(1+x^2))
>> fxy=diff(fx,y)
   fxy =
   8*y*exp(2*x+2*y^2)/(exp(2*x+2*y^2)+x^2+y+sin(1+x^2))-(2*exp(2*x+2*y^2)+2*x+
2*cos(1+x^2)*x)/(exp(2*x+2*y^2)+x^2+y+sin(1+x^2))^2*(4*y*exp(2*x+2*y^2)+1)
>> fyx=diff(fy,x)
   fyx =
   8*y*exp(2*x+2*y^2)/(exp(2*x+2*y^2)+x^2+y+sin(1+x^2))-(2*exp(2*x+2*y^2)+2*x+
2*cos(1+x^2)*x)/(exp(2*x+2*y^2)+x^2+y+sin(1+x^2))^2*(4*y*exp(2*x+2*y^2)+1)
>> fxx=diff(fx,x)
   fxx =
   (4*exp(2*x+2*y^2)+2-4*sin(1+x^2)*x^2+2*cos(1+x^2))/(exp(2*x+2*y^2)+x^2+y+si
n(1+x^2))-(2*exp(2*x+2*y^2)+2*x+2*cos(1+x^2)*x)^2/(exp(2*x+2*y^2)+x^2+y+sin(1+x^2)
)^2
>> fyy=diff(fy,y)
   fyy =
   (4*exp(2*x+2*y^2)+16*y^2*exp(2*x+2*y^2))/(exp(2*x+2*y^2)+x^2+y+sin(1+x^2))-
(4*y*exp(2*x+2*y^2)+1)^2/(exp(2*x+2*y^2)+x^2+y+sin(1+x^2))^2
     >> fxx=diff(f,x,2)
```

```
    fxx =
    (4*exp(2*x+2*y^2)+2-4*sin(1+x^2)*x^2+2*cos(1+x^2))/(exp(2*x+2*y^2)+x^2+y+si
n(1+x^2))-(2*exp(2*x+2*y^2)+2*x+2*cos(1+x^2)*x)^2/(exp(2*x+2*y^2)+x^2+y+sin(1+x^2)
)^2
    >> fyy=diff(f,y,2)
    fyy =
    (4*exp(2*x+2*y^2)+16*y^2*exp(2*x+2*y^2))/(exp(2*x+2*y^2)+x^2+y+sin(1+x^2))-
(4*y*exp(2*x+2*y^2)+1)^2/(exp(2*x+2*y^2)+x^2+y+sin(1+x^2))^2
```

6.2　积分

积分与微分不同，它是研究函数整体性态的，因此它在工程中的作用是不言而喻的。理论上可以用牛顿 莱布尼茨公式求解对已知函数的积分，但在工程中这并不可取，因为实际中遇到的大多数函数都不能找到其积分函数，有些函数的表达式非常复杂，用牛顿 莱布尼茨公式求解会相当复杂，因此，在工程中大多数情况下都使用 MATLAB 提供的积分运算函数计算，少数情况也可通过利用 MATLAB 编程实现。

6.2.1　定积分与广义积分

定积分是工程中用得最多的积分运算，利用 MATLAB 提供的 int 命令可以很容易地求已知函数在已知区间的积分值。

int 命令求定积分的调用格式见表 6-3。

表 6-3　int 调用格式

命令	说　明
int (f,a,b)	计算函数 f 在区间[a,b]上的定积分
int (f,x,a,b)	计算函数 f 关于 x 在区间[a,b]上的定积分

下面来看几个具体的例子：

例 6-7：求 $\int_0^1 \dfrac{\sin x}{x}$。

说明：本例中的被积函数在[0,1]上显然是连续的，因此它在[0,1]上肯定是可积的，但我们要是按数学分析的方法确实无法积分，这就更体现出了 MATLAB 的实用性。

解：在命令行中输入以下命令：

```
>> sym x;
>> v= int(sin(x)/x, 0, 1)
v =
sinint(1)
>> vpa(v)
ans =
```

.94608307036718301494135331382318

例 6-8：求 $\int_0^1 e^{-2x}$ 。

说明：对于本例中的被积函数，有很多软件都无法求解，用 MATLAB 则很容易求解。

解：在命令行中输入以下命令：

```
>> clear
>> sym x;
>> v=int(exp(-2*x),0,1)
v =
-1/2*exp(-2)+½
>> vpa(v)
ans =
.43233235838169365405300025251376
```

int 函数还可以求广义积分，方法是只要将相应的积分限改为正（负）无穷即可，接下来看几个广义积分的例子：

例 6-9：求 $\int_0^{+\infty}\frac{1}{x}$ 与 $\int_0^{+\infty}\frac{1}{1+x^2}$ 。

解：在命令行中输入以下命令：

```
>> clear
>> sym x;
>> int(1/x,1,inf)
ans =
Inf
>> sym x;
>>v= int(1/(1+x^2),1,inf)
v =
1/4*pi
>> vpa(v)
ans =
.78539816339744830961566084581988
```

注：第一个积分结果是无穷大，说明这个广义积分是发散的，与我们熟悉的理论结果是一致的。

例 6-10：在热辐射理论中经常会遇到反常积分 $\int_0^{+\infty}\frac{x^3}{e^x-1}$ 的计算问题，用 MATLAB 则很容易求解。

解：在命令行中输入以下命令：

```
>> syms x
>> f=x^3/(exp(x)-1);
```

```
>> int(f,0,inf)
ans =
1/15*pi^4
```

例 6-11：求 $\int_{-\infty}^{+\infty} \dfrac{1}{x^2+2x+3}$。

解：在命令行中输入以下命令：

```
>> sym x;
>> f=1/(x^2+2*x+3);
>>v= int(f,-inf,inf)
v =
1/2*pi*2^(1/2)
>> vpa(v)
ans =
2.2214414690791831235079404950304
```

6.2.2 不定积分

在实际的工程计算中，有时也会用到求不定积分的问题。利用上面的 int 命令，同样可以求不定积分，它的使用形式也非常简单。它的调用格式见表 6-4。

表 6-4 int 调用格式

命令	说 明
int (f)	计算函数 f 的不定积分
int (f,x)	计算函数 f 关于变量 x 的不定积分

下面来看两个具体的例子：

例 6-12：求 $\sin(xy+z+1)$ 的不定积分。

解：在命令行中输入以下命令：

```
>> syms x y z
>> f=sin(x*y+z+1);
>> int(f)
ans =
-1/y*cos(x*y+z+1)
```

例 6-13：求 $\sin(xy+z+1)$ 对 z 的不定积分。

解：在命令行中输入以下命令：

```
>> clear
>> syms x y z
>> int(sin(x*y+z+1),z)
 ans =
-cos(x*y+z+1)
```

6.3　级数求和

级数是数学分析的重要内容，无论在数学理论本身还是在科学技术的应用中都是一个有力工具。MATLAB 具有强大的级数求和命令，在本节中，将详细介绍如何用它来处理工程计算中遇到的各种级数求和问题。

6.3.1　有限项级数求和

MATLAB 提供的主要的求级数命令为 symsum，它的主要调用格式见表 6-5。

表 6-5　symsum 调用格式

命令	说　明
symsum (s)	计算函数 f 的不定积分
symsum (s,v)	计算函数 f 关于变量 x 的不定积分
symsum (s,a,b)	求级数 s 关于系统默认的变量从 a 到 b 的有限项和
symsum (s,v,a,b)	求级数 s 关于变量 v 从 a 到 b 的有限项和

下面来看几个具体的例子：

例 6-14： 求级数 $s = a^n + bn$ 的前 $n-1$ 项（n 从 0 开始）。

说明： 这是我们最熟悉的级数之一，即一个等比数列与等差数列相加构成的数列，它的前 $n-1$ 项和我们也不难求得为 $\dfrac{1-a^n}{1-a} + \dfrac{n(n-1)b}{2}$ 。

解： 在命令行中输入以下命令：

```
>> syms a b n
>> s=a^n+b*n;
>> symsum(s)
ans =
1/2*(2*a^n+b*n^2*a-b*n^2-b*n*a+b*n)/(a-1)
```

例 6-15： 求级数 $s = \sin nx$ 的前 $n-1$ 项（n 从 0 开始）。

说明： 这是一个三角函数列，是数学分析中傅里叶级数部分常见的一个级数，在工程中具有重要的地位。

解： 在命令行中输入以下命令：

```
>> syms n x
>> s=sin(n*x);
>> symsum(s,n)
ans =
-1/2*sin(n*x)+1/2*sin(x)/(cos(x)-1)*cos(n*x)
```

例 6-16： 求级数 $s = 2^{\sin nx}$ 的前 $n-1$ 项（n 从 0 开始），并求它的前 10 项的和。

解： 在命令行中输入以下命令：

```
>> syms n
```

```
>> s=2*sin(2*n)+4*cos(4*n)+2^n;
>> sum_n=symsum(s)
sum_n =
```

(-2*sin(n)*cos(n)*cos(1)^3*sin(1)+2*cos(n)*cos(1)*sin(n)*sin(1)+2*cos(1)^2*sin(1)^2*cos(n)^2+32*n*cos(1)^3*sin(1)-8*n*cos(1)*sin(1)-24*n*cos(1)^3*sin(1)^3+16*n*cos(1)^5*sin(1)^3+8*n*cos(1)*sin(1)^3-40*n*cos(1)^5*sin(1)+16*n*cos(1)^7*sin(1)+12*sin(n)*cos(1)^2*cos(n)-4*sin(n)*cos(n)-8*cos(1)^4*sin(n)*cos(n)+8*sin(1)^2*sin(n)*cos(n)^3-16*cos(n)^3*sin(1)^2*cos(1)^2*sin(n)+16*cos(1)^3*cos(n)^2*sin(1)-16*cos(n)^2*sin(1)*cos(1)-16*cos(n)^4*sin(1)*cos(1)^3+16*cos(n)^4*cos(1)*sin(1)+2^n*cos(1)^3*sin(1)-2^n*cos(1)*sin(1))/cos(1)/sin(1)/(cos(1)^2-1)

```
>> sum10=symsum(s, 0, 10)
sum10 =
```

2051+4*cos(4)+2*sin(4)+2*sin(2)+4*cos(8)+2*sin(6)+4*cos(12)+2*sin(8)+4*cos(16)+2*sin(10)+4*cos(20)+2*sin(12)+4*cos(24)+2*sin(14)+4*cos(28)+2*sin(16)+4*cos(32)+2*sin(18)+4*cos(36)+2*sin(20)+4*cos(40)

```
>> vpa(sum10)
ans =
2048.2771219312785147716264587939
```

😊 小技巧

如果不知道级数 s 中的变量是什么该怎么办呢？很简单，只需用 MATLAB 的 findsym 命令即可解决，其具体的格式为：findsym(s)。

6.3.2 无穷级数求和

MATLAB 提供的 symsum 命令还可以求无穷级数，这时只需将命令参数中的求和区间端点改成无穷即可，具体做法可参见下面的例子。

例 6-17： 求级数 $\sum\limits_{n=1}^{+\infty} \dfrac{1}{n}$ 与 $\sum\limits_{n=1}^{+\infty} \dfrac{1}{n^3}$。

解： 在命令行中输入以下命令：

```
>> syms n
>> s1=1/n;
>> v1=symsum(s1, 1, inf)
v1 =
Inf
>> clear
```

```
>> syms n
>> s2=1/n^3;
>> v2=symsum(s2,1,inf)
v2 =
zeta(3)
>> vpa(v2)
ans =
1.2020569031595942853997381615115
```

注：1. 从数学分析的级数理论，我们知道第一个级数是发散的，因此用 MATLAB 求出的值为 Inf。

2. zeta(3)表示 zeta 函数在 3 处的值，其中 zeta 函数的定义为

$$\zeta(w) = \sum_{k=1}^{\infty} \frac{1}{k^w}$$

zeta(3)的值为 1.2021。

😊 小技巧

在工程上，有时我们还需要判断某个级数是否绝对收敛，那该怎么办呢？这时可以借助 abs 来实现。

在本节的最后，我们需要说明的一点是，并不是对所有的级数 MATLAB 都能够计算出结果，当它求不出级数和时会给出求和形式。例如求 $\sum_{n=1}^{+\infty} (-1)^n \frac{\sin n}{n^2+1}$，当运行 symsum 命令时，会显示：

```
ans =
sum((-1)^n*sin(n)/(1+n^2),n = 1 .. Inf).
```

6.4　泰勒(Taylor)展开

用简单函数逼近（近似表示）复杂函数是数学中的一种基本思想方法，也是工程中常常要用到的技术手段。本节主要介绍如何用 MATLAB 来实现泰勒展开的操作。

6.4.1　泰勒(Taylor)定理

为了更好地说明下面的内容，也为了读者更易理解本节内容，先写出著名的泰勒定理：

若函数 $f(x)$ 在 x_0 处 n 阶可微，则 $f(x) = \sum_{k=0}^{n} \frac{f^{(k)}(x)}{k!}(x-x_0)^k + R_n(x)$。

其中，$R_n(x)$ 称为 $f(x)$ 的余项，常用的余项公式有：

- 佩亚诺(Peano)型余项：$R_n(x) = o((x - x_0)^n)$。

- 拉格朗日(Lagrange)型余项：$R_n(x) = \dfrac{f^{(n+1)}(\xi)}{(n+1)!}(x - x_0)^{n+1}$，其中 ξ 介于 x 与 x_0 之间。

特别地，当 $x_0 = 0$ 时的带拉格朗日型余项的泰勒公式：

$$f(x) = f(0) + f'(0)x + \frac{f''(0)}{2!}x^2 + \cdots + \frac{f^{(n)}(0)}{n!}x^n + \frac{f^{(n+1)}(\xi)}{(n+1)!}x^{n+1}, (0 < \xi < x)$$

称为麦克劳林(Maclaurin)公式。

6.4.2 MATLAB 实现方法

麦克劳林公式实际上是要将函数 $f(x)$ 表示成 x^n（n 从 0 到无穷大）的和的形式。在 MATLAB 中，可以用 taylor 命令来实现这种泰勒展开。taylor 命令的调用格式见表 6-6。

表 6-6 taylor 调用格式

命令	说 明
taylor(f)	关于系统默认变量 x 求 $\sum_{n=0}^{5} \dfrac{f^{(n)}(0)}{n!}x^n$
taylor(f,m)	关于系统默认变量 x 求 $\sum_{n=0}^{m} \dfrac{f^{(n)}(0)}{n!}x^n$，这里的 m 要求为一个正整数
taylor(f,a)	关于系统默认变量 x 求 $\sum_{n=0}^{5} (x-a)^n \dfrac{f^{(n)}(a)}{n!}x^n$，这里的 a 要求为一个实数
taylor(f,m,a)	关于系统默认变量 x 求 $\sum_{n=0}^{m} (x-a)^n \dfrac{f^{(n)}(a)}{n!}x^n$，这里的 m 要求为一个正整数，a 要求为一个实数
taylor(f,y)	关于函数 $f(x,y)$ 求 $\sum_{n=0}^{5} \dfrac{y^n}{n!} \dfrac{\partial^n}{\partial y^n} f(x, y=0)$
taylor(f,y,m)	关于函数 $f(x,y)$ 求 $\sum_{n=0}^{m} \dfrac{y^n}{n!} \dfrac{\partial^n}{\partial y^n} f(x, y=0)$，这里 m 要求为一个正整数
taylor(f,y,a)	关于函数 $f(x,y)$ 求 $\sum_{n=0}^{5} \dfrac{(y-a)^n}{n!} \dfrac{\partial^n}{\partial y^n} f(x, y=a)$，这里的 a 要求为一个实数
taylor(f,m,y,a)	关于函数 $f(x,y)$ 求 $\sum_{n=0}^{m} \dfrac{(y-a)^n}{n!} \dfrac{\partial^n}{\partial y^n} f(x, y=a)$，这里的 m 要求为一个正整数，a 要求为一个实数

下面来看几个具体的例子：

例 6-18：求 e^{-x} 的 6 阶麦克劳林型近似展开。

解：在命令行中输入以下命令：

```
>> syms x
>> f=exp(-x);
>> f6=taylor(f)
f6 =
```

1-x+1/2*x^2-1/6*x^3+1/24*x^4-1/120*x^5

例 6-19： 对于 $f(x) = a\sin x + b\cos x$

(1) 求 $f(x)$ 的 10 阶麦克劳林型近似展开；

(2) 求 $f(x)$ 在 $\dfrac{\pi}{2}$ 处的 10 阶泰勒展开。

解： 在命令行中输入以下命令：

```
>> syms a b x
>> f=a*sin(x)+b*cos(x);
>> f1=taylor(f,10)
f1 =
    b+a*x-1/2*b*x^2-1/6*a*x^3+1/24*b*x^4+1/120*a*x^5-1/720*b*x^6-1/5040*a*x^7+1/40
320*b*x^8+1/362880*a*x^9
    >> f2=taylor(f,10,pi/2)
f2 =
    a-b*(x-1/2*pi)-1/2*a*(x-1/2*pi)^2+1/6*b*(x-1/2*pi)^3+1/24*a*(x-1/2*pi)^4-1/120
*b*(x-1/2*pi)^5-1/720*a*(x-1/2*pi)^6+1/5040*b*(x-1/2*pi)^7+1/40320*a*(x-1/2*pi)^8-
1/362880*b*(x-1/2*pi)^9
```

例 6-20： 求 $f(x,y) = x^y$ 关于 y 在 0 处的 4 阶展开，关于 x 在 1.5 处的 4 阶泰勒展开。

解： 在命令行中输入以下命令：

```
>> syms x y
>> f=x^y;
>> f1=taylor(f,y,4)
f1 =
    1+log(x)*y+1/2*log(x)^2*y^2+1/6*log(x)^3*y^3
 >> f2=taylor(f,4,x,1.5)
f2 =
    (3/2)^y+2/3*(3/2)^y*y*(x-3/2)+2/9*(3/2)^y*y*(y-1)*(x-3/2)^2+4/81*(3/2)^y*y*(y-
1)*(y-2)*(x-3/2)^3
```

注意

当 a 为正整数，求函数 f(x)在 a 处的 6 阶麦克劳林型近似展开时，不要用 taylor(f,a)，否则 MATLAB 得出的结果将是 f(x)在 0 处的 6 阶麦克劳林型近似展开。

6.5 傅里叶(Fourier)展开

MATLAB 中不存在现成的傅里叶级数展开命令，我们可以根据傅里叶级数的定义编写一个函数文件来完成这个计算。

傅里叶级数的定义如下：

设函数 $f(x)$ 在区间 $[0，2\pi]$ 上绝对可积，且令

$$\begin{cases} a_n = \dfrac{1}{\pi}\int_0^{2\pi} f(x)\cos nx\,dx & (n=0,1,2,\cdots) \\[3mm] b_n = \dfrac{1}{\pi}\int_0^{2\pi} f(x)\sin nx\,dx & (n=1,2,\cdots) \end{cases}$$

以 a_n，b_n 为系数作三角级数

$$\frac{a_0}{2} + \sum_{n=1}^{\infty}(a_n\cos nx + b_n\sin nx)$$

它称为 $f(x)$ 的傅里叶级数，a_n，b_n 称为 $f(x)$ 的傅里叶系数。

根据以上定义，编写计算区间 $[0，2\pi]$ 上傅里叶系数的 Fourierzpi.m 文件如下：

```
function [a0,an,bn]=Fourierzpi(f)
syms x n
a0=int(f,0,2*pi)/pi;
an=int(f*cos(n*x),0,2*pi)/pi;
bn=int(f*sin(n*x),0,2*pi)/pi;
```

例 6-21：计算 $f(x)=x^2$ 的区间 $[0，2\pi]$ 上的傅里叶系数。

解：在命令行中输入以下命令：

```
>>clear
>> syms x
>> f=x^2;
>> [a0,an,bn]=Fourierzpi(f)
 a0 =
    8/3*pi^2
    an =
        4*(-sin(pi*n)*cos(pi*n)+2*n^2*pi^2*sin(pi*n)*cos(pi*n)+2*pi*n*cos(pi*n)^2-pi*n)/n^3/pi
        bn =
            -4*(1-cos(pi*n)^2+2*n^2*pi^2*cos(pi*n)^2-n^2*pi^2-2*pi*n*sin(pi*n)*cos(pi*n))/n^3/pi
```

同时，编写计算区间 $[-\pi，\pi]$ 上傅里叶系数的 Fourierpipi.m 文件如下：

```
function [a0,an,bn]=Fourierzpi(f)
syms x n
a0=int(f,0,2*pi)/pi;
an=int(f*cos(n*x),0,2*pi)/pi;
```

```
bn=int(f*sin(n*x),0,2*pi)/pi;
```

例 6-22：计算 $f(x)=x^2$ 的区间[-π，π]上的傅里叶系数。

解：在命令行中输入以下命令：

```
>>clear
>> syms x
>> f=x^2;
>> [a0,an,bn]=Fourierzpi(f)
 a0 =
    8/3*pi^2
 an =
        4*(-sin(pi*n)*cos(pi*n)+2*n^2*pi^2*sin(pi*n)*cos(pi*n)+2*pi*n*cos(pi*n
)^2-pi*n)/n^3/pi
 bn =
        -4*(1-cos(pi*n)^2+2*n^2*pi^2*cos(pi*n)^2-n^2*pi^2-2*pi*n*sin(pi*n)*cos
(pi*n))/n^3/pi
```

6.6　积分变换

积分变换是一个非常重要的工程计算手段。它通过参变量积分将一个已知函数变为另一个函数，使函数的求解更为简单。最重要的积分变换有傅里叶(Fourier)变换、拉普拉斯(Laplace)变换等。本节将结合工程实例介绍如何用 MATLAB 解傅里叶变换和拉普拉斯变换问题。

6.6.1　傅里叶(Fourier)积分变换

傅里叶变换是将函数表示成一族具有不同幅值的正弦函数的和或者积分，在物理学、数论、信号处理、概率论等领域都有着广泛的应用。MATLAB 提供的傅里叶变换命令是 fourier。

fourier 命令的调用格式见表 6-7。

表 6-7　fourier 调用格式

命令	说　明
fourier (f)	f 返回对默认自变量 x 的符号傅里叶变换，默认的返回形式是 $f(w)$，即 $f=f(x) \Rightarrow F=F(w)$；如果 $f=f(w)$，则返回 $F=F(t)$。即求 $F(w)=\int_{-\infty}^{\infty}f(x)e^{-iwx}dx$
fourier (f,v)	返回的傅里叶变换以 v 为默认变量，即求 $F(v)=\int_{-\infty}^{\infty}f(x)e^{-ivx}dx$
fourier (f,u,v)	以 v 代替 x 并对 u 积分，即求 $F(v)=\int_{-\infty}^{\infty}f(u)e^{-ivu}du$

下面来看几个具体的例子：

例 6-23：计算 $f(x) = \mathrm{e}^{-x^2}$ 的傅里叶变换。

解：在命令行中输入以下命令：

```
>> clear
>> syms x
>> f = exp(-x^2);
>> Fourier(f)
  ans =
        exp(-1/4*w^2)*pi^(1/2)
```

例 6-24：计算 $f(w) = \mathrm{e}^{-|w|}$ 的傅里叶变换。

解：在命令行中输入以下命令：

```
>> clear
>> syms  w
>> f = exp(-abs(w));
>> Fourier(f)
   ans =
        2/(1+t^2)
```

例 6-25：计算 $f(x) = x\mathrm{e}^{-|x|}$ 傅里叶变换。

解：在命令行中输入以下命令：

```
>> clear
>> syms  x  u
>> f = x*exp(-abs(x));
>> Fourier(f,u)
   ans =
        -4*i/(1+u^2)^2*u
```

例 6-26：计算 $f(x,v) = \mathrm{e}^{-x^2 \frac{|v|\sin v}{v}}$ 的傅里叶变换，x 是实数。

解：在命令行中输入以下命令：

```
>> clear
>> syms x  real  v  u
>> f= exp(-x^2*abs(v))*sin(v)/v;
>> Fourier(f,v,u)
   ans =
        atan((u+1)/x^2)-atan((u-1)/x^2)
```

6.6.2 傅里叶(Fourier)逆变换

MATLAB 提供的傅里叶逆变换命令是 ifourier。

ifourier 命令的调用格式见表 6-8。

表 6-8　ifourier 调用格式

命令	说明
ifourier (F)	f 返回对默认自变量 w 的符号傅里叶逆变换，默认的返回形式是 $f(x)$，即 $F=F(w) \Rightarrow f=f(x)$；如果 $F=F(x)$，则返回 $f=f(t)$，即求 $f(w) = \dfrac{1}{2\pi} \displaystyle\int_{-\infty}^{\infty} F(x)e^{iwx} dw$
ifourier (F,u)	返回的傅里叶逆变换以 u 为默认变量，即求 $F(v) = \displaystyle\int_{-\infty}^{\infty} f(x)e^{-ivx} dx$
ifourier (F,v,u)	以 v 代替 w 的傅里叶逆变换，即求 $f(v) = \dfrac{1}{2\pi} \displaystyle\int_{-\infty}^{\infty} F(v)e^{ivu} dv$

下面来看几个具体的例子：

例 6-27： 计算 $f(w) = e^{-\frac{w^2}{4a^2}}$ 的傅里叶逆变换。

解： 在命令行中输入以下命令：

```
>> clear
>> syms a w real
>> f=exp(-w^2/(4*a^2));
>> F = ifourier(f)
  ans =
        a*exp(-x^2*a^2)/pi^(1/2)
```

例 6-28： 计算 $g(w) = e^{-|x|}$ 的傅里叶逆变换。

解： 在命令行中输入以下命令：

```
>> clear
>> syms x real
>> g= exp(-abs(x));
>> ifourier(g)
  ans =
        1/(1+t^2)/pi
```

例 6-29： 计算 $f(w) = 2e^{-|w|} - 1$ 的傅里叶逆变换。

解： 在命令行中输入以下命令：

```
>> clear
>> syms w t real
>> f = 2*exp(-abs(w)) - 1;
>> ifourier(f,t)
  ans =
        -dirac(t)+2/(1+t^2)/pi
```

例 6-30： 计算 $f(w,v) = e^{-w^2 \frac{|v|\sin v}{v}}$ 的傅里叶逆变换，w 是实数。

解： 在命令行中输入以下命令：

```
>> clear
>> syms w v t real
>> f = exp(-w^2*abs(v))*sin(v)/v;
>> ifourier(f,v,t)
  ans =
      1/2*(-atan((t-1)/w^2)+atan((t+1)/w^2))/pi
```

6.6.3 快速傅里叶(Fourier)变换

快速 Fourier 变换（FFT）是离散傅里叶变换的快速算法，它是根据离散傅里叶变换的奇、偶、虚、实等特性，对离散傅里叶变换的算法进行改进获得的。

MATLAB 提供了多种快速傅里叶变换的命令，见表 6-9。

表 6-9 快速傅里叶变换

命令	意义	命令调用格式
fft	一维快速傅里叶变换	Y=fft(X)，计算对向量 X 的快速傅里叶变换。如果 X 是矩阵，fft 返回对每一列的快速傅里叶变换
		Y=fft(X, n)，计算向量的 n 点 FFT。当 X 的长度小于 n 时，系统将在 X 的尾部补零，以构成 n 点数据；当 x 的长度大于 n 时，系统进行截尾
		Y=fft(X,[],dim)或 Y=fft(X,n,dim)，计算对指定的第 dim 维的快速傅里叶变换
fft2	二维快速傅里叶变换	Y=fft2(X)，计算对 X 的二维快速傅里叶变换。结果 Y 与 X 的维数相同
		Y=fft2(X,m,n)，计算结果为 m×n 阶，系统将视情对 X 进行截尾或者以 0 来补齐
fftshift	将快速傅里叶变换（fft、fft2）的 DC 分量移到谱中央	Y=fftshift(X)，将 DC 分量转移至谱中心
		Y=fftshift(X,dim)，将 DC 分量转移至 dim 维谱中心，若 dim 为 1 则上下转移，若 dim 为 2 则左右转移
ifft	一维逆快速傅里叶变换	y=ifft(X)，计算 X 的逆快速傅里叶变换
		y=ifft(X,n)，计算向量 X 的 n 点逆 FFT
ifft	一维逆快速傅里叶变换	y=ifft(X,[],dim)，计算对 dim 维的逆 FFT
		y=ifft(X,n,dim)，计算对 dim 维的逆 FFT
ifft2	二维逆快速傅里叶变换	y=ifft2(X)，计算 X 的二维逆快速傅里叶变换
		y=ifft2(X,m,n)，计算向量 X 的 m×n 维逆快速 Fourier 变换
ifftn	多维逆快速傅里叶变换	y=ifftn(X)，计算 X 的 n 维逆快速傅里叶变换
		y=ifftn(X,size)，系统将视情对 X 进行截尾或者以 0 来补齐
ifftshift	逆 fft 平移	Y=ifftshift(X)，同时转移行与列
		Y=ifftshift(X,dim)，若 dim 为 1 则行转移，若 dim 为 2 则列转移

例 6-31：傅里叶变换经常被用来计算存在噪声的时域信号的频谱。假设数据采样频率为 1000Hz，一个信号包含频率为 50Hz、振幅为 0.7 的正弦波和频率为 120Hz、振幅为 1 的正弦波，噪声为零平均值的随机噪声。试采用 FFT 方法分析其频谱。

解：在命令行中输入以下命令：

```
>> clear
>> Fs = 1000;                        % 采样频率
>> T = 1/Fs;                         % 采样时间
>> L = 1000;                         % 信号长度
>> t = (0:L-1)*T;                    % 时间向量
>> x = 0.7*sin(2*pi*50*t) + sin(2*pi*120*t);
>> y = x + 2*randn(size(t));         % 加噪声正弦信号
>> plot(Fs*t(1:50),y(1:50))
>> title('零平均值噪声信号');
>> xlabel('time (milliseconds)')
>> NFFT = 2^nextpow2(L); % Next power of 2 from length of y
>> Y = fft(y,NFFT)/L;
>> f = Fs/2*linspace(0,1,NFFT/2);
>> plot(f,2*abs(Y(1:NFFT/2)))
>> title('y(t)单边振幅频谱')
>> xlabel('Frequency (Hz)')
>> ylabel('|Y(f)|')
```

计算结果的图形如图 6-1 和图 6-2 所示。

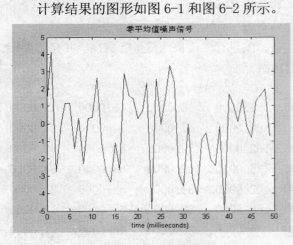

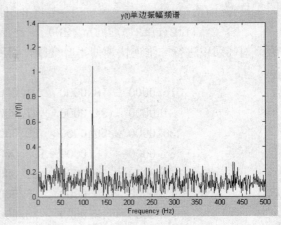

图 6-1　加零平均值噪声信号　　　　　　　　图 6-2　y(t)单边振幅频谱

例 6-32： 计算 MATLAB 路径中\toolbox\images\imdemos\ saturn2.png 图像文件（见图 6-3）的二维傅里叶变换。

解： 在命令行中输入以下命令：

```
>> clear
>> load imdemos saturn2;
>> imshow(saturn2);
>> b=fftshift(fft2(saturn2));
>> figure,imshow(log(abs(b)),[]);
>> colormap(jet(64));
```

```
>> colorbar;
```
变换结果如图 6-4 所示。

图 6-3　saturn2.png

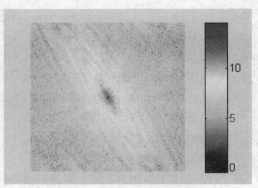

图 6-4　saturn2.png 幅值结果

例 6-33： 利用快速傅里叶变换实现快速卷积。

解： 在命令行中输入以下命令：

```
>> clear
>> A=magic(4);              %生成 4*4 的魔幻矩阵
>> B=ones(3);               %生成 3*3 的全 1 矩阵
>> A(6,6)=0;                %将 A 用零补全为（4+3-1）*（4+3-1）维
>> B(6,6)=0;                %将 B 用零补全为（4+3-1）*（4+3-1）维
>> C=ifft2(fft2(A).*fft2(B));    %对 A、B 进行二维快速傅里叶变换，并将结果相
```
乘，对%乘积进行二维逆快速傅里叶变换，得到卷积

```
    C =
         16.0000    18.0000    21.0000    34.0000    18.0000    16.0000    13.0000
         21.0000    34.0000    47.0000    68.0000    47.0000    34.0000    21.0000
         30.0000    50.0000    69.0000   102.0000    72.0000    52.0000    33.0000
         34.0000    68.0000   102.0000   136.0000   102.0000    68.0000    34.0000
         18.0000    50.0000    81.0000   102.0000    84.0000    52.0000    21.0000
         13.0000    34.0000    55.0000    68.0000    55.0000    34.0000    13.0000
          4.0000    18.0000    33.0000    34.0000    30.0000    16.0000     1.0000
```

下面是利用 MATLAB 自带的卷积计算命令 conv2 进行的验算。

```
>>A=magic(4);
>> B=ones(3);
>> D=conv2(A,B)
D =
    16    18    21    18    16    13
    21    34    47    47    34    21
    30    50    69    72    52    33
    18    50    81    84    52    21
```

| 13 | 34 | 55 | 55 | 34 | 13 |
| 4 | 18 | 33 | 30 | 16 | 1 |

6.6.4 拉普拉斯(Laplace)变换

MATLAB 提供的拉普拉斯变换命令是 laplace。

laplace 命令的调用格式见表 6-10。

表 6-10 laplace 调用格式

命令	说 明
laplace (F)	计算默认自变量 t 的符号拉普拉斯变换，默认的返回形式是 $L(s)$，即 $F = F(t) \Rightarrow L = L(s)$；如果 $F=F(s)$，则返回 $L=L(t)$，即求 $L(s) = \int_0^\infty F(t)\mathrm{e}^{-st}\mathrm{d}t$
laplace (F,t)	计算结果以 t 为默认变量，即求 $L(t) = \int_0^\infty F(x)\mathrm{e}^{-tx}\mathrm{d}x$
laplace (F,w,z)	以 z 代替 s 并对 w 积分，即求 $L(z) = \int_0^\infty F(w)\mathrm{e}^{-zw}\mathrm{d}w$

下面来看几个具体的例子：

例 6-34：计算 $f(t) = t^4$ 的拉普拉斯变换。

解：在命令行中输入以下命令：

```
>>clear
>>syms t
>>f=t^4;
>> laplace(f)
ans =
    24/s^5
```

例 6-35：计算 $g(s) = \dfrac{1}{\sqrt{s}}$ 的拉普拉斯变换。

解：在命令行中输入以下命令：

```
>>clear
>>syms s
>>g=1/sqrt(s);
>>laplace(g)
ans =
    pi^(1/2)/t^(1/2)
```

例 6-36：计算 $f(t) = \mathrm{e}^{-at}$ 的拉普拉斯变换。

解：在命令行中输入以下命令：

```
>> clear
>> syms t a x
>> f=exp(-a*t);
```

```
>> laplace(f, x)
ans =
       1/(x+a)
```

6.6.5 拉普拉斯 (ilaplace) 逆变换

MATLAB 提供的拉普拉斯逆变换命令是 ilaplace。

ilaplace 命令的调用格式见表 6-11。

表 6-11　ilaplace 调用格式

命令	说　明
ilaplace (L)	计算对默认自变量 s 的符号拉普拉斯逆变换，默认的返回形式是 $F(t)$，即 $L=L(s) \Rightarrow F=F(t)$；如果 $L=L(t)$，则返回 $F=F(x)$，即求 $f(w) = \int_{c-iw}^{c+iw} L(s)e^{st}ds$
ilaplace (L,y)	计算结果以 y 为默认变量，即求 $F(y) = \int_{c-iw}^{c+iw} L(y)e^{sy}ds$
ilaplace (L,y,x)	以 x 代替 t 的拉普拉斯逆变换，即求 $F(x) = \int_{c-iw}^{c+iw} L(y)e^{xy}dy$

下面来看几个具体的例子：

例 6-37：计算 $f(t) = \dfrac{1}{s^2}$ 的拉普拉斯逆变换。

解：在命令行中输入以下命令：

```
>> clear
>> syms s
>> f=1/(s^2);
>> ilaplace(f)
ans =
       t
```

例 6-38：计算 $g(a) = \dfrac{1}{(t-a)^2}$ 的拉普拉斯逆变换。

解：在命令行中输入以下命令：

```
>> clear
>> syms a
>> g=1/(t-a)^2;
>> ilaplace(g)
ans =
       x*exp(a*x)
```

例 6-39：计算 $f(u) = \dfrac{1}{u^2 - a^2}$ 的拉普拉斯逆变换。

解：在命令行中输入以下命令：

```
>> clear
>> syms x u a
>> f=1/(u^2-a^2);
>> ilaplace(f,x)
  ans =
        1/a*sinh(a*x)
```

6.7　多元函数分析

本节主要对 MATLAB 求解多元函数偏导问题以及求解多元函数最值的命令进行介绍。多元函数的极限求解方法在 6.1 节中已有介绍，这里不再赘述。

6.7.1　多元函数的偏导

MATLAB 中可以用来求解偏导数的命令是 jacobian。

jacobian 命令的调用格式见表 6-12。

表 6-12　jacobian 调用格式

命令	说　明
jacobian (f,v)	计算数量或向量 f 对向量 v 的雅可比(Jacobi)矩阵。当 f 是数量的时候，实际上计算的是 f 的梯度；当 v 是数量的时候，实际上计算的是 f 的偏导数

下面来看几个具体的例子：

例 6-40：计算 $f(x,y,z) = \begin{bmatrix} xyz \\ y \\ x+z \end{bmatrix}$ 的雅可比矩阵。

解：在命令行中输入以下命令：

```
>> clear
>> syms x y z
>> f=[x*y*z;y;x+z];
>> v=[x,y,z];
>> jacobian(f,v)
ans =
    [ y*z,  x*z,  x*y]
    [   0,    1,    0]
    [   1,    0,    1]
```

例 6-41：计算 $f(x,y,z) = x^2 - 81(y+1)^2 + \sin z$ 的偏导数。

解：在命令行中输入以下命令：

```
>> clear
>> syms x y z
>> f=x^2+81*(y+1)^2+sin(z);
>> v=[x, y, z];
>> jacobian(f, v)
ans =
         [      2*x,  162*y+162,      cos(z)]
```

例 6-42：计算 $f(x,y,z)=x^2+2y^2+3z^2+xy$ 在点（0，0，0）与（1，3，4）的梯度大小。

解：在命令行中输入以下命令：

```
>> clear
>> syms x y z
>> f=x^2+2*y^2+3*z^2+x*y;
>> v=[x, y, z];
>> j=jacobian(f, v);
>> j1=subs(subs(subs(j, x, 0), y, 0), z, 0);
>> j2= subs(subs(subs(j, x, 1), y, 3), z, 4);
  j1 =
       0     0     0
  j2 =
       5    13    24
```

😊 小技巧

根据方向导数的定义，多元函数沿方向 v 的方向导数可表示为该多元函数的梯度点乘单位向量 v，即方向导数可以用 jacobian*v 来计算

例 6-43：计算 $f(x,y,z)=x^2+2y^2+3z^2+xy$ 沿 $v=$（1，2，3）的方向导数。

解：在命令行中输入以下命令：

```
>> clear
>> syms x y z
>> f=x^2+2*y^2+3*z^2+x*y;
>> v=[x, y, z];
>> j=jacobian(f, v);
>> v1=[1, 2, 3];
>> j.*v1
  ans =
  [    2*x+y,  8*y+2*x,      18*z]
```

6.7.2　多元函数的梯度

其实，MATLAB 也有专门的求解梯度的命令 gradient。它专门对实数矩阵求梯度。
gradient 的调用格式见表 6-13。

表 6-13　gradient 调用格式

命令	说　明
FX=gradient (F)	计算对水平方向的梯度
[FX,FY]=gradient (F)	计算矩阵 F 的数值梯度，其中 FX 为水平方向梯度，FY 为垂直方向梯度，各个方向的间隔默认为 1
[FX,FY]=gradient (F,h)	计算矩阵 F 的数值梯度，与第二个格式的区别是将 h 作为各个方向的间隔
[FX,FY]=gradient (F,hx,hy)	计算二维矩阵 F 的数值梯度，使用 hx、hy 定义点距，hx、hy 可以是数量或者向量，但是如果是向量的话，维数必须与 F 的维数相一致
[FX,FY,FZ]=gradient (F)	计算三维梯度，并可以扩展到更高的维数
[FX,FY,FZ]=gradient (F, hx,hy,hz)	计算三维梯度，使用 hx、hy、hz 定义间距，并可扩展到更高的维数

下面来看几个具体的例子：

例 6-44：计算 $z = xe^{-x^2-y^2}$ 的数值梯度。

解：在命令行中输入以下命令：

```
>> clear
>> v = -2:0.2:2;
>> [x, y] = meshgrid(v);
>> z = x .* exp(-x.^2 - y.^2);
>> [px, py] = gradient(z, 0.2, 0.2);
>> contour(v, v, z), hold on, quiver(v, v, px, py), hold off
```

计算结果如图 6-5 所示。

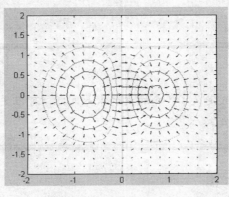

图 6-5　$z = xe^{-x^2-y^2}$ 的数值梯度

例 6-45：对三阶魔方矩阵和帕斯卡矩阵计算三维数值梯度，间距定义为 0.2、0.1、0.2。

解：在命令行中输入以下命令：

```
>>F(:, :, 1) = magic(3);
```

```
>>F(:,:,2) = pascal(3);
>> [PX,PY,PZ] = gradient(F,0.2,0.1,0.2)
    PX(:,:,1) =
        -35.0000      -5.0000      25.0000
         10.0000      10.0000      10.0000
         25.0000      -5.0000     -35.0000
    PX(:,:,2) =
              0            0            0
          5.0000       5.0000       5.0000
         10.0000      12.5000      15.0000
    PY(:,:,1) =
        -50.0000      40.0000      10.0000
        -20.0000      40.0000     -20.0000
         10.0000      40.0000     -50.0000
    PY(:,:,2) =
              0      10.0000      20.0000
              0      10.0000      25.0000
              0      10.0000      30.0000
    PZ(:,:,1) =
        -35            0          -25
        -10          -15          -20
        -15          -30           20
    PZ(:,:,2) =
        -35            0          -25
        -10          -15          -20
        -15          -30           20
```

😊 小技巧

第 3、4、6 种调用格式定义了各个方向的求导间距，可以更精确地表现矩阵在各个位置的梯度值，因此使用更为广泛。

6.8 多重积分

多重积分与一重积分在本质上是相通的，但是多重积分的积分区域复杂了。我们可以利用前面讲过的 int 命令，结合对积分区域的分析进行多重积分计算，也可以利用 MATLAB 自带的专门多重积分命令进行计算。

6.8.1 二重积分

MATLAB 用来进行二重积分数值计算的专门命令是 dblquad。这是一个在矩形范围内计算二重积分的命令。

dblquad 的调用格式见表 6-14。

表 6-14 dblquad 调用格式

命令	说明
q= dblquad (fun,xmin,xmax,ymin,ymax)	在 xmin<=x<=xmax，ymin<=y<=ymax 的矩形内计算 fun(x,y)的二重积分，此时默认的求解积分的数值方法为 quad，默认的公差为 10^{-6}
q= dblquad (fun,xmin,xmax,ymin,ymax,tol)	在 xmin<=x<=xmax，ymin<=y<=ymax 的矩形内计算 fun(x,y)的二重积分，默认的求解积分的数值方法为 quad，用自定义公差 tol 来代替默认公差
q= dblquad (fun,xmin,xmax,ymin,ymax,tol,method)	在 xmin<=x<=xmax，ymin<=y<=ymax 的矩形内计算 fun(x,y)的二重积分，用 method 进行求解数值积分方法的选择，用自定义公差 tol 来代替默认公差

下面来看几个具体的例子：

例 6-46：计算 $\displaystyle\int_{0}^{\pi}\int_{\pi}^{2\pi}(y\sin x + x\cos y)\mathrm{d}x\mathrm{d}y$ 。

解：先建立一个函数型 M 文件：

```
function z=my2int(x,y)
global k;
k=k+1;%定义一个全局变量，计算被积函数调用积分命令的次数
z=y*sin(x)+x*cos(y);
```

然后在命令窗口输入以下命令：

```
>> clear
>> global k;
>> k=0;
>> dblquad(@my2int,pi,2*pi,0,pi)
   ans =
        -9.8696
   k =
        49
```

如果使用 int 命令进行二重积分计算，则需要先确定出积分区域以及积分的上下限，然后再进行积分计算。

例 6-47：计算 $\displaystyle\iint_{D} x\mathrm{d}x\mathrm{d}y$ ，其中 D 是由直线 y= 2x，y = 0.5x，y = 3-x 所围成的平面区域。

解：首先，划定积分区域：

```
>> clear
>> syms x y
>> f=x;
```

```
>> f1=2*x;
>> f2=0.5*x;
>> f3=3-x;
>> ezplot(f1);
>> hold on
>> ezplot(f2);
>> hold on
>> ezplot(f3);
>> hold on
>> ezplot(f3,[-2,3]);
```

积分区域就是图 6-6 中所围成的区域。

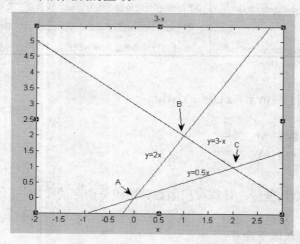

图 6-6 积分区域

下面确定积分限：

```
>>A=fzero('2*x-0.5*x',0)
  A =
      0
>> B=fzero('3-x-0.5*x',8)
  B =
    2
>> C=fzero('2*x-(3-x)',4)
  C =
    1
```

即 *A=0*，*B=2*，*C=1*，找到积分限。下面进行积分计算。

根据图可以将积分区域分成两个部分，计算过程如下：

```
>> ff1=int(f,0.5*x,2*x)
  ff1 =
      15/8*x^2
```

```
>> ff11=int(ff1, 0, 1)
  ff11 =
        5/8
>> ff2=int(f, 0.5*x, 3-x)
  ff2 =
        1/2*(3-x)^2-1/8*x^2
>> ff22=int(ff2, 1, 2)
  ff22 =
        7/8
>> ff11+ff22
  ans =
        3/2
```

本题的计算结果就是 3/2。

6.8.2　三重积分

计算三重积分的过程和计算二重积分是一样的，但是由于三重积分的积分区域更加复杂，所以计算三重积分的过程将更加地繁琐。

例 6-48：计算 $\iiint\limits_{V}(x^2+y^2+z^2)\mathrm{d}x\mathrm{d}y\mathrm{d}z$，其中 V 是由椭球体 $x^2+\dfrac{y^2}{4}+\dfrac{z^2}{9}=1$ 围成的内部区域。

解：首先，划定积分区域：

```
>> clear
>>x=-1:2/50:1;
>>y=-2:4/50:2;
>>z=-3;
for i=1:51
    for j=1:51
        z(j,i)=(1-x(i)^2-y(j)^2/4)^0.5;
        if imag(z(j,i))<0
            z(j,i)=nan;
        end
        if imag(z(j,i))>0;
            z(j,i)=nan;
        end
    end
end
>>mesh(x,y,z)
>>hold on
```

293

```
>>mesh(x, y, -z)
>>mesh(x, -y, z)
>>mesh(x, -y, -z)
>>mesh(-x, y, z)
>>mesh(-x, y, -z)
>>mesh(-x, -y, -z)
>>mesh(-x, -y, z)
```

积分区域如图 6-7 所示。

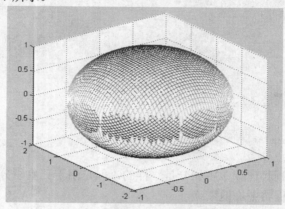

图 6-7　三维积分区域

下面确定积分限：

```
>>view(0, 90)
>>title('沿 x 轴侧视')
>>view(90, 0)
>>title('沿 y 轴侧视')
```

积分限如图 6-8 和图 6-9 所示。

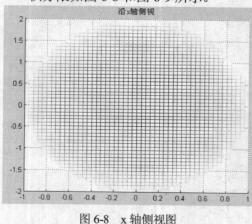

图 6-8　x 轴侧视图

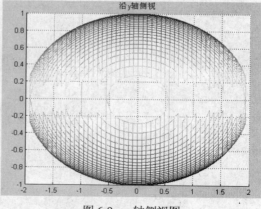

图 6-9　y 轴侧视图

由图 6-8 和图 6-9 以及椭球面的性质，可以得到

```
>> syms x y z
>> f=x^2+y^2+z^3;
```

```
>> a1=-sqrt(1-(x^2));
>> a2=sqrt(1-(x^2));
>> b1=-3*sqrt(1-x^2-(y/2)^2);
>> b2=3*sqrt(1-x^2-(y/2)^2);
>> fdz=int(f,z,b1,b2) ;
>> fdzdy=int(fdz,y,a1,a2) ;
>> fdzdydx=int(fdzdy,1,2) ;
>> simplify(fdzdydx)
 ans =
        -77/5*3^(1/2)-8/3*pi
```

第  章

微分方程

在工程实际中，很多问题是用微分方程的形式建立数学模型，微分方程是描述动态系统最常用的数学工具，因此微分方程的求解具有很实际的意义。本章将详细介绍用 MATLAB 求解微分方程的方法与技巧。

- 常微分方程的数值解法和符号解法
- 常微分方程的模块仿真
- 时滞微分方程的数值解法
- 各种偏微分方程的 MATLAB 求解

7.1 常微分方程的数值解法

常微分方程的常用数值解法主要是欧拉(Euler)方法和龙格-库塔（Runge-Kutta）方法等。

7.1.1 欧拉(Euler)方法

从积分曲线的几何解释出发，推导出了欧拉公式 $y_{n+1} = y_n + hf(x_n, y_n)$。MATLAB 没有专门的使用欧拉方法进行常微分方程求解的函数，下面是根据欧拉公式编写的 M 函数文件：

```
function [x,y]=euler(f,x0,y0,xf,h)
n=fix((xf-x0)/h);
y(1)=y0;
x(1)=x0;
for i=1:n
    x(i+1)=x0+i*h;
    y(i+1)=y(i)+h*feval(f,x(i),y(i));
end
```

例 7-1：求解初值问题 $\begin{cases} y' = y - \dfrac{2x}{y} & (0 < x < 1) \\ y(0) = 1 \end{cases}$。

解：首先，将方程建立一个 M 文件：

```
function f=f(x,y)
f=y-2*x/y;
```

在命令窗口中，输入以下命令：

```
>> [x,y]=euler('f',0,1,1,0.1)
x =
        0    0.1000    0.2000    0.3000    0.4000    0.5000    0.6000
  0.7000    0.8000    0.9000    1.0000
y =
   1.0000    1.1000    1.1918    1.2774    1.3582    1.4351    1.5090
  1.5803    1.6498    1.7178    1.7848
```

为了验证该方法的精度，求出该方程的解析解为 $y = \sqrt{1+2x}$，在 MATLAB 中求解为：

```
>> y1=(1+2*x).^0.5
y1 =
   1.0000    1.0954    1.1832    1.2649    1.3416    1.4142    1.4832
  1.5492    1.6125    1.6733    1.7321
```

通过图像来显示精度：

```
>> plot(x, y, x, y1,'--')
```

图像如图 7-1 所示。

从图 7-1 可以看出，欧拉方法的精度还不够高。

为了提高精度，人们建立了一个预测-校正系统，也就是所谓的改进的欧拉公式，如下所示：

$$y_p = y_n + hf(x_n, y_n)$$
$$y_c = y_n + hf(x_{n+1}, y_n)$$
$$y_{n+1} = \frac{1}{2}(y_p + y_c)$$

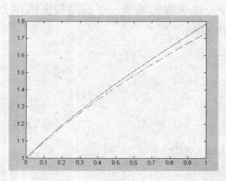

图 7-1　Euler 法精度

利用改进的欧拉公式，可以编写以下的 M 函数文件：

```
function [x, y]=adeuler(f, x0, y0, xf, h)
n=fix((xf-x0)/h);
x(1)=x0;
y(1)=y0;
for i=1:n
    x(i+1)=x0+h*i;
    yp=y(i)+h*feval(f, x(i), y(i));
    yc=y(i)+h*feval(f, x(i+1), yp);
    y(i+1)=(yp+yc)/2;
end
```

例 7-2： 求解初值问题 $\begin{cases} y' = y - \dfrac{2x}{y} & (0 < x < 1) \\ y(0) = 1 \end{cases}$。

解： 在命令窗口中，输入以下命令：

```
>> [x, y]=adeuler('f', 0, 1, 1, 0.1)
x =
         0    0.1000    0.2000    0.3000    0.4000    0.5000    0.6000
```

0.7000	0.8000	0.9000	1.0000			

y =

1.0000	1.0959	1.1841	1.2662	1.3434	1.4164	1.4860
1.5525	1.6165	1.6782	1.7379			

```
>> y1=(1+2*x).^0.5
```

y1 =

1.0000	1.0954	1.1832	1.2649	1.3416	1.4142	1.4832
1.5492	1.6125	1.6733	1.7321			

通过图像来显示精度：

```
>> plot(x, y, x, y1,'--')
```

结果图像如图 7-2 所示。从图 7-2 中可以看到，改进的欧拉方法比欧拉方法要优秀，数值解曲线和解析解曲线基本能够重合。

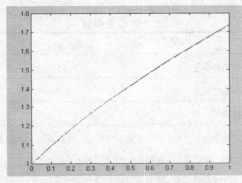

图 7-2　改进的 Euler 方法精度

7.1.2　龙格-库塔(Runge Kutta)方法

龙格-库塔方法是求解常微分方程的经典方法，MATLAB 提供了多个采用了该方法的函数命令，如表 7-1 所示。

表 7-1　RungeKutta 命令

命令	说　明
ode23	二阶、三阶 R-K 函数，求解非刚性微分方程的低阶方法
ode45	四阶、五阶 R-K 函数，求解非刚性微分方程的中阶方法
ode113	求解更高阶或大的标量计算
ode15s	采用多步法求解刚性方程，精度较低
ode23s	采用单步法求解刚性方程，速度比较快
ode23t	用于解决难度适中的问题
ode23tb	用于解决难度较大的问题，对于系统中存在常量矩阵的情况很有用

以上各种函数命令的调用方式主要如下所示：

◆　[T,Y] = solver(odefun,tspan,y0)

◆ [T,Y] = solver(odefun,tspan,y0,options)

◆ [T,Y,TE,YE,IE]=solver(odefun,tspan,y0,options) options 中的事件属性要设为 on

◆ sol = solver(odefun,[t0,tf],y0...) 其中，odefun 定义了微分方程的形式，tspan=[t0 tfinal] 定义微分方程的积分限，y0 是初始条件。

options 参数的设置要使用 odeset 函数命令，其调用格式见表 7-2。

表 7-2 options 参数

调用格式	说　明
options = odeset('name1',value1,'name2',value2,...)	创建一个参数结构，对指定的参数名进行设置，未设置的参数将使用默认值
options = odeset(oldopts,'name1',value1,...)	对已有的参数结构 oldopts 进行修改
options = odeset(oldopts,newopts)	将已有参数结构 oldopts 完整转换为 newopts
odeset	显示所有参数的可能值与默认值

options 具体的设置参数见表 7-3。

表 7-3 设置参数

参数	说　明
RelTol	求解方程允许的相对误差
AbsTol	求解方程允许的绝对误差
Refine	与输入点相乘的因子
OutputFcn	一个带有输入函数名的字符串，将在求解函数的每一步被调用：odephas2（二维相位图）、odephas3（三维相位图）、odeplot（解图形）、odeprint（中间结果）
OutputSel	整型变量，定义应传递的元素，尤其是传递给 OutputFcn 的元素；
Stats	若为"on",统计并显示计算过程中的资源消耗
Jacobian	若要编写 ODE 文件返回 dF/dy，设置为"on"
Jconstant	若 df/dy 为常量，设置为"on"
Jpattern	若要编写 ODE 文件返回带零的稀疏矩阵并输出 dF/dy，设置为"on"
Vectorized	若要编写 ODE 文件返回[F(t,y1) F(t,y2)...]，设置为"on"
Events	若 ODE 文件中带有参数"events"，设置为"on"
Mass	若要编写 ODE 文件返回 M 和 M(t)，设置为"on"
MassConstant	若矩阵 M(t)为常量，设置为"on"
MaxStep	定义算法使用的区间长度上限
InitialStep	定义初始步长，若给定区间太大，算法就使用一个较小的步长
MaxOrder	定义 ode15s 的最高阶数，应为 1 到 5 的整数
BDF	若要倒推微分公式，设置为"on"，仅供 ode15s
NormControl	若要根据 norm(e)<=max(Reltol*norm(y),Abstol)来控制误差，设置为"on"

例 7-3：某厂房容积为 $45m \times 15\,m \times 6m$。经测定，空气中含有 0.2%的二氧化碳。开动通风设备，以 360 m^3/s 的速度输入含有 0.05%二氧化碳的新鲜空气，同时又排出同等数量的室内空气。问 30min 后室内含有二氧化碳的百分比。

解：设在时刻 t 车间内二氧化碳的百分比为 $x(t)\%$，时间经过 dt 之后，室内二氧化碳浓度

改变量为 $45 \times 15 \times 6 \times \mathrm{d}x\% = 360 \times 0.05\% \times \mathrm{d}t - 360 \times x\% \times \mathrm{d}t$，得到

$$\begin{cases} \mathrm{d}x = \dfrac{4}{45}(0.05 - x)\mathrm{d}t \\ x(0) = 0.2 \end{cases}$$

首先创建 M 文件：

```
function co2=co2(t,x)
co2=4*(0.05-x)/45;
```

在命令窗口中输入以下命令：

```
>> [t,x]=ode45('co2',[0,1800],0.2)
>> plot(t,x)
t =
    1.0e+003 *
             0
        0.0008
        0.0015
        0.0023
        0.0030
        0.0054
        ......
        1.7793
        1.7897
        1.8000
x =
        0.2000
        0.1903
        0.1812
        0.1727
        0.1647
        0.1424
        ......
        0.0500
        0.0500
        0.0500
```

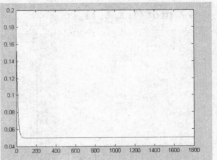

可以得到，在 30min 也就是 1800s 之后，车间内二氧化碳浓度为 0.05%。二氧化碳的浓度变化如图 7-3 所示。

图 7-3 二氧化碳浓度变化

例 7-4：利用 R-K 方法对例 7-1 中的方程进行求解。

解：在命令窗口中输入：

```
>> [t,x]=ode45('f',[0,1],1)
```

```
t =
         0
    0.0250
    0.0500
    ......
    0.9500
    0.9750
    1.0000
x =
    1.0000
    1.0247
    1.0488
    ......
    1.7029
    1.7176
    1.7321
```

计算解析解：

```
>> y1=(1+2*t).^0.5
y1 =
    1.0000
    1.0247
    1.0488
    ......
    1.7029
    1.7176
    1.7321
```

画图观察其计算精度：

```
>> plot(t,x,t,y1,'o')
```

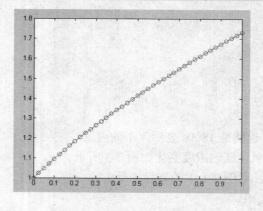

图 7-4　R-K 方法精度

从结果和图 7-4 中可以看到，R-K 方法的计算精度很优秀，数值解和解析解的曲线完全重合。

例 7-5： 在[0 ，12]内求解下列方程：

$$\begin{cases} y'_1 = y_2 y_3 & y_1(0) = 0 \\ y'_2 = -y_1 y_3 & y_2(0) = 1 \\ y'_3 = -y_1 y_2 & y_3(0) = 1 \end{cases}$$

解： 首先，创建要求解的方程的 M 文件：

```
function dy = rigid(t, y)
dy = zeros(3, 1);
dy(1) = y(2) * y(3);
dy(2) = -y(1) * y(3);
dy(3) = -0.51 * y(1) * y(2);
```

对计算用的误差限进行设置，然后进行方程解算：

```
>> options = odeset('RelTol', 1e-4, 'AbsTol', [1e-4 1e-4 1e-5])
options =
               AbsTol: [1.0000e-004 1.0000e-004 1.0000e-005]
                  BDF: []
               Events: []
          InitialStep: []
             Jacobian: []
            JConstant: []
             JPattern: []
                 Mass: []
         MassConstant: []
         MassSingular: []
             MaxOrder: []
              MaxStep: []
          NonNegative: []
          NormControl: []
            OutputFcn: []
            OutputSel: []
               Refine: []
               RelTol: 1.0000e-004
                Stats: []
           Vectorized: []
      MStateDependence: []
            MvPattern: []
         InitialSlope: []
```

```
>> [T,Y] = ode45('rigid',[0 12],[0 1 1],options)
T =
           0
      0.0317
      0.0634
      0.0951
      ......
     11.7710
     11.8473
     11.9237
     12.0000
Y =
           0      1.0000      1.0000
      0.0317      0.9995      0.9997
      0.0633      0.9980      0.9990
      0.0949      0.9955      0.9977
      ......
     -0.5472     -0.8373      0.9207
     -0.6041     -0.7972      0.9024
     -0.6570     -0.7542      0.8833
     -0.7058     -0.7087      0.8639
>> plot(T,Y(:,1),'-',T,Y(:,2),'-.',T,Y(:,3),'.')
```

结果图像如图 7-5 所示。

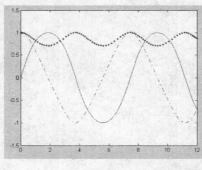

图 7-5　R-K 方法解方程组

7.1.3　龙格–库塔(Runge-Kutta)方法解刚性问题

在求解常微分方程组的时候，经常出现解的分量数量级别差别很大的情形，给数值求解带来很大的困难。这种问题称为刚性问题，常见于化学反应、自动控制等领域中。下面介绍如何对刚性问题进行求解。

例 7-6：求解方程 $y''+1000(y^2-1)y'+y=0$，初值为 $y(0)=0, y'(0)=1$

解：这是一个处在松弛振荡的范德波尔(Van Der Pol)方程。首先要将该方程进行标准化处理，令 $y_1=y, y_2=y'$，有：

$$\begin{cases} y_1'=y_2 & y_1(0)=0 \\ y_2'=1000(1-y_1^2)y_2-y_1 & y_2(0)=1 \end{cases}$$

然后建立该方程组的 M 文件：

```
function dy = vdp1000(t,y)
dy = zeros(2,1);
dy(1) = y(2);
dy(2) =1000*(1 - y(1)^2)*y(2) - y(1);
```

使用 ode15s 函数进行求解：

```
>> [T,Y] = ode15s(@vdp1000, [0 3000], [2
0]);
>> plot(T,Y(:,1),'-o')
```

方程的解如图 7-6 所示。

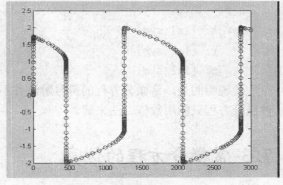

图 7-6　刚性方程解

7.2　常微分方程的符号解法

MATLAB 提供了专门的常微分方程符号解的函数命令 dsolve，调用格式如下：

◆　r = dsolve('eq1,eq2,...', 'cond1,cond2,...','v')

◆　r = dsolve('eq1','eq2',...,'cond1','cond2',...,'v')

◆　dsolve('eq1,eq2,...','cond1,cond2,...', 'v')

eqn 表示不同的微分方程和初始条件，默认的独立变量为 t。D 代表对独立变量的微分，也就是 d/dt，所以用户不能再定义包括 D 的符号变量。D 后的数字代表高阶微分，例如 D3y 代表对 y(t)的 3 阶微分。初始条件可以由方程的形式给出，如果初始条件的数目小于被微变量的数目，结果中将包括不定常数 C1、C2 等。

例 7-7：符号求解 $\begin{cases} y'=y-\dfrac{2x}{y} & (0<x<1) \\ y(0)=1 \end{cases}$。

解：在 MATLAB 命令行输入以下命令：

```
>> dsolve('Dy=y-2*x/y','y(0)=1','x')
ans =
 (1+2*x)^(1/2)
```

例 7-8：求解洛伦茨(Lorenz)模型的状态方程：

$$\begin{cases} x_1' = -\dfrac{8}{3}x_1 + x_2 x_3 \\ x_2' = -10x_2 + 10x_3 \\ x_3' = -x_1 x_2 + 28x_2 - x_3 \end{cases} \text{初值为} \begin{cases} x_1(0) = 0 \\ x_2(0) = 0 \\ x_3(0) = 0 \end{cases}$$

解：在 MATLAB 命令行输入以下命令：

```
>>a=dsolve('Dx=-8*x/3+y*z','Dy=-10*y+10*z','Dz=-x*y+28*y-z','x(0)=0','y(0)=0','z(0)=0')
a =
    x: [1x1 sym]
    y: [1x1 sym]
    z: [1x1 sym]
```

要说明的是，常微分方程的符号解法并不适合于一般的非线性方程的解析解的求解。非线性微分方程只能用数值方法来解。

7.3 常微分方程的仿真

在 MATLAB 中，可以利用 Simulink 仿真工具对常微分方程进行求解，并对该方程描述的动态系统进行仿真。

DEE 是 Simulink 中的一个模块，在命令窗口中运行"dee"，就会出现该模块界面，如图 7-7 所示。

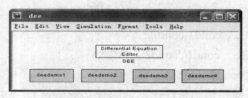

图 7-7　DEE 模块

其中，界面正中的"Differential Equation Editor"是模型编辑窗口，下方"deedemo1"、"deedemo2"、"deedemo3"、"deedemo4"是系统自带的四个实例。

下面通过一个具体的例子介绍如何使用 DEE 模块进行常微分方程的数值求解和动态仿真。

例 7-9：求解洛伦茨(Lorenz)模型的状态方程：

$$\begin{cases} x_1' = -\dfrac{8}{3}x_1 + x_2 x_3 \\ x_2' = -10x_2 + 10x_3 \\ x_3' = -x_1 x_2 + 28x_2 - x_3 \end{cases} \text{初值为} \begin{cases} x_1(0) = 0 \\ x_2(0) = 0 \\ x_3(0) = 0.01 \end{cases}$$

解：

1）在命令窗口通过"dee"函数命令打开 DEE 模块，如图 7-7 所示。

2）在 DEE 界面中，单击"File"→"New"→"Model"，进入模型编辑窗口，如图 7-8 所示。

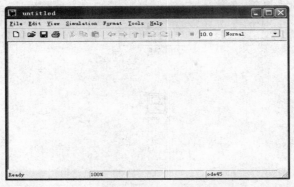

图 7-8 模型编辑窗口

3）将 DEE 界面中的"Differential Equation Editor"拖入模型编辑窗口；在命令窗口中键入"Simulink"，在 Simulink 界面中选择"Sinks"→"XY Gragh"（见图 7-9），拖入模型编辑窗口（见图 7-10）。

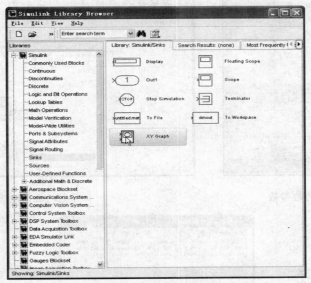

图 7-9 Simulink 窗口

4）在模型编辑窗口中双击"Differential Equation Editor"模块，进行方程的定义、初值设置和输出设置（见图 7-11），定义完毕后，单击"Done"保存。

5）在模型编辑窗口中将"Differential Equation\n Editor"模块和"XY Gragh"连接在一起，如图 7-12 所示。

6）在模型编辑窗口中单击"XY Gragh"模块，进行输出图形设置，如图 7-13 所示。

7）在模型编辑窗口中单击"Simulation"→"Configuration Paramenters"，进行仿真属性设置，其中最常用的是"Solver"（进行仿真时间、方程求解算法等，见图 7-14）和"Data Import/Export"(输入数据、输出数据等，见图 7-15)。

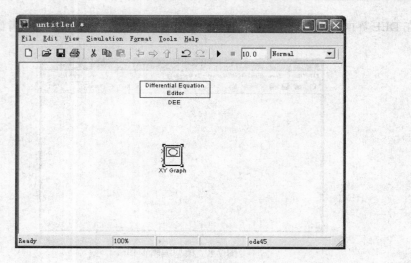

图 7-10　添加模块

图 7-11　定义方程参数

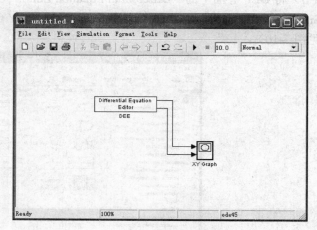

图 7-12　连接模块

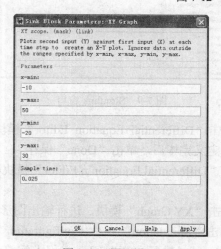

图 7-13　图形设置

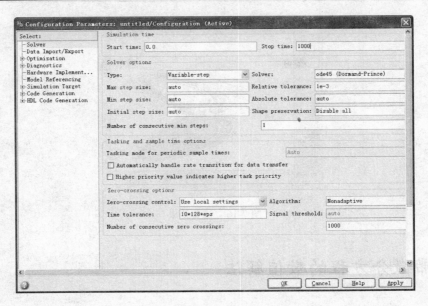

图 7-14　Solver

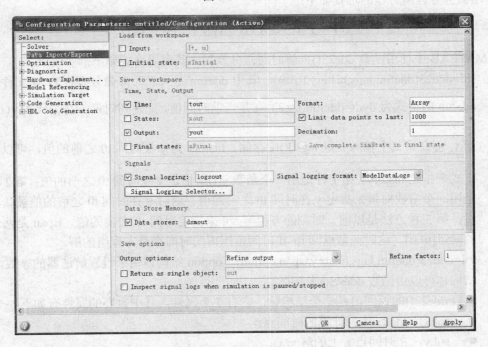

图 7-15　Data Import/Export

8）在模型编辑窗口中单击 "Simulation" → "Start"，开始进行仿真；单击 "Pause" 可以暂停，单击 "Stop" 可以停止，图 7-16 是仿真图形。

9）在命令窗口中输入第 6）步中选择的输出参数名，可以查看计算结果。

如：>> xFinal

xFinal =

　　34.0138　-12.3528　-10.4122

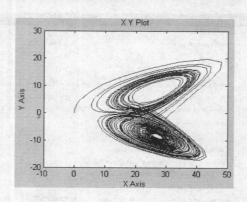

图 7-16   仿真结果

7.4 时滞微分方程的数值解法

时滞微分方程组方程的形式如下：

$$y'(t) = f(t, y(t), y(t-\tau_1), \cdots, y(t-\tau_n))$$

在 MATLAB 中使用函数 dde23() 来解时滞微分方程。其调用格式如下：

◆ sol=dde23(ddefun,lags,history,tspan)   其中 ddefun 是代表时滞微分方程的 M 文件函数，

ddefun 的格式为 dydt=ddefun(t,y,Z)，t 是当前时间值，y 是列向量，$Z(:,j)$ 代表 $y(t-\tau_n)$，

而 τ_n 值在第二个输入变量 lags(k) 中存储。history 为 y 在时间 t0 之前的值，可以有 3 种

方式来指定 history：第 1 种是用一个函数 y(t) 来指定 y 在时间 t0 之前的值；第 2 种方法
是用一个常数向量来指定 y 在时间 t0 之前的值，这时 y 在时间 t0 之前的值被认为是常
量；第 3 种方法是以前一时刻的方程解 sol 来指定时间 t0 之前的值。tspan 是两个元素
的向量[t0 tf]，这时函数返回 t0~tf 时间范围内的时滞微分方程组的解。

◆ sol=dde23(ddefun,lags,history,tspan,option)   option 结构体用于设置解法器的参数，option
结构体可以由函数 ddeset() 来获得。

函数 dde23() 的返回值是一个结构体，它有 7 个属性，其中重要的属性有如下 5 个：

● sol.x，dde23 选择计算的时间点；

● sol.y，在时间点 x 上的解 y(x)；

● sol.yp，在时间点 x 上的解的一阶导数 $y'(x)$；

● sol.history，方程初始值；

● sol.solver，解法器的名字'dde23'。

其他两个属性为 sol.dat 和 sol.discont。

如果需要得到在 t0～tf 之间 tint 时刻的解，可以使用函数 deval，其用法为：
yint=deval(sol,tint)，yint 是在 tint 时刻的解。

例 7-10：求解如下时滞微分方程组：

$$\begin{cases} y_1{}' = 2y_1(t-3) + y_2^2(t-1) \\ y_2{}' = y_1^2(t) + 2y_2(t-2) \end{cases}$$

初始值为

$$\begin{cases} y_1(t) = 2 \\ y_2(t) = t-1 \end{cases} \quad (t < 0)$$

解：首先确定时滞向量 lags，在本例中 lags=[1 3 2]。

然后创建一个 M 文件形式的函数表示时滞微分方程组，如下：

```
%ddefun.m
%时滞微分方程
function dydt=ddefun(t,y,Z)
dydt=zeros(2,1)
dydt(1)=2*Z(1,2)+Z(2,1).^2;
dydt(2)=y(1).^2+2*Z(2,3);
```

接下来创建一个 M 文件形式的函数表示时滞微分方程组的初始值，如下：

```
%ddefun_history.m
%时滞微分方程的历史函数
function y=ddefun_history(t)
y=zeros(2,1);
y(1)=2;
y(2)=t-1;
```

最后，用 dde23 解时滞微分方程组，并用图形显示解，代码如下：

```
%dde_example.m
%求解时滞微分方程
lags=[1 3 2];                                    %时滞向量
sol=dde23(@ddefun, lags, @ddefun_history, [0,1]);    %解时滞微分方程
hold on;
plot(sol.x,
sol.y(1,:));                                     %绘图
plot(sol.x, sol.y(2,:),'r-.');
title('时滞微分方程的数值解');
xlabel('t');
ylabel('y');
legend('y_1','y_2',2);
```

结果如图 7-17 所示。

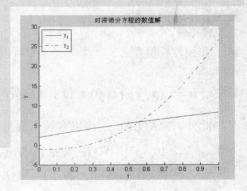

图 7-17　时滞微分方程的数值解

7.5 偏微分方程

偏微分方程（PDE）在 19 世纪得到迅速发展，那时的许多数学家都对数学物理问题的解决做出了贡献。到现在，偏微分方程已经是工程及理论研究不可或缺的数学工具（尤其是在物理学中），因此解偏微分方程也成了工程计算中的一部分。本节主要讲述如何利用 MATLAB 来求解一些常用的偏微分方程问题。

7.5.1 介绍

为了更加清楚地讲述下面几节，我们先对偏微分方程作一个简单的介绍。MATLAB 可以求解的偏微分方程类型有：

➤ 椭圆型：

$$-\nabla \cdot (c\nabla u) + au = f \qquad\qquad (7\text{-}1)$$

其中，$u = u(x,y),(x,y) \in \Omega$，$\Omega$ 是平面上的有界区域；c、a、f 是标量复函数形式的系数。

➤ 抛物型：

$$d\frac{\partial u}{\partial t} - \nabla \cdot (c\nabla u) + au = f \qquad\qquad (7\text{-}2)$$

其中，$u = u(x,y),(x,y) \in \Omega$，$\Omega$ 是平面上的有界区域；c、a、f、d 是标量复函数形式的系数。

➤ 双曲型：

$$d\frac{\partial^2 u}{\partial t^2} - \nabla \cdot (c\nabla u) + au = f \qquad\qquad (7\text{-}3)$$

其中，$u = u(x,y),(x,y) \in \Omega$，$\Omega$ 是平面上的有界区域；c、a、f、d 是标量复函数形式的系数。

➤ 特征值方程：

$$-\nabla \cdot (c\nabla u) + au = \lambda du \qquad\qquad (7\text{-}4)$$

其中，$u = u(x,y),(x,y) \in \Omega$，$\Omega$ 是平面上的有界区域；λ 是待求特征值；c、a、f、d 是标量复函数形式的系数。

➤ 非线性椭圆型：

$$-\nabla \cdot (c(u)\nabla u) + a(u)u = f(u) \qquad\qquad (7\text{-}5)$$

其中，$u = u(x,y),(x,y) \in \Omega$，$\Omega$ 是平面上的有界区域；c、a、f 是关于 u 的函数。

此外，MATLAB 还可以求解下面形式的偏微分方程组：

$$\begin{cases} -\nabla \cdot (c_{11}\nabla u_1) - \nabla \cdot (c_{12}\nabla u_2) + a_{11}u_1 + a_{12}u_2 = f_1 \\ -\nabla \cdot (c_{21}\nabla u_1) - \nabla \cdot (c_{22}\nabla u_2) + a_{21}u_1 + a_{22}u_2 = f_2 \end{cases} \qquad (7\text{-}6)$$

边界条件是解偏微分方程所不可缺少的，常用的边界条件以下几种：

➤ 　狄利克雷(Dirichlet)边界条件：　$hu = r$

➤ 　诺依曼(Neumann)边界条件：　$n \cdot (c\nabla u) + qu = g$

其中，n 为边界 $(\partial\Omega)$ 外法向单位向量；$g \, , \, q \, , \, h \, , \, r$ 是在边界 $(\partial\Omega)$ 上定义的函数。

在有的偏微分参考书中，狄利克雷边界条件也称为第一类边界条件，诺依曼边界条件也称为第三类边界条件，如果 $q = 0$，则称为第二类边界条件。对于特征值问题仅限于齐次条件：$g = 0, r = 0$；对于非线性情况，系数 $g \, , \, q \, , \, h \, , \, r$ 可以与 u 有关；对于抛物型与双曲型偏微分方程，系数可以是关于 t 的函数。

对于偏微分方程组，狄利克雷边界条件为：

$$\begin{cases} h_{11}u_1 + h_{12}u_2 = r_1 \\ h_{21}u_1 + h_{22}u_2 = r_2 \end{cases}$$

诺依曼边界条件为

$$\begin{cases} n \cdot (c_{11}\nabla u_1) + n \cdot (c_{12}\nabla u_2) + q_{11}u_1 + q_{12}u_2 = g_1 \\ n \cdot (c_{21}\nabla u_1) + n \cdot (c_{22}\nabla u_2) + q_{21}u_1 + q_{22}u_2 = g_2 \end{cases}$$

混合边界条件为

$$\begin{cases} n \cdot (c_{11}\nabla u_1) + n \cdot (c_{12}\nabla u_2) + q_{11}u_1 + q_{12}u_2 = g_1 + h_{11}\mu \\ n \cdot (c_{21}\nabla u_1) + n \cdot (c_{22}\nabla u_2) + q_{21}u_1 + q_{22}u_2 = g_2 + h_{21}\mu \end{cases}$$

其中，μ 的计算要使得狄利克雷条件满足。

7.5.2　区域设置及网格化

在利用 MATLAB 求解偏微分方程时，可以利用 M 文件来创建偏微分方程定义的区域，如果该 M 文件名为 pdegeom，则它的编写要满足下面的法则：

1）该 M 文件必须能用下面的三种调用格式：

◆ 　ne=pdegeom

◆ 　d=pdegeom(bs)

◆ 　[x,y]=pdegeom(bs,s)

2）输入变量 bs 是指定的边界线段，s 是相应线段弧长的近似值。

3）输出变量 ne 表示几何区域边界的线段数。

4）输出变量 d 是一个区域边界数据的矩阵。

5）d 的第 1 行是每条线段起始点的值；第 2 行是每条线段结束点的值；第 3 行是沿线段方向左边区域的标识值，如果标识值为 1，则表示选定左边区域，如果标识值为 0，则表示不选左边区域；第 4 行是沿线段方向右边区域的值，其规则同上。

6）输出变量[x,y]是每条线段的起点和终点所对应的坐标。

例 7-11：画一个心形线所围区域的 M 文件，心形线的函数表达式为

$$r = 2(1+\cos\phi)$$

解：我们将这条心形线分为 4 段：第一段的起点为 $\phi=0$，终点为 $\phi=\pi/2$；第 2 段的起点为 $\phi=\pi/2$，终点为 $\phi=\pi$；第 3 段的起点为 $\phi=\pi$，终点为 $\phi=3\pi/2$；第 4 段起点为 $\phi=3\pi/2$，终点为 $\phi=2\pi$。

下面是完整的 M 文件源程序：

```
function [x, y]=cardg(bs, s)
% 此函数用来编写心形线所围成的区域

nbs=4;
if nargin==0   %如果没有输入参数
  x=nbs;
  return
end
dl=[  0      pi/2    pi       3*pi/2
      pi/2   pi      3*pi/2   2*pi;
      1      1       1        1
      0      0       0        0];

if nargin==1    %如果只有一个输入参数
  x=dl(:, bs);
  return
end

x=zeros(size(s));
y=zeros(size(s));
[m, n]=size(bs);
if m==1 & n==1,
  bs=bs*ones(size(s)); % 扩展 bs
elseif m~=size(s, 1) | n~=size(s, 2),
  error('bs must be scalar or of same size as s');
end

nth=400;
th=linspace(0, 2*pi, nth);
r=2*(1+cos(th));
xt=r.*cos(th);
```

```
yt=r.*sin(th);
th=pdearcl(th,[xt;yt],s,0,2*pi);
r=2*(1+cos(th));
x(:)=r.*cos(th);
y(:)=r.*sin(th);
```

为了验证所编 M 文件的正确性，可在 MATLAB 的命令窗口输入以下命令：
```
>> nd=cardg
nd =
     4
>> d=cardg([1 2 3 4])
d =
          0     1.5708     3.1416     4.7124
     1.5708     3.1416     4.7124     6.2832
     1.0000     1.0000     1.0000     1.0000
          0          0          0          0
>> [x,y]=cardg([1 2 3 4],[2 1 1 2])
x =
     0.4506     2.8663     2.8663     0.4506
y =
     2.3358     2.1694     2.1694     2.3358
```

有了区域的 M 文件，接下来要做的就是网格化，创建网格数据。这可以通过 initmesh 命令来实现。

initmesh 命令的使用格式见表 7-4。

表 7-4　initmesh 调用格式

调用格式	含义
[p,e,t]=initmesh(g)	返回一个三角形网格数据，其中 g 可以是一个分解几何矩阵，还可以是 M 文件
[p,e,t]=initmesh(g, 'PropertyName', 'PropertyValue',…)	在上面命令功能的基础上加上属性设置，表 7-5 给出了属性名及相应的属性值

表 7-5 initmesh 属性

属性名	属性值	默认值	说　明
Hmax	数值	估计值	边界的最大尺寸
Hgrad	数值	1.3	网格增长比率
Box	on | off	off	保护边界框
Init	on | off	off	三角形边界
Jiggle	off | mean | min	mean	调用 jigglemesh
JiggleIter	数值	10	最大迭代次数

我们需要对这个函数的输出参数加以说明，p、e、t 是网格数据。p 为节点矩阵，其第 1 行

和第 2 行分别是网格节点的 x 坐标和 y 坐标；e 为边界矩阵，其第 1 行和第 2 行是起点和终点的索引，第 3 行和第 4 行是起点和终点参数值，第 5 行是边界线段的顺序数，第 6 行和第 7 行分别是子区域左边和右边的标识；t 为三解形矩阵，其前三行按逆时针方向给出三角形顶点的次序，最后一行给出子区域的标识。

在创建好初始网格数据后，我们还可以对其进行优化与加密。对其进行优化的命令是 jigglemesh，对其进行加密的命令是 refinemesh。

jigglemesh 命令的调用格式见表 7-6。

表 7-6   jigglemesh 调用格式

调用格式	含义
p1=jigglemesh(p,e,t)	通过调整节点位置来优化三角形网格，以提高网格质量，返回调整后的节点矩阵 p1
p1=jigglemesh(p,e,t, 'PropertyName', 'PropertyValue',…)	在上面命令功能的基础上加上属性设置，表 7-7 给出了属性名及相应的属性值

表 7-7 jigglemesh 属性

属性名	属性值			默认值	说　明
opt	off	mean	min	mean	优化方法
iter	数值			1 或 20	最大迭代次数

refinemesh 命令的调用格式见表 7-8。

在得到网格数据后，我们可以利用 pdemesh 命令来绘制三角形网格图。

pdemesh 命令的调用格式见表 7-9。

表 7-8   refinemesh 调用格式

调用格式	含义
[p1,e1,t1]=refinemesh(g,p,e,t)	返回一个被几何区域 g、节点矩阵 p、边界矩阵 e 和三角形矩阵 t 指定的经过加密的三角形网格矩阵
[p1,e1,t1]=refinemesh(g,p,e,t, 'regular')	使用规则加密法进行加密，即所有指定的三角形单元都被分为 4 个形状相同的三角形单元
[p1,e1,t1]=refinemesh(g,p,e,t, 'longest')	使用最长边加密法，即把指定的每个三角形单元的最长边二等分
[p1,e1,t1]=refinemesh(g,p,e,t,it)	若 it 为行向量，则为要加密的子区域的表；若 it 为列向量，则为一个要加密的三角形表格
[p1,e1,t1]=refinemesh(g,p,e,t,it, 'regular')	使用规则加密法进行加密
[p1,e1,t1]=refinemesh(g,p,e,t,it, 'longest')	使用最长边加密法加密
[p1,e1,t1,u1]=refinemesh(g,p,e,t,u)	不仅加密网格，而且还用线性插值的方法将 u 扩展到新的网格上。u 的行数与 p 的列数对应，u1 的行数与 p1 元素一样多，u 的每一列分别被进行内插值
[p1,e1,t1,u1]=refinemesh(g,p,e,t,u, 'regular')	使用规则加密法进行加密
[p1,e1,t1,u1]=refinemesh(g,p,e,t,u, 'longest')	使用最长边加密法加密
[p1,e1,t1,u1]=refinemesh(g,p,e,t,u,it)	若 it 为行向量，则为要加密的子区域的表；若 it 为列向量，则为一个要加密的三角形表格
[p1,e1,t1]=refinemesh(g,p,e,t,it, 'regular')	使用规则加密法进行加密
[p1,e1,t1,u1]=refinemesh(g,p,e,t,u,it, 'longest')	使用最长边加密法加密

表 7-9　pdemesh 调用格式

调用格式	含义
pdemesh(p,e,t)	绘制由网格数据 p,e,t 指定的网格图
pdemesh(p,e,t,u)	用网格图绘制节点或三角形数据 u。若 u 是列向量，则组装节点数据；若 u 是行向量，则组装三角形数据
h= pdemesh(p,e,t)	绘制由网格数据 p,e,t 指定的网格图，并返回一个轴对象句柄
h=pdemesh(p,e,t,u)	用网格图绘制节点或三角形数据 u，并返回一个轴对象句柄

例 7-12：对于例 7-11 中的区域，观察优化和加密后与原网格的区别。

解：在命令窗口输入下面的命令：

```
>> [p,e,t]=initmesh('cardg');      %初始化网格数据
>> subplot(2,2,1),pdemesh(p,e,t)     %绘制初始网格图
>> title('初始网格图')
>> p1=jigglemesh(p,e,t,'opt','mean','iter',inf);   %优化网格数据
>> subplot(2,2,2),pdemesh(p1,e,t)    %绘制优
化网格图
>> title('优化网格图')
>>[p2,e2,t2]=refinemesh('cardg',p,e,t);
%加密网格数据
>> subplot(2,2,3),pdemesh(p,e,t),title('初
始网格图')
>> subplot(2,2,4),pdemesh(p2,e2,t2)      %绘
制加密网格图
>> title('加密网格图')
```

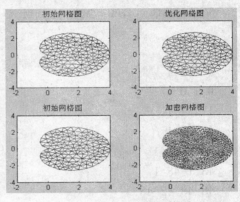

图 7-18　优化与加密网格图

运行结果如图 7-18 所示。

7.5.3 边界条件设置

上一小节讲了区域的 M 文件编写及网格化，本节讲一下边界条件的设置。边界条件的一般形式为

$$hu = r,$$
$$n \cdot (c \otimes \nabla u) + qu = g + h'\mu.$$

其中符号 $n \cdot (c \otimes \nabla u)$ 表示 $N \times 1$ 矩阵，其第 i 行元素为

$$\sum_{j=1}^{n}\left(\cos(\alpha)c_{i,j,1,1}\frac{\partial}{\partial x} + \cos(\alpha)c_{i,j,1,2}\frac{\partial}{\partial y} + \sin(\alpha)c_{i,j,2,1}\frac{\partial}{\partial x} + \sin(\alpha)c_{i,j,2,2}\frac{\partial}{\partial y}\right)u_j,$$

$n = (\cos\alpha, \sin\alpha)$ 是外法线方向。有 M 个狄利克雷(Dirichlet)条件，且矩阵 h 是 $M \times N$ 型（$M \geq 0$）。广义的诺依曼(Neumann)条件包含一个要计算的拉格朗日(Lagrange)乘子 μ。若 $M=0$，即为诺依曼条件；若 $M=N$，即为诺依曼条件；若 $M < N$，即为混合边界条件。

边界条件也可以通过 M 文件的编写来实现，如果边界条件的 M 文件名为 pdebound，那么它的编写必需满足调用格式为：

◆　[q,g,h,r]=pdebound(p,e,u,time)

该边界条件的 M 文件在边界 e 上算出 q、g、h、r 的值，其中 p、e 是网格数据，且仅需要 e 是网格边界的子集；输入变量 u 和 time 分别用于非线性求解器和时间步长算法；输出变量 q、g 必须包含每个边界中点的值，即 size(q)=[N^2 ne]（N 是方程组的维数，ne 是 e 中边界数，size(h)=[N ne]）；对于狄利克雷条件，相应的值一定为零；h 和 r 必须包含在每条边上的第 1 点的值，接着是在每条边上第 2 点的值，即 size(h)=[N^2 2*ne]（N 是方程组的维数，ne 是 e 中边界数，size(r)=[N 2*ne]），当 M < N 时，h 和 r 一定有 N − M 行元素是零。

下面是 MATLAB 的偏微分方程工具箱，自带的一个区域为单位正方形，其左右边界为 u=0、上下边界 u 的法向导数为 0 的 M 文件源程序：

```
function [q, g, h, r]=squareb3(p, e, u, time)
%SQUAREB3    Boundary condition data

bl=[
1 1 1 1
0 1 0 1
1 1 1 1
1 1 1 1
48 1 48 1
48 1 48 1
48 48 42 48
48 48 120 48
49 49 49 49
48 48 48 48
];

if any(size(u))
  [q, g, h, r]=pdeexpd(p, e, u, time, bl);
else
  [q, g, h, r]=pdeexpd(p, e, time, bl);
end
```

该 M 文件中的 pdeexpd 函数为一个估计表达式在边界上值的函数。

7.5.4 解椭圆型方程

对于椭圆型偏微分方程或相应方程组，可以利用 adaptmesh 命令（自适应网格法）与 assempde 命令进行求解。

adaptmesh 命令的调用格式见表 7-10。

表 7-10　adaptmesh 调用格式

调用格式	含义
[u,p,e,t]=adaptmesh(g,b,c,a,f)	求解椭圆型偏微分方程，其中 g 为几何区域，b 为边界条件，输出变量 u 为解向量，p、e、t 为网格数据
[u,p,e,t]=adaptmesh(g,b,c,a,f, 'PropertyName', 'PropertyValue')	在上面命令功能的基础上加上属性设置，表 7-11 给出了属性名及相应的属性值。

表 7-11　adaptmesh 属性

属性名	属性值	默认值	说　明
Maxt	正整数	inf	生成新三角的最大个数
Ngen	正整数	10	生成三角形网格的最大次数
Mesh	p1,e1,t1	initmesh	初始网格
Tripick	MATLAB 函数	pdeadworst	三角形选择方法
Par	数值	0.5	函数的参数
Rmethod	longest	regular	longest	三角形网格的加密方法
Nonlin	on	off	off	使用非线性求解器
Toln	数值	1E-4	非线性允许误差
Init	u0	0	非线性初始值
Jac	fixed	lumped	full	fixed	非线性雅可比矩阵的计算
Norm	numeric	inf	energy	inf	非线性残差范数

assempde 命令的调用格式见表 7-12。

表 7-12　assempde 调用格式

调用格式	含义
u=assempde(b,p,e,t,c,a,f)	根据从线性方程组中消去狄利克雷边界条件（约束处理）的边界点来组装和求解椭圆型偏微分方程
u=assempde(b,p,e,t,c,a,f,u0)	u0 为初始条件，用于非线性解
u=assempde(b,p,e,t,c,a,f,u0,time)	u0 为初始条件，用于非线性解，time 用于时间步长算法
u=assempde(b,p,e,t,c,a,f,time)	time 用于时间步长算法
[K,F]=assempde(b,p,e,t,c,a,f)	用刚度弹性逼近狄利克雷边界条件来组装偏微分方程，K、F 分别是刚度矩阵和方程右边的函数矩阵，它的有限元法解为 u=K\F
[K,F]=assempde(b,p,e,t,c,a,f,u0)	u0 为初始条件，用于非线性解
[K,F]=assempde(b,p,e,t,c,a,f,u0,time)	u0 为初始条件，用于非线性解，time 用于时间步长算法
[K,F]=assempde(b,p,e,t,c,a,f,u0,time,sdl)	sdl 为子区域标识选项表，其作用是依表中所标识的子区域来限制组装过程
[K,F]=assempde(b,p,e,t,c,a,f,time)	time 用于时间步长算法
[K,F]=assempde(b,p,e,t,c,a,f,time,sdl)	time 用于时间步长算法
[K,F,B,ud]=assempde(b,p,e,t,c,a,f)	从线性方程组中删去狄利克雷边界条件的边界点来组装偏微分方程问题，在非狄利克雷条件点上的解为：u1=K\F，而完整的解为：u=B*u1+ud

（续）

调用格式	含义
[K,F,B,ud]=assempde(b,p,e,t,c,a,f,u0)	u0 为初始条件，用于非线性解
[K,F,B,ud]=assempde(b,p,e,t,c,a,f,u0,time)	u0 为初始条件，用于非线性解，time 用于时间步长算法
[K,F,B,ud]=assempde(b,p,e,t,c,a,f,time)	time 用于时间步长算法
[K,M,F,Q,G,H,R]=assempde(b,p,e,t,c,a,f)	给出一个偏微分方程问题的分解表达式
[K,M,F,Q,G,H,R]=assempde(b,p,e,t,c,a,f,u0)	u0 为初始条件，用于非线性解
[K,M,F,Q,G,H,R]=assempde(b,p,e,t,c,a,f,u0,time)	u0 为初始条件，用于非线性解，time 用于时间步长算法
[K,M,F,Q,G,H,R]=assempde(b,p,e,t,c,a,f,u0,time,sdl)	u0 为初始条件，用于非线性解，time 用于时间步长算法；sdl 为子区域标识选项表，其作用是依表中所标识的子区域来限制组装过程
[K,M,F,Q,G,H,R]=assempde(b,p,e,t,c,a,f,time)	time 用于时间步长算法
[K,M,F,Q,G,H,R]=assempde(b,p,e,t,c,a,f,time,sdl)	time 用于时间步长算法；sdl 为子区域标识选项表，其作用是依表中所标识的子区域来限制组装过程
u=assempde(K,M,F,Q,G,H,R)	将分解表达式分解成单个的矩阵或向量的形式，然后从方程组中删去狄利克雷边界条件的边界点，再解偏微分方程问题
[K1,F1]=assempde(K,M,F,Q,G,H,R)	根据带有弹性系数的固定狄利克雷边界条件来分解表达式成单个的矩阵或向量
[K1,F1,B,ud]=assempde(K,M,F,Q,G,H,R)	从线性方程组中删去狄利克雷边界条件的边界点来分解表达式成单个的矩阵或向量形式

例 7-13：分别利用 adaptmesh 命令与 assempde 命令求解扇形区域上的拉普拉斯方程，其在弧上满足狄利克雷条件 $u = \cos\frac{2}{3} * a\tan 2(y,x)$，在直线上满足 $u=0$，并与精确解进行比较。

解：在 MATLAB 命令窗口输入下面命令进行求解

```
>> [u,p,e,t]=adaptmesh('cirsg','cirsb',1,0,0);    %这里的区域函数 cirsg 与边界条件 cirsb 都是 MATLAB 的偏微分方程工具箱自带的
Number of triangles: 197
Number of triangles: 201
Number of triangles: 216
Number of triangles: 233
Number of triangles: 254
Number of triangles: 265
Number of triangles: 313
Number of triangles: 344
Number of triangles: 417
Number of triangles: 475
Number of triangles: 629
```

```
Maximum number of refinement passes obtained.
>> x=p(1,:);
>> y=p(2,:);
>> exact=((x.^2+y.^2).^(1/3).*cos(2/3*atan2(y,x)))';    %精确解
>> error1=max(abs(u-exact))     %求最大误差


error1 =

    0.0028


>> pdemesh(p,e,t)    %画出网格图
>> axis equal
```

用 pdemesh 命令求解的最大绝对误差为 0.0028，具有 629 个三角形，如图 7-19 所示。

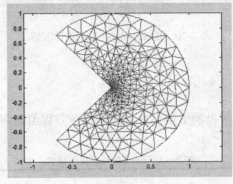

图 7-19   用 pdemesh 命令求解

下面利用 assempde 命令进行求解：

```
>> clear
>> [p,e,t]=initmesh('cirsg');    %初始化网格
>> [p,e,t]=refinemesh('cirsg',p,e,t);      %加密一次
>> [p,e,t]=refinemesh('cirsg',p,e,t);      %再加密一次
>> u=assempde('cirsb',p,e,t,1,0,0);      %求解
>> x=p(1,:);
>> y=p(2,:);
>> exact=((x.^2+y.^2).^(1/3).*cos(2/3*atan2(y,x)))';    %精确解
>> error2=max(abs(u-exact))      %求最大误差


error2 =
    0.0078
>> size(t,2)
```

```
ans =
        3152
>> pdemesh(p, e, t)
>> axis equal
```

利用 assempde 命令求解，加密两次后最大绝对误差为 0.0078，三角形网格数为 3152 个，如图 7-20 所示，若想再提高解的精度，可再进行加密。

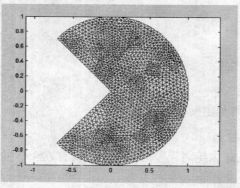

图 7-20　用 assempde 命令进行求解

7.5.5 解抛物型方程

在 MATLAB 中，用于求解抛物型偏微分方程或相应方程组的命令是 parabolic，它的使用格式见表 7-13。

表 7-13　parabolic 调用格式

调用格式	含义
u1=parabolic(u0,tlist,b,p,e,t,c,a,f,d)	用有限元法求解在区域 Ω 上，具有网格数据 p、e、t，并带有边界条件 b 和初始值 u0 的抛物型偏微分方程(见 7.5.1)或相应的偏微分方程组。其中 tlist 为时间列表；u1 中的每一列都是 tlist 中所对应的解；b 为边界条件，可以依赖于时间 t；p、e、t 为网格数据，c、a、f、d 为方程的系数
u1=parabolic(u0,tlist,b,p,e,t,c,a,f,d,rtol)	rtol 为通过了偏微分方程求解器的相对误差
u1=parabolic(u0,tlist,b,p,e,t,c,a,f,d,rtol,atol)	u0 为初始条件，用于非线性解，list 用于时间步长算法
u1=parabolic(u0,tlist,K,F,B,ud,M)	求下面带有初始条件 u0 的常微分方程的解：$$B'MB\frac{du_i}{dt}+K \ u_i=F, \qquad u=Bu_i+u_d$$
u1=parabolic(u0,tlist,K,F,B,ud,M,rtol)	rtol 为通过了偏微分方程求解器的相对误差
u1=parabolic(u0,tlist,K,F,B,ud,M,rtol,atol)	atol 为通过了偏微分方程求解器的绝对误差

例 7-14：在几何区域 $-1 \le x, y \le 1$ 上，当 $x^2 + y^2 < 0.4^2$ 时，$u(0) = 1$，其他区域上 $u(0) = 0$，

且满足 Dirichlet 边界条件 $u=0$，求在时刻 $0, 0.005, 0.01, \cdots, 0.1$ 处热传导方程 $\dfrac{\partial u}{\partial t} = \Delta u$ 的解。

解： 在 MATLAB 命令窗口输入下面命令进行求解：

```
>> clear
>> c=1;a=0;f=1;d=1;   %方程的系数
>> [p,e,t]=initmesh('squareg');   %初始化网格，其中 squareg 为 MATLAB 偏微分方
程工具箱中自带的正方形区域 M 文件
>> [p,e,t]=refinemesh('squareg',p,e,t);   %加密网格
>> u0=zeros(size(p,2),1);
>> ix=find(sqrt(p(1,:).^2+p(2,:).^2)<0.4);   %找出区域内部的点
>> u0(ix)=ones(size(ix));
>> tlist=linspace(0,0.1,20);   %时间列表
>> u1=parabolic(u0,tlist,'squareb1',p,e,t,c,a,f,d);
96 successful steps
0 failed attempts
194 function evaluations
1 partial derivatives
20 LU decompositions
193 solutions of linear systems
>> pdesurf(p,t,u1)   %pdesurf 为绘制表面图的速写命令
>> hold on
>> pdemesh(p,e,t,u1)
>> title('解的网格表面图')
```

所得图形如图 7-21 所示。

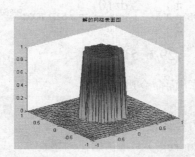

图 7-21　解的网格表面图

 注意

在边界条件的表达式和偏微分方程的系数中，符号 t 用来表示时间；变量 t 通常用来存储网格的三角矩阵。事实上，可以用任何变量来存储三角矩阵，但在偏微分方程工具箱的表达式中，t 总是表示时间。

7.5.6 解双曲型方程

求解双曲型偏微分方程 (见 7-3)或相应方程组的命令是 hyperbolic，它的使用格式见表 7-14。

表 7-14　hyperbolic 调用格式

调用格式	含义
u1=hyperbolic(u0,ut0,tlist,b,p,e,t,c,a,f,d)	求解满足初始值 u0 和初始导数 ut0，边界条件为 b 的双曲型偏微分方程或相应方程组，解矩阵 u1 中的每一行对应于 p 的列所给出的坐标处的解，u1 中的每一列对应着 tlist 中的时刻的解。P、e、t 为网格数据，c、a、f、d 为方程的系数
u1=hyperbolic(u0,ut0,tlist,b,p,e,t,c,a,f,d,rtol)	rtol 为相对误差
u1=hyperbolic(u0,ut0,tlist,b,p,e,t,c,a,f,d,rtol,atol)	atol 为绝对误差
u1=hyperbolic(u0,ut0,tlist,K,F,B,ud,M)	求解下面初始值为 u0 和 ut0 的常微分方程问题：$B'MB\dfrac{d^2 u_i}{dt^2}+K\cdot u_i=F,\quad u=Bu_i+u_d$
u1=hyperbolic(u0,ut0,tlist,K,F,B,ud,M,rtol)	rtol 为相对误差
u1=hyperbolic(u0,ut0,tlist,K,F,B,ud,M,rtol,atol)	atol 为绝对误差

例 7-15： 已知在正方形区域 $-1 \le x, y \le 1$ 上的波动方程：

$$\frac{\partial^2 u}{\partial t^2} = \Delta u.$$

边界条件为：当 $x = \pm 1$ 时，$u = 0$；当 $y = \pm 1$ 时，$\dfrac{\partial u}{\partial n} = 0$。

初始条件为：$u(0) = \arctan(\cos\dfrac{\pi}{2}x)$，$\qquad \dfrac{du(0)}{dt} = 3\sin\pi x e^{\cos\pi y}$。

求该方程在时间 $t = 0, 1/6, 1/3, \cdots, 29/6, 5$ 时的值。

解： 在 MATLAB 命令窗口输入下面命令进行求解：

```
>> clear
>> c=1;a=0;f=0;d=1;   %方程系数
>> [p,e,t]=initmesh('squareg');   %初始化网格
>> [p,e,t]=refinemesh('squareg',p,e,t);
>> x=p(1,:)';
>> y=p(2,:)';
>> u0=atan(cos(pi/2*x));
>> ut0=3*sin(pi*x).*exp(cos(pi*y));
>> tlist=linspace(0,5,31);
>> u1=hyperbolic(u0,ut0,tlist,'squareb3',p,e,t,c,a,f,d);   %求解，squareb3 为
MATLAB 偏微分方程工具箱中自带的边界条件 M 文件
544 successful steps
```

```
68 failed attempts
1226 function evaluations
1 partial derivatives
169 LU decompositions
1225 solutions of linear systems

>> pdesurf(p,t,u1)    %绘表面图
>> hold on
>> pdemesh(p,e,t,u1)
>> title('解的网格表面图')
```

所得图形如图 7-22。

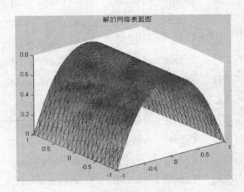

图 7-22　解的网格表面图

7.5.7 解特征值方程

对于特征值偏微分方程(见 7-4)或相应方程组，可以利用 pdeeig 命令求解，该命令的使用格式见表 7-15。

表 7-15　pdeeig 调用格式

调用格式	含义
[v,l]=pdeeig(b,p,e,t,c,a,d,r)	用有限元法求定义在 Ω 上的特征值偏微分方程的解。其中 b 为边界条件；p、e、t 为区域的网格数据；c、a、d 为方程的系数；r 为实轴上的一个区间端点构成的向量；输出变量 l 为实部在区间 r 上的特征值所组成的向量；v 为特征向量矩阵，v 的每一列都是 p 所对应的节点处的解值的特征向量
[v,l]=pdeeig(K,B,M,r)	产生下面稀疏矩阵特征值问题的解：$Ku_i = \lambda B'MBu_i$，　　$u = Bu_i$ 其中 λ 的实部在区间 r 中

例 7-16：在 L 型区域上，计算 $-\Delta u = \lambda u$ 小于 100 的特征值及其对应的特征模态，并显示第一和第十六个特征模态。

解：在 MATLAB 命令窗口输入下面命令进行求解：

```
>> clear
>> c=1;a=0;d=1;    %方程系数
>> r=[-inf 100];      %区间矩阵
```

```
>> [p,e,t]=initmesh('lshapeg');        %初始化网格,其中 lshapeg 为 MATLAB 偏微分方 程
                                        工具箱中自带的 L 形区域 M 文件
>> [p,e,t]=refinemesh('lshapeg',p,e,t);
>> [p,e,t]=refinemesh('lshapeg',p,e,t);
>> [v,l]=pdeeig('lshapeb',p,e,t,c,a,d,r);        %求解, lshapeb 为 MATLAB 偏微分方程
                                        工具箱中自带的 L 型区域边界条件 M 文件
                Basis= 10,    Time=    0.16,    New conv eig=  2
                Basis= 13,    Time=    0.17,    New conv eig=  2
                Basis= 16,    Time=    0.22,    New conv eig=  3
                Basis= 19,    Time=    0.27,    New conv eig=  4
                Basis= 22,    Time=    0.30,    New conv eig=  5
                Basis= 25,    Time=    0.31,    New conv eig=  6
                Basis= 28,    Time=    0.36,    New conv eig=  7
                Basis= 31,    Time=    0.41,    New conv eig=  8
                Basis= 34,    Time=    0.45,    New conv eig=  9
                Basis= 37,    Time=    0.51,    New conv eig=  9
                Basis= 40,    Time=    0.55,    New conv eig= 11
                Basis= 43,    Time=    0.58,    New conv eig= 12
                Basis= 46,    Time=    0.61,    New conv eig= 17
                Basis= 49,    Time=    0.66,    New conv eig= 17
                Basis= 52,    Time=    0.72,    New conv eig= 19
                Basis= 55,    Time=    0.78,    New conv eig= 27
End of sweep:   Basis= 55,    Time=    0.78,    New conv eig= 27
                Basis= 37,    Time=    0.87,    New conv eig=  0
End of sweep:   Basis= 37,    Time=    0.87,    New conv eig=  0
>> lambda1=l(1)
lambda1 =        %第一个特征值
    9.6703
>> pdesurf(p,t,v(:,1))        %绘制第一个特征模态图
>> title('第一特征模态图')
```

结果如图 7-23 所示;

```
>> lambda16=l(16)
lambda16 =
    93.3239
>> figure
>> pdesurf(p,t,v(:,16))
>> title('第十六特征模态图')
```

结果如图 7-24 所示。

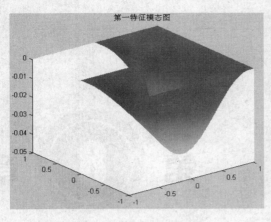

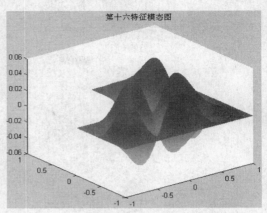

图 7-23 第一特征模态图　　　　　　　　图 7-24 第十六特征模态图

7.5.8 解非线性椭圆型方程

对于非线性椭圆型偏微分方程(见 7-5)及相应的方程组，可以利用 pdenonlin 命令求解，该命令的使用格式见表 7-16。

表 7-16　pdenonlin 调用格式

调用格式	含义
[u,res]=pdenonlin(b,p,e,t,c,a,f)	求定义在 Ω 上的特征值偏微分方程的解。其中 b 为边界条件；p、e、t 为区域的网格数据；c、a、f 为方程的系数；u 为解向量；res 为牛顿步残差向量的范数
[u,res]=pdenonlin(b,p,e,t,c,a,f, 'PropertyName','PropertyValue',...)	在上面命令功能的基础上，加上属性设置，下表 7-17 给出了属性名及相关的说明

表 7-17　pdenonlin 属性

属性名	属性值	默认值	说　明
Jacobian	fixed | lumped | full	fixed	雅可比逼近
u0	字符串或数字	0	估计的初始解
Tol	正数	1E-4	残差值
MaxIter	正整数	25	高斯-牛顿迭代的最大次数
MinStep	正数	1/2^16	搜索方向的最小阻尼
Report	on | off	off	是否输出收敛信息
Norm	字符串或数字	inf	残差范数

第 **8** 章

优化设计

对于优化中的许多问题，都可以利用 MATLAB 提供的优化工具箱轻松解决。本章首先向读者简单介绍了优化问题的基本知识，然后在其后几节着重讲述如何利用 MATLAB 提供的优化工具来解决一些基本的、最常见的优化问题工具。

学 习 要 点

- 线性规划的 MATLAB 求解
- 无约束问题和约束优化的 MATLAB 求解
- 最小二乘优化方法
- 多目标优化的 MATLAB 求解
- 非线性方程（组）的求解
- 优化参数的设置方法

8.1 优化问题概述

8.1.1 背景

在实际生活和工作中，人们对于同一个问题往往会提出多个解决方案，并通过各方面的论证从中提取最佳方案。例如：在工程设计中，怎样选取参数使得设计既满足要求又能降低成本；在资源分配中，怎样的分配方案既能满足各方面的基本要求，又能获得好的经济效益；在生产计划安排中，选择怎样的计划方案才能提高产值和利润；在原料配比问题中，怎样确定各种成分的比例才能提高质量、降低成本；在城建规划中，怎样安排工厂、机关、学校、商店、医院、住宅和其他单位的合理布局，才能方便群众，有利于城市各行各业的发展；在军事指挥中，怎样确定最佳作战方案，才能有效地消灭敌人，保存自己，有利于战争的全局，这一系列的实际问题最终促成了优化这门数学分支的建立。最优化是一门研究如何科学、合理、迅速地确定可行方案并找到其中最优方案的学科。同时，最优化是一门应用相当广泛的学科，它讨论决策问题的最佳选择的特性，构造寻求最佳解的计算方法，研究这些计算方法的理论性质及实际计算表现。由于优化问题无处不在，目前最优化方法的应用和研究已经深入到了生产和科研的各个领域，如土木工程、机械工程、化学工程、运输调度、生产控制、经济规划、经济管理等，并取得了显著的经济效益和社会效益。

事实上，最优化是个古老的课题，可以追溯到十分古老的极值问题。早在 17 世纪牛顿发明微积分的时代，就已经看出极值问题，后来又出现拉格朗日乘数法。1847 年法国数学家柯西研究了函数值沿什么方向下降最快的问题，提出了最速下降法。1939 年前苏联数学家 *Л.B. Канторович* 提出了解决下料问题和运输问题这两种线性规划问题的求解方法。然而，优化成为一门独立的学科是在 20 世纪 40 年代末，是在 1947 年 Dantzig 提出求解一般线性规划问题的单纯形法之后。随着计算机的广泛应用，现在，解线性规划、非线性规划、随机规划、非光滑规划、多目标规划、几何规划、整数规划等多种最优化问题的理论的研究发展迅速，新方法不断出现，实际应用日益广泛。伴随着计算机的高速发展和优化计算方法的进步，规模越来越大的优化问题得到解决。作为 20 世纪应用数学的重要研究成果，它已受到政府部门、科研机构和产业部门的高度重视。

8.1.2 基本概念及分支

为了使读者对优化有一个初步的认识，我们先举一个例子：

例 8-1（运输问题）：假设某种产品有 3 个产地 A_1、A_2、A_3，它们的产量分别为 100、170、200（单位为吨），该产品有 3 个销售地 B_1、B_2、B_3，各地的需求量分别为 120、170、180（单位为吨），把产品从第 i 个产地 A_i 运到第 j 个销售地 B_j 的单位运价（元/吨）见表 8-1。

如何安排从 A_i 到 B_j 的运输方案，才能既满足各销售地的需求又能使总运费最少？

解：这是一个产销平衡的问题，下面我们对这个问题建立数学模型。

表 8-1　运费表

产地＼销售地	B_1	B_2	B_3	产量/吨
A_1	80	90	75	100
A_2	60	85	95	170
A_3	90	80	110	200
需求量	120	170	180	470

设从 A_i 到 B_j 的运输量为 x_{ij}，显然总运费的表达式为

$$80x_{11}+90x_{12}+75x_{13}+60x_{21}+85x_{22}+95x_{23}+90x_{31}+80x_{32}+110x_{33}$$

考虑到产量应该有下面的要求：

$$x_{11}+x_{12}+x_{13}=100$$
$$x_{21}+x_{22}+x_{23}=170$$
$$x_{31}+x_{32}+x_{33}=200$$

考虑到需求量又应该有下面的要求：

$$x_{11}+x_{21}+x_{31}=120$$
$$x_{12}+x_{22}+x_{32}=170$$
$$x_{13}+x_{23}+x_{33}=180$$

此外运输量不能为负数，即 $x_{ij}\geq 0, i,j=1,2,3$

综上所述，原问题的数学模型可以写为

$$\min\quad 80x_{11}+90x_{12}+75x_{13}+60x_{21}+85x_{22}+95x_{23}+90x_{31}+80x_{32}+110x_{33}$$

$$\text{s.t.}\begin{cases}x_{11}+x_{12}+x_{13}=100\\x_{21}+x_{22}+x_{23}=170\\x_{31}+x_{32}+x_{33}=200\\x_{11}+x_{21}+x_{31}=120\\x_{12}+x_{22}+x_{32}=170\\x_{13}+x_{23}+x_{33}=180\\x_{ij}\geq 0, i,j=1,2,3.\end{cases}$$

这个例子中的数学模型就是一个优化问题，属于优化中的线性规划问题，对于这种问题，利用 MATLAB 可以很容易找到它的解。通过上面的例子，读者可能已经对优化有了一个模糊的概念。事实上，优化问题最一般的形式如下：

$$\min\quad f(x)$$
$$\text{s.t.}\quad x\in X, \tag{8-1}$$

其中，$x \in R^n$ 是决策变量（相当于上例中的 x_{ij}）；$f(x)$ 是目标函数（相当于上例中的运费表达式）；$X \subseteq R^n$ 为约束集或可行域（相当于上例中的线性方程组的解集与非负挂限的交集）。特别地，如果约束集 $X = R^n$，则上述优化问题称为无约束优化问题，即

$$\min_{x \in R^n} \quad f(x)$$

而约束最优化问题通常写为

$$\begin{aligned} \min \quad & f(x) \\ \text{s.t.} \quad & c_i(x) = 0, \quad i \in E, \\ & c_i(x) \leq 0, \quad i \in I, \end{aligned} \qquad (8\text{-}2)$$

其中，E、I 分别为等式约束指标集与不等式约束指标集；$c_i(x)$ 为约束函数。

对于问题（8-1），如果对于某个 $x^* \in X$，以及每个 $x \in X$ 都有 $f(x) \geq f(x^*)$ 成立，则称 x^* 为问题（8-1）的最优解（全局最优解），相应的目标函数值称为最优值；若只是在 X 的某个子集内有上述关系，则 x^* 称为问题（8-1）的局部最优解。最优解并不是一定存在的，通常，我们求出的解只是一个局部最优解。

对于优化问题（8-2），当目标函数和约束函数均为线性函数时，问题（8-2）就称为线性规划问题；当目标函数和约束函数中至少有一个是变量 x 的非线性函数时，问题（8-2）就称为非线性规划问题。此外，根据决策变量、目标函数和要求不同，优化问题还可分为整数规划、动态规划、网络优化、非光滑规划、随机优化、几何规划、多目标规划等若干分支。下面几节，我们主要讲述如何利用 MATLAB 提供的优化工具箱来求解一些常见的优化问题。

8.1.3 最优化问题的实现

用最优化方法解决最优化问题的技术称为最优化技术，它包含两个方面的内容：

1）建立数学模型：即用数学语言来描述最优化问题。模型中的数学关系式反映了最优化问题所要达到的目标和各种约束条件。

2）数学求解：数学模型建好以后，选择合理的最优化方法进行求解。

最优化方法的发展很快，现在已经包含有多个分支，如线性规划、整数规划、非线性规划、动态规划、多目标规划等。利用 MATLAB 的优化工具箱，可以求解线性规划、非线性规划和多目标规划问题，具体而言，包括线性及非线性最小化、最大最小化、二次规划、半无限问题、线性及非线性方程（组）的求解、线性及非线性的最小二乘问题。另外，该工具箱还提供了线性及非线性最小化、方程求解、曲线拟合、二次规划等问题中大型课题的求解方法，为优化方法在工程中的实际应用提供了更方便快捷的途径。

使用优化工具箱时，由于优化函数要求目标函数和约束条件满足一定的格式，所以需要用户在进行模型输入时注意以下几个问题：

1．目标函数最小化

优化函数 fminbnd、fminsearch、fminunc、fmincon、fgoalattain、fminmax 和 lsqnonlin 都要

求目标函数最小化，如果优化问题要求目标函数最大化，可以通过使该目标函数的负值最小化即-f(x)最小化来实现。近似地，对于 quadprog 函数提供-H 和-f，对于 linprog 函数提供-f。

　　2．约束非正

　　优化工具箱要求非线性不等式约束的形式为 $C_i(x) \leq 0$，通过对不等式取负可以达到使大于零的约束形式变为小于零的不等式约束形式的目的，如 $C_i(x) \geq 0$ 形式的约束等价于- $C_i(x) \leq 0$；$C_i(x) \geq b$ 形式的约束等价于- $C_i(x)+b \leq 0$。

　　3．避免使用全局变量

8.2 线性规划

　　线性规划（Linear Programming）是优化的一个重要分支，它在理论和算法上都比较成熟，在实际中有着广泛的应用（例如上一节的运输问题）。另外，运筹学其他分支中的一些问题也可以转化为线性规划来计算。本节主要讲述如何利用 MATLAB 来求解线性规划问题。

8.2.1 表述形式

　　在上一节的例题中，我们已经接触线性规划问题，以及其数学表述形式。通常，其标准形式表述为

$$
\begin{aligned}
\min \quad & c_1 x_1 + c_2 x_2 + \cdots + c_n x_n \\
\text{s.t.} \quad &
\begin{cases}
a_{11} x_1 + a_{12} x_2 + \cdots + a_{1n} x_n = b_1 \\
a_{21} x_1 + a_{22} x_2 + \cdots + a_{2n} x_n = b_2 \\
\qquad\qquad\qquad \vdots \\
a_{m1} x_1 + a_{m2} x_2 + \cdots + a_{mn} x_n = b_m \\
x_i \geq 0, \quad i = 1, 2, \cdots, n
\end{cases}
\end{aligned} \tag{8-3}
$$

线性规划问题的标准型要求如下：
- 所有的约束必须是等式约束；
- 所有的变量为非负变量；
- 目标函数的类型为极小化。

式（8-3）用矩阵形式简写为

$$
\begin{aligned}
\min \quad & c^T x \\
\text{s.t.} \quad & Ax = b, \\
& x \geq 0.
\end{aligned} \tag{8-4}
$$

其中，$A = (a_{ij})_{m \times n} \in R^{m \times n}$ 为约束矩阵；$c = (c_1 \quad c_2 \quad \cdots \quad c_n)^T \in R^n$，为目标函数系数矩阵；$b = (b_1 \quad b_2 \quad \cdots \quad b_m)^T \in R^m$；$x = (x_1 \quad x_2 \quad \cdots \quad x_n)^T \in R^n$。为了使约束集不为空集以及避免冗余约束，我们通常假设 A 行满秩且 $m \leq n$。

但在实际问题中，建立的线性规划数学模型并不一定都有（8-4）的形式，例如有的模型还有不等式约束、对自变量 x 的上下界约束等等，这时，可以通过简单的变换将它们转化成标准形式（8-4）。

非标准型线性规划问题过渡到标准型线性规划问题的处理方法有如下几种：
- 将极大化目标函数转化为极小化负的目标函数值；
- 把不等式约束转化为等式约束，可在约束条件中添加松弛变量；
- 若决策变量无非负要求，可用两个非负的新变量之差代替。

关于具体的变换方法，我们在这里就不再详述了，感兴趣的读者可以查阅一般的优化参考书。

在线性规划中，普遍存在配对现象，即对一个线性规划问题，都存在一个与之有密切关系的线性规划问题，其中之一为原问题，而另一个称为它的对偶问题。例如对于线性规划标准形（8-4），其对偶问题为下面的极大化问题：

$$\max \quad \lambda^{\mathrm{T}}b$$
$$\text{s.t.} \quad A^{\mathrm{T}}\lambda \le c$$

其中，λ 称为对偶变量。

对于线性规划，如果原问题有最优解，那么其对偶问题也一定存在最优解，且它们的最优值是相等的。解线性规划的许多算法都可以同时求出原问题和对偶问题的最优解，例如解大规模线性规划的原-对偶内点法（见 S.Mehrotra, On the implementation of a primal-dual interior point method, SIAM J. Optimization, 2(1992), pp.575-601.），事实上，MATLAB 中的内点法也是根据这篇文献所编的。关于对偶的详细讨论，读者可以参阅一般的优化教材，这里不再详述。

8.2.2 MATLAB 求解

在优化理论中，将线性规划化为标准形是为了理论分析的方便，但在实际中，这将会带来一点麻烦。幸运的是，MATLAB 提供的优化工具箱可以解决各种形式的线性规划问题，而不用转化为标准形式。

在 MATLAB 提供的优化工具箱中，解线性规划的命令是 linprog，它的调用格式为：
- x = linprog(c,A,b)　　求解下面形式的线性规划：

$$\min \quad c^{\mathrm{T}}x$$
$$\text{s.t.} \quad Ax \le b \tag{8-5}$$

- x = linprog(c,A,b,Aeq,beq)　求解下面形式的线性规划：

$$\min \quad c^{\mathrm{T}}x$$
$$\text{s.t.} \quad \begin{aligned} Ax &\le b \\ Aeqx &= beq \end{aligned} \tag{8-6}$$

若没有不等式约束 $Ax \le b$，则只需令 A=[ ]，b=[ ]
- x = linprog(c,A,b,Aeq,beq,lb,ub)　　求解下面形式的线性规划：

$$\min \quad c^T x$$

$$\text{s.t.} \quad \begin{aligned} Ax &\le b \\ Aeqx &= beq \\ lb &\le x \le ub \end{aligned}$$

(8-7)

若没有不等式约束 $Ax \le b$，则只需令 A=[ ]，b=[ ]；若只有下界约束，则可以不用输入 ub。

◆　x = linprog(c,A,b,Aeq,beq,lb,ub,x0)　　解(8-7)形式的线性规划，将初值设置为 x0。

◆　x = linprog(c,A,b,Aeq,beq,lb,ub,x0,options)　解(8-7)形式的线性规划，将初值设置为 x0，options 为指定的优化参数，见表 8-2，利用 optimset 命令设置这些参数（见本章的第 8 节）。

表 8-2　linprog 命令的优化参数及说明

优化参数	说　明
LargeScale	若设置为'on'，则使用大规模算法；若设置为'off'，则使用中小规模算法
Diagnostics	打印要极小化的函数的诊断信息
Display	设置为：'off'不显示输出；'iter'显示每一次的迭代输出；'final'只显示最终结果
MaxIter	函数所允许的最大迭代次数
Simplex	如果设置为'on'，则使用单纯形算法求解（仅适用于中小规模算法）
TolFun	函数值的容忍度

◆　[x, fval] = linprog(⋯)　　除了返回线性规划的最优解 x 外，还返回目标函数最优值 fval，即 $fval = c^T x$。

◆　[x, fval, exitflag] = linprog(⋯)　　除了返回线性规划的最优解 x 及最优值 fval 外，还返回终止迭代的条件信息 exitflag，exitflag 的值及相应的说明见表 8-3。

表 8-3　exitflag 的值及说明

exitflag 的值	说　明
1	表示函数收敛到解 x
0	表示达到了函数最大评价次数或迭代的最大次数
-2	表示没有找到可行解
-3	表示所求解的线性规划问题是无界的
-4	表示在执行算法的时候遇到了 NaN
-5	表示原问题和对偶问题都是不可行的
-7	表示搜索方向使得目标函数值下降得很少

◆　[x, fval, exitflag, output] = linprog(⋯)　　在上个命令的基础上，输出关于优化算法的信息变量 output，它所包含的内容见表 8-4。

表 8-4　output 的结构及说明

output 结构	说　明
iterations	表示算法的迭代次数
algorithm	表示求解线性规划问题时所用的算法
cgiterations	表示共轭梯度迭代（如果用的话）的次数
message	表示算法退出的信息

◆　[x, fval, exitflag, output ,lambda] = linprog(…)在上个命令的基础上，输出各种约束对应的 Lagrange 乘子（即相应的对偶变量值），它是一个结构体变量，其内容见表 8-5。

表 8-5　lambda 的结构及说明

lambda 结构	说　明
ineqlin	表示不等式约束对应的拉格朗日乘子向量
eqlin	表示等式约束对应的拉格朗日乘子向量
upper	表示上界约束 $x \leq ub$ 对应的拉格朗日乘子向量
lower	表示下界约束 $x \geq lb$ 对应的拉格朗日乘子向量

例 8-2.： 对于下面的线性规划问题：

$$\min \quad -x_1 - 3x_2$$

$$\text{s.t.} \quad \begin{cases} x_1 + x_2 \leq 6 \\ -x_1 + 2x_2 \leq 8 \\ x_1, x_2 \geq 0 \end{cases}$$

先利用图解法来求其最优解，然后利用优化工具箱中的 linprog 命令求解。

解： <图解法>

先利用 MATLAB 画出该线性规划的可行集及目标函数等值线。在 MATLAB 命令窗口输入以下命令：

```
>> clear
>> syms x1 x2
>> f=-x1-3*x2;
>> c1=x1+x2-6;
>> c2=-x1+2*x2-8;
>> ezcontourf(f)
>> axis([0 6 0 6])
>> hold on
>> ezplot(c1)
>> ezplot(c2)
>> legend('f 等值线','x1+x2-6=0','-x1+2*x2-8=0')
>> title('利用图解法求线性规划问题')
>> gtext('x')
```

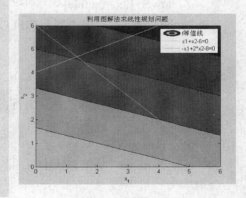

图 8-1　图解法解线性规划

运行结果如图 8-1 所示。

从上图中可以看出可行集的顶点 x(4/3, 14/3)即线性规划的最优解，它也是两个线性约束的交点。

<利用 linprog 命令求解>

```
>> c=[-1 -3]';    %输入目标函数系数矩阵
>> A=[1 1;-1 2];  %输入不等式约束系数矩阵
>> b=[6 8]';    %输入右端项
```

```
>> lb=zeros(2,1);
>> [x,fval,exitflag,output,lambda]=linprog(c,A,b,[],[],lb)        %求解
Optimization terminated.

x =                        %最优解
     1.3333
     4.6667
fval =                     %最优值
   -15.3333
exitflag =
     1                          %说明该算法对于该问题是收敛的
output =
        iterations: 7                    %迭代次数
         algorithm: 'large-scale: interior point'        %应用的是内点算法
       cgiterations: 0                   %没有共轭梯度迭代
           message: 'Optimization terminated.'       %达到了最优解，终止迭代


lambda =         %拉格朗日乘子向量


     ineqlin: [2x1 double]
       eqlin: [0x1 double]
       upper: [2x1 double]
       lower: [2x1 double]
>> lambda.ineqlin      %不等式约束对应的拉格朗日乘子
ans =
     1.6667
     0.6667
>> lambda.eqlin      %等式约束对应的拉格朗日乘子，因为没有等式约束，所以为空矩阵
ans =
   Empty matrix: 0-by-1
>> lambda.upper     %上界约束对应的拉格朗日乘子
ans =
     0
     0
>> lambda.lower     %下界约束对应的拉格朗日乘子
ans =
   1.0e-014 *


     0.0141
```

0.4327

例 8-3：利用 MATLAB 的优化工具箱求解上一节的运输问题。

解：求解步骤如下：

```
>> c=[80 90 75 60 85 95 90 80 110]';
>> A=[1 1 1 0 0 0 0 0 0;0 0 0 1 1 1 0 0 0;0 0 0 0 0 0 1 1 1;
       1 0 0 1 0 0 1 0 0;0 1 0 0 1 0 0 1 0;0 0 1 0 0 1 0 0 1];
>> b=[100 170 200 120 170 180]';
>> lb=zeros(9,1);
>> [x,fval]=linprog(c,[],[],A,b,lb)
Optimization terminated.
x =
         0.0000
         0.0000
       100.0000
       120.0000
         0.0000
        50.0000
         0.0000
       170.0000
        30.0000
    fval =
```

3.6350e+004

因此，使运费最少的方案是：将产地 A_1 处的产品全部运往 B_3，并在那里销售；将产地 A_2 处的产品运往 B_1 处 120t 销售，运往 B_3 处 50t 销售；将产地 A_3 处运往 B_2 处 170t 销售，运往 B_3 处 30t 销售。这种方案的运费为 36350 元。

例 8-4（灵敏度分析）：在许多实际问题中，数学模型中的数据未知，需要根据实际情况时行估计和预测，这一点很难做到十分准确，因此需要研究数据的变化对最优解产生的影响，即所谓的灵敏度分析。利用 MATLAB 可以很轻松地对线性规划进行灵敏度分析。考虑下面的线性规划问题：

$$\max \quad -5x_1 + 5x_2 + 13x_3$$

$$\text{s.t.} \quad \begin{cases} -x_1 + x_2 + 3x_3 \le 20 \\ 12x_1 + 4x_2 + 10x_3 \le 90 \\ x_1, x_2, x_3 \ge 0 \end{cases}$$

先求出其最优解，然后对原问题进行下列变化，观察新问题最优解的变化情况。

1）目标函数中 x_3 的系数 c_3 由 13 变为 13.12；

2）b_1 由 20 变为 21；

3）A 的列 $\begin{bmatrix} -1 \\ 12 \end{bmatrix}$ 变为 $\begin{bmatrix} -1.1 \\ 12.5 \end{bmatrix}$；

4）增加约束条件 $2x_1 + 3x_2 + 5x_3 \le 50$。

解：该问题是极大化问题，我们首先将其转化为下面的极小化问题：

$$\min \quad 5x_1 - 5x_2 - 13x_3$$

$$\text{s.t.} \begin{cases} -x_1 + x_2 + 3x_3 \le 20 \\ 12x_1 + 4x_2 + 10x_3 \le 90 \\ x_1, x_2, x_3 \ge 0 \end{cases}$$

下面我们编写名为 example8_4 的 M 文件来对该线性规划作灵敏度分析，M 源文件如下：

```
% 该 M 文件用来对例 8-4 进行灵敏度分析

c=[5 -5 -13]';
A=[-1 1 3;12 4 10];
b=[20 90]';
lb=zeros(3,1);
disp('原问题的最优解为：');
x=linprog(c,A,b,[],[],lb)


% 第一小题
c1=c;
c1(3)=13.12;
disp('当目标函数中 x3 的系数由 13 变为 13.12 时，相应的最优解为：');
x1=linprog(c1,A,b,[],[],lb)
disp('最优解的变化情况为');     % 新解与原解的各个分量差
e1=x1-x


% 第二小题
b1=b;
b1(1)=21;
disp('当 b1 由 20 变为 21 时，相应的最优解为：');
x2=linprog(c,A,b1,[],[],lb)
disp('最优解的变化情况为');
e2=x2-x


% 第三小题
A1=A;
A1(:,1)=[-1.1 12.5]';
disp('当 A 的列变化时相应的最优解为：');
```

```
x3=linprog(c,A1,b,[],[],lb)
disp('最优解的变化情况为');
e3=x3-x

% 第四小题
A=[A;2 3 5];
b=[b;50];
disp('当增加一个约束时相应的最优解为：');
x4=linprog(c,A,b,[],[],lb)
disp('最优解的变化情况为');
e4=x4-x
```

该 M 文件的运行结果为：

```
>> clear
>> example8_4
```

原问题的最优解为：

```
Optimization terminated.

x =

     0.0419
    20.0419
     0.0000
```

当目标函数中 x3 的系数由 13 变为 13.12 时，相应的最优解为：

```
Optimization terminated.

x1 =

     0.3259
    20.3259
     0.0000
```

最优解的变化情况为

```
e1 =

     0.2840
     0.2840
     0.0000
```

当 b1 由 20 变为 21 时，相应的最优解为：

```
Optimization terminated.

x2 =

     0.0262
    21.0262
```

```
    0.0000
```

最优解的变化情况为
```
e2 =
   -0.0157
    0.9843
    0.0000
```

当 A 的列变化时相应的最优解为:
```
Optimization terminated.
x3 =
    0.5917
   20.6509
    0.0000
```

最优解的变化情况为
```
e3 =
    0.5498
    0.6089
   -0.0000
```

当增加一个约束时相应的最优解为:
```
Optimization terminated.
x4 =
    0.0000
   12.5000
    2.5000
```

最优解的变化情况为
```
e4 =
   -0.0419
   -7.5419
    2.5000
```

8.3 无约束优化问题

无约束优化问题是一个古典的极值问题,在微积分学中已经有所研究,并给出了在几何空间上的实函数极值存在的条件。本节主要讲述如何利用 MATLAB 的优化工具箱来求解无约束优化问题。

8.3.1 无约束优化算法简介

无约束优化已经有许多有效的算法。这些算法基本都是迭代法，它们都遵循下面的步骤：

1）选取初始点 x^0，一般来说初始点越靠近最优解越好；

2）如果当前迭代点 x^k 不是原问题的最优解，那么就需要找一个搜索方向 p^k，使得目标函数 $f(x)$ 从 x^k 出发，沿方向 p^k 有所下降；

3）用适当的方法选择步长 $\alpha^k(\geq 0)$，得到下一个迭代点 $x^{k+1} = x^k + \alpha^k p^k$；

4）检验新的迭代点 x^{k+1} 是否为原问题的最优解，或者是否与最优解的近似误差满足预先给定的容忍度。

从上面的算法步骤可以看出，算法是否有效、快速，主要取决于搜索方向的选择，其次是步长的选取。众所周知，目标函数的负梯度方向是一个下降方向，如果算法的搜索方向选为目标函数的负梯度方向，该算法即最速下降法。常用的算法（主要针对二次函数的无约束优化问题）还有共轭梯度法、牛顿法、拟牛顿法、信赖域法等。对于这些算法，感兴趣的读者可以查阅一般的优化教材，这里不再详述。

关于步长，一般选为 $f(x)$ 沿射线 $x^k + \alpha p^k$ 的极小值点，这实际上是关于单变量 α 的函数的极小化问题，我们称之为一维搜索或线搜索。常用的线搜索方法有牛顿法、抛物线法、插值法等。其中牛顿法与抛物线法都是利用二次函数来近似表示目标函数 $f(x)$，并用它的极小点作为 $f(x)$ 的近似极小点，不同的是，牛顿法利用 $f(x)$ 在当前点 x^k 处的二阶 Taylor 展开式来近似表示 $f(x)$，即利用 $f(x^k), f'(x^k), f''(x^k)$ 来构造二次函数；而抛物线法是利用三个点的函数值来构造二次函数的。关于这些线搜索方法的具体讨论，感兴趣的读者也可以参考一般的优化教材，这里也不再详述。

8.3.2 MATLAB 求解

对于无约束优化问题，可以根据需要选择合适的算法，通过 MATLAB 编程求解，也可利用 MATLAB 提供的 fminsearch 命令与 fminunc 命令求解。fminsearch 命令的调用格式见表 8-6。

表 8-6　fminsearch 命令的调用格式

命令格式	说　明
x = fminsearch(f,x0)	x0 为初始点，f 为目标函数的表达式字符串或 MATLAB 自定义函数的句柄，返回目标函数的局部极小点
x = fminsearch(f,x0,options)	options 为指定的优化参数（见表 8-7），可以利用 optimset 命令来设置这些参数（见第 8 节）
[x,fval] = fminsearch(⋯)	除了返回局部极小点 x 外，还返回相应的最优值 fval
[x,fval,exitflag] = fminsearch(⋯)	在上面命令功能的基础上，还返回算法的终止标志 exitflag，它的取值及含义见表 8-8
[x,fval,exitflag,output] = fminsearch(⋯)	在上面命令功能的基础上，输出关于算法的信息变量 output，它的内容见表 8-9

对 fminsearch 命令需要补充说明的是，它并是 MATLAB 的优化工具箱中的函数，但它可以用来求无约束优化问题。

表 8-7   fminsearch 命令的优化参数及说明

优化参数	说明
Display	设置为：'off'不显示输出；'iter'显示每一次的迭代输出；'final'只显示最终结果
MaxFunEvals	函数评价所允许的最大次数
MaxIter	函数所允许的最大迭代次数
TolX	x 的容忍度

表 8-8   exitflag 的值及含义说明

exitflag 的值	说明
1	表示函数收敛到解 x
0	表示达到了函数最大评价次数或迭代的最大次数
-1	表示算法被输出函数终止

表 8-9   output 的结构及含义说明

output 结构	说明
iterations	算法的迭代次数
funcCount	函数的赋值次数
algorithm	所使用的算法名称
message	算法终止的信息

例 8-5： 极小化罗森布罗克(Rosenbrock)函数：

$$f(x) = 100(x_2 - x_1^2)^2 + (1-x_1)^2$$

解： 首先编写罗森布罗克函数的 M 文件如下：

```
function y=Rosenbrock(x)
% 此函数为罗森布罗克函数
% x 为二维向量

y=100*(x(2)-x(1)^2)^2+(1-x(1))^2;
```

在 MATLAB 命令窗口中输入以下命令进行求解：

```
>> x0=[0 0]';      %初始点选为[0 0]
>> [x,fval,exitflag,output] = fminsearch(@Rosenbrock,x0)
  %或写为：[x,fval,exitflag,output] = fminsearch('Rosenbrock',x0)


x =        %最优解
    1.0000
    1.0000
fval =     %最优值
  3.6862e-010
exitflag =
    1              %函数收敛
output =
    iterations: 79          %共迭代 79 次
```

　　funcCount: 146　　　%函数赋值 146 次

　　algorithm: 'Nelder-Mead simplex direct search'　　　%选用的是 Nelder-Mead 算法

　　message: [1x196 char]　　%算法信息（见下面）

>> output. message

ans =

Optimization terminated:

　the current x satisfies the termination criteria using OPTIONS.TolX of 1.000000e-004

and F(X) satisfies the convergence criteria using OPTIONS.TolFun of 1.000000e-004

　　fminunc 命令的调用格式见表 8-10。

表 8-10　fminunc 命令的调用格式

命令格式	说　明
x = fminunc(f,x0)	x0 为初始点，f 为目标函数的表达式字符串或 MATLAB 自定义函数的句柄，返回目标函数的局部极小点
x = fminunc(f,x0,options)	options 为指定的优化参数（见表 8-11），可以利用 optimset 命令来设置这些参数（见第 8 节）
[x,fval] = fminunc(…)	除了返回局部极小点 x 外，还返回相应的最优值 fval
[x,fval,exitflag] = fminunc(…)	在上面命令功能的基础上，还返回算法的终止标志 exitflag，它的取值及含义见表 8-12
[x,fval,exitflag,output] = fminunc(…)	在上面命令功能的基础上，输出关于算法的信息变量 output，它的内容见表 8-13
[x,fval,exitflag,output,g] = fminunc(…)	在上面命令功能的基础上，输出目标函数在解 x 处的梯度值 g
[x,fval,exitflag,output,g,H] = fminunc(…)	在上面命令功能的基础上，输出目标函数在解 x 处的黑塞(Hessian)矩阵 H

表 8-11　fminunc 命令的优化参数及说明

优化参数	说　明
LargeScale	若设置为'on'，则使用大规模算法；若设置为'off'，则使用中小规模算法
Diagnostics	打印要极小化的函数的诊断信息
Display	设置为：'off'不显示输出；'iter'显示每一次的迭代输出；'final'只显示最终结果
GradObj	用户定义的目标函数梯度，对于大规模问题是必选项，对中小规模问题是可选项
MaxFunEvals	函数评价的最大次数
MaxIter	函数所允许的最大迭代次数
TolFun	函数值的容忍度
TolX	x 处的容忍度
Hessian	用户定义的目标函数黑塞矩阵（大规模算法）
HessPattern	用于有限差分的黑塞矩阵的稀疏形式（大规模算法）
MaxPCGIter	共轭梯度迭代的最大次数（大规模算法）
PrecondBandWidth	带宽处理，对于有些问题，增加带宽可以减少迭代次数（大规模算法）
TolPCG	共轭梯度迭代的终止容忍度（大规模算法）
TypicalX	典型 x 值（大规模算法）
DerivativeCheck	对用户提供的导数和有限差分求出的导数进行对比（中小规模算法）
DiffMaxChange	变量有限差分梯度的最大变化（中小规模算法）
DiffMinChange	变量有限差分梯度的最小变化（中小规模算法）
LineSearchType	选择线搜索算法（中小规模算法）

注意

fminsearch 命令只能处理实函数的极小化问题,返回值也一定为实数,如果自变量为复数,则必须将其分成实部和虚部来处理。

表 8-12 exitflag 的值及含义说明

exitflag 的值	说　明
1	表示函数收敛到解 x
2	表示相邻两次迭代点的变化小于预先给定的容忍度
3	表示目标函数值在相邻两次迭代点处的变化小于预先给定的容忍度
0	表示迭代次数超过 option.MaxIter 或函数值大于 options.FunEvals
-1	表示算法被输出函数终止
-2	表示沿当前方向,线搜索策略不能使目标函数值充分减小

表 8-13 output 的结构及含义说明

output 结构	说　明
iteration	算法的迭代次数
funcCount	函数的赋值次数
algorithm	所使用的算法
cgiterations	共轭梯度迭代次数(只适用于大规模算法)
firstorderopt	一阶最优性条件(如果用的话),即为目标函数在点 x 处的梯度
message	算法终止的信息

例 8-6:求下面函数的极小点,并计算出函数在极小点处的梯度及黑塞(Hessian)矩阵。

$$f(x) = x_1^2 + x_2^2 - 4x_1 + 2x_2 + 7$$

解:首先建立名为 example8_6 的 M 文件,如下:

```
function y=example8_6(x)
y=x(1)^2+x(2)^2-4*x(1)+2*x(2)+7;
```

然后利用 fminunc 求解,步骤如下:

```
>> x0=[1 1]';        %初始值选为[1 1]'
>> [x,fval,exitflag,output,g,H] = fminunc(@example8_6,x0)
Warning: Gradient must be provided for trust-region method;
    using line-search method instead.
> In fminunc at 241
Optimization terminated: relative infinity-norm of gradient less than options.TolFun.
Computing finite-difference Hessian using user-supplied objective function.
x =             %最优解
```

```
    2.0000
   -1.0000
fval =            %最优值
    2.0000
exitflag =
    1                  %说明函数收敛到解
output =                  %关于算法的一些信息
        iterations: 2
         funcCount: 9
          stepsize: 1
     firstorderopt: 2.9802e-008
         algorithm: 'medium-scale: Quasi-Newton line search'
           message: 'Optimization terminated: relative infinity-norm of gradient less than
              options.TolFun.'
g =      %最优解处的梯度
  1.0e-007 *
  -0.2980
        0
H =          %最优解处的黑塞矩阵
    2.0000    -0.0000
   -0.0000     2.0000
```

例 8-7（分段函数）：分别用本节所学的两个命令求下面分段函数的极小值点。

$$f(x)=\begin{cases} x^2-6x+5, & x>1 \\ -x^2+1, & -1\le x\le 1 \\ x^2+4x+3, & x<-1 \end{cases}$$

解：首先编写目标函数的 M 文件如下：

```
function y=example8_7(x)
if x>1
    y=x^2-6*x+5;
elseif x>=-1&x<=1
    y=-x^2+1;
else
    y=x^2+4*x+3;
end
```

然后为了分析直观，利用 MATLAB 画出目标函数的图像，步骤如下：

```
>> x=-5:0.01:5;
>> n=length(x)
n =
```

```
            1001
>> for i=1:1001
y(i)=example8_7(x(i));
end
>> plot(x,y)
>> title('分段函数图像')
>> gtext('x1')        %运行此命令后会出现十字架，单击鼠标左键或按下任意键可键入标注文
```
字，详见第 3 章
```
>> gtext('x2')
```
运行结果如图 8-2 所示。

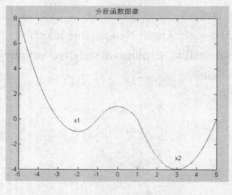

图 8-2 分段函数图像

显然，由上图可以看出分段函数有两个局部极小点 x1（-2, -1）与 x2（3, -4），其中 x2 为全
局极小点。下面用本节所学命令求解。

先用 fminsearch 命令求解，初始点选为 0：

```
>> [x,fval,exitflag,output]=fminsearch(@example8_7,0)
x =
      3.0000        %为全局最优解
fval =
    -4.0000
exitflag =
      1
output =
      iterations: 28
       funcCount: 56
       algorithm: 'Nelder-Mead simplex direct search'
         message: [1x196 char]
>> output.message
ans =
Optimization terminated:
```

the current x satisfies the termination criteria using OPTIONS.TolX of 1.000000e-004

and F(X) satisfies the convergence criteria using OPTIONS.TolFun of 1.000000e-004

再用 fminunc 命令求解，初始点仍选为 0。

```
>> [x,fval,exitflag,output]=fminunc(@example8_7,0)
Warning: Gradient must be provided for trust-region method;
    using line-search method instead.
> In fminunc at 241
Optimization terminated at the initial point: the relative
 magnitude of the gradient at x0 less than options.TolFun.
x =
        0        %该点实际为目标函数的局部极大值点
fval =
        1
exitflag =
        1
output =
        iterations: 0
         funcCount: 2
          stepsize: []
      firstorderopt: 1.1102e-008
          algorithm: 'medium-scale: Quasi-Newton line search'
           message: [1x117 char]
>> output.message    %了解算法的终止信息
ans =
Optimization terminated at the initial point: the relative
magnitude of the gradient at x0 less than options.TolFun.
```

用该命令求出的点实际上是一个局部极大值点，这是由算法的终止条件造成的。在无约束优化问题中，一般算法的终止条件都选择为：目标函数在迭代点处的梯度范数小于预先给定的容忍度。由高等数学的知识，我们知道函数在极值点处的梯度值是等于零的，而所选的初始点正好为目标函数的局部极大值点，因此算法终止。这时只需改一下初始点的值即可，见下面代码：

```
>> [x,fval]=fminunc(@example8_7,1)
Warning: Gradient must be provided for trust-region method;
    using line-search method instead.
> In fminunc at 241
Optimization terminated: relative infinity-norm of gradient less than options.TolFun.
x =
        3        %为全局极小点
fval =
```

-4

 小技巧

当目标函数的阶大于 2 时，fminunc 命令比 fminsearch 命令更有效；当目标函数高度不连续时，fminsearch 命令比 fminunc 命令更有效。

8.4 约束优化问题

在实际问题中，碰到的无约束情况较少，大部分问题都为约束优化问题。这种问题是最难处理的，目前比较有效的算法有内点法、惩罚函数法等。第 2 节讲的线性规划也是一种约束优化问题，它主要通过单纯形法和原-对偶内点法来求解。本节主要讲述如何利用 MATLAB 提供的优化工具箱来解决一些常见的约束优化问题。

8.4.1 单变量约束优化问题

单变量约束优化问题的标准形式为

$$\min \quad f(x)$$
$$\text{s.t.} \quad a < x < b$$

即求目标函数在区间 (a, b) 上的极小点。在 MATLAB 中，求这种优化问题的命令是 fminbnd，但它并不在 MATLAB 的优化工具箱中。

fminbnd 命令的调用格式见表 8-14。

表 8-14　fminbnd 命令的调用格式

命令格式	说　明
x = fminbnd(f,a,b)	返回目标函数 f (x) 在区间（a,b）上的极小值
x = fminbnd(f,a,b,options)	options 为指定优化参数选项，与表 8-7 相同；可以由 optimset 命令设置（见第 8 节）
[x,fval] = fminbnd(…)	除返回极小值 x 外，还返回相应的为目标函数值 fval
[x,fval,exitflag] = fminbnd(…)	以上面命令功能的基础上，输出终止迭代的条件信息 exitflag，它的值及含义说明见表 8-15
[x,fval,exitflag,output] = fminbnd(…)	在上面命令功能的基础上，输出关于算法的信息变量 output，它的内容见表 8-16

表 8-15　exitflag 的值及说明

exitflag 的值	说　明
1	表示函数收敛到最优解 x
0	表示达到函数的最大估计值或迭代次数
-1	表示算法被输出函数终止
-2	表示输入的区间有误，即 a>b

表 8-16 output 的结构及说明

output 结构	说 明
iterations	迭代次数
funcCount	函数赋值次数
algorithm	函数所调用的算法
message	算法终止的信息

例 8-8: 画出下面函数在区间(-2, 2)内的图像, 并计算其最小值。

$$f(x) = \frac{x^3 + x}{x^4 - x^2 + 1}$$

解: 首先建立目标函数的 M 文件如下:

```
function y=example8_8(x)
y=(x^3+x)/(x^4-x^2+1);
```

画出该函数在区间(-2, 2)上图像, 步骤如下:

```
>> x=-2:0.01:2;
>> length(x)
ans =
    401
>> for i=1:401
y(i)=example8_8(x(i));
end
>> plot(x,y)
>> title('目标函数图像')
```

目标函数图像如图 8-3 所示。

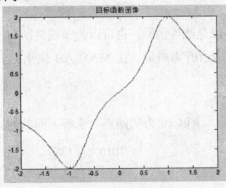

图 8-3 例 8-8 的目标函数图像

计算目标函数在(-2, 2)上的极小值点, 步骤如下:

```
>> [x,fval,exitflag,output]=fminbnd(@example8_8,-2,2)
x =
    -1.0000          %极小值点, 与上图是一致的
```

```
fval =
     -2.0000
exitflag =
     1                     %说明函数收敛到解
output =
     iterations: 11          %迭代 11 次
     funcCount: 14           %函数赋值 14 次
     algorithm: 'golden section search, parabolic interpolation'     %调用算法的名称
     message: [1x112 char]        %见下面
>> output.message      %关于优化算法终止的信息
ans =
Optimization terminated:
  the current x satisfies the termination criteria using OPTIONS.TolX of 1.000000e-004
```

8.4.2 多元约束优化问题

多元约束优化问题的标准形式为

$$\min \quad f(x)$$

$$\text{s.t.} \quad \begin{cases} A_1 x \le b_1 \\ A_2 x = b_2 \\ C_1(x) \le 0 \\ C_2(x) = 0 \\ lb \le x \le ub \end{cases}$$

其中 $f(x)$ 为目标函数，它可以是线性函数，也可以为非线性函数；$C_1(x), C_2(x)$ 为非线性向量函数；A_1, A_2 为矩阵；b_1, b_2, lb, ub 为向量。在 MATLAB 优化工具箱中，这种优化问题是通过 fmincon 命令来求解的。

fmincon 命令的调用格式为：

◆ x = fmincon(f,x0,A,b)   以 x0 为初始点，求解下面的约束优化问题：

$$\min \quad f(x)$$

$$\text{s.t.} \quad Ax \le b$$

◆ x = fmincon(f,x0,A,b,Aeq,beq)   以 x0 为初始点，求解下面的约束优化问题：

$$\min \quad f(x)$$

$$\text{s.t.} \quad \begin{cases} Aeqx = beq \\ Ax \le b \end{cases}$$

若没有不等式约束，则设 Aeq=[ ]，beq=[ ]，此时等价于上面的命令。

◆　x = fmincon(f,x0,A,b,Aeq,beq,lb,ub)　　以 x0 为初始点，求解下面的约束优化问题：

$$\min \quad f(x)$$

$$\text{s.t.} \quad \begin{cases} Aeqx = beq \\ Ax \leq b \\ lb \leq x \leq ub \end{cases}$$

若没有界约束，则令 lb、ub 为空矩阵；若 x 无下界，则令 lb=-Inf；若 x 无上界，则 ub=Inf。

◆　x=fmincon(f,x0,A,b,Aeq,beq,lb,ub,nonlcon)以 x0 为初始点，求解下面的约束优化问题：

$$\min \quad f(x)$$

$$\text{s.t.} \quad \begin{cases} Aeqx = beq \\ Ax \leq b \\ C_1(x) \leq 0 \\ C_2(x) = 0 \\ lb \leq x \leq ub \end{cases}$$

其中 nonlcon 函数的定义如下：

```
function [C1,C2,GC1,GC2]=nonlcon(x)
C1=…         %x 处的非线性不等式约束
C2=…         %x 处的非线性等式约束
if nargout>2    %被调用的函数有 4 个输出变量
    GC1=…        %非线性不等式约束在 x 处的梯度
    GC2=…        %非线性等式约束在 x 处的梯度
end
```

◆　x = fmincon(f,x0,A,b,Aeq,beq,lb,ub,nonlcon,options)　　options 为指定优化参数选项，与表 8-10 相同，可以由 optimset 命令进行设置（见第 8 节）。

◆　[x,fval] = fmincon(…)　　除了输出最优解 x 外，还输出相应目标函数最优值 fval。

◆　[x,fval,exitflag] = fmincon(…)　　在上面命令功能的基础上，输出终止迭代的条件信息 exitflag，它的值及含义说明见表 8-17。

表 8-17　exitflag 的值及含义说明

exitflag 的值	说　明
1	表示已满足一阶最优性条件
2	表示相邻两次迭代点的变化小于预先给定的容忍度
3	表示目标函数值在相邻两次迭代点处的变化小于预先给定的容忍度
4	表示搜索方向的级小于给定的容忍度且约束的违背量小于 options.TolCon
5	表示方向导数的级小于给定的容忍度且约束的违背量小于 options.TolCon
0	表示迭代次数超过 options.MaxIter 或函数的赋值次数超过 options.FunEvals
-1	表示算法被输出函数终止
-2	表示该优化问题没有可行解

◆ [x,fval,exitflag,output] = fmincon(…) 在上面命令功能的基础上，输出关于算法的信息变量 output，它的内容见表 8-18。

◆ [x,fval,exitflag,output,lambda] = fmincon(…) 在上面命令功能的基础上，输出各个约束所对应的拉格朗日乘子 lambda，它是一个结构体变量，其内容见表 8-19。

◆ [x,fval,exitflag,output,lambda,g] = fmincon(…) 在上面命令功能的基础上，输出目标函数在最优解 x 处的梯度 g。

表 8-18 output 的结构及说明

output 结构	说 明
iterations	迭代次数
funcCount	函数赋值次数
stepsize	算法在最后一步所选取的步长
algorithm	函数所调用的算法
cgiterations	共轭梯度迭代次数（只适用于大规模算法）
firstorderopt	一阶最优性条件（如果用的话）
message	算法终止的信息

表 8-19 lambda 的结构及说明

lambda 结构	说 明
lower	表示下界约束 $x \geq lb$ 对应的拉格朗日乘子向量
upper	表示上界约束 $x \leq ub$ 对应的拉格朗日乘子向量
ineqlin	表示不等式约束对应的拉格朗日乘子向量
eqlin	表示等式约束对应的拉格朗日乘子向量
ineqnonlin	表示非线性不等式约束对应的拉格朗日乘子向量
eqnonlin	表示非线性等式约束对应的拉格朗日乘子向量

◆ [x,fval,exitflag,output,lambda,g,H] = fmincon(…) 在上面命令功能的基础上，输出目标函数在最优解 x 处的黑塞(Hessian)矩阵 H。

例 8-9：求下面优化问题的最优解，并求出的相应梯度、黑塞(Hessian)矩阵以及拉格朗日乘子。

$$\min \quad (x_1 - 2)^2 + (x_2 - 1)^2$$
$$\text{s.t.} \begin{cases} -x_1^2 + x_2 \geq 0 \\ -x_1 - x_2 + 2 \geq 0 \end{cases}$$

解：先将该优化问题转化为下面的标准形式：

$$\min \quad (x_1 - 2)^2 + (x_2 - 1)^2$$
$$\text{s.t.} \begin{cases} x_1^2 - x_2 \leq 0 \\ x_1 + x_2 \leq 2 \end{cases}$$

编写目标函数的 M 文件如下：

```
function y=example8_9(x)
y=(x(1)-2)^2+(x(2)-1)^2;
```

编写非线性约束函数的 M 文件如下：

```
function [c1,c2]=nonlin(x)
c1=x(1)^2-x(2);
c2=[];   %没有非线性等式约束
```

然后在命令窗口输入下面的命令：

```
>> clear
>> A=[1 1];        %线性约束系数矩阵
>> b=2;
>> Aeq=[];beq=[];lb=[];ub=[];     %没有非线性等式约束及界约束
>> x0=[0 0]';     %初始点选为[0 0]'
>>[x,fval,exitflag,output,lambda,g,H]= fmincon(@example8_9,x0,A,b,Aeq,beq,lb,ub,@nonlin)
Warning: Large-scale (trust region) method does not currently solve this type of problem,
  switching to medium-scale (line search).
> In fmincon at 260
Optimization terminated: first-order optimality measure less
  than options.TolFun and maximum constraint violation is less
  than options.TolCon.
Active inequalities (to within options.TolCon = 1e-006):
  lower          upper        ineqlin      ineqnonlin
                                 1              1
x =
      1
      1
 fval =
      1
exitflag =
      1          %说明解已经满足一阶最优性条件
output =
          iterations: 6          %共迭代 6 次
          funcCount: 31        %函数赋值 31 次
           stepsize: 1          %算法最后一步所选的步长为 1
          algorithm: 'medium-scale: SQP, Quasi-Newton, line-search'     %所调用的算法
      firstorderopt: 1.6791e-009     %一阶最优性条件
         cgiterations: []          %没有共轭梯度迭代
             message: [1x144 char]
lambda =
          lower: [2x1 double]
```

```
          upper: [2x1 double]
          eqlin: [0x1 double]
       eqnonlin: [0x1 double]
        ineqlin: 0.6667        %线性不等式所对应的拉格朗日乘子
     ineqnonlin: 0.6667        %非线性不等式所对应的拉格朗日乘子
g =      %目标函数在最优解处的梯度
    -2.0000
     0.0000
H =      %目标函数在最优解处的黑塞矩阵


    3.2124    -0.1211
   -0.1211     1.8789
```

8.4.3 Minimax 问题

Minimax 问题的标准形式为

$$\min_{x} \max_{\{F_i\}} \left\{ F_i(x) \right\}_{i=1}^{n}$$

$$\text{s.t.} \begin{cases} A_1 x \le b_1 \\ A_2 x = b_2 \\ C_1(x) \le 0 \\ C_2(x) = 0 \\ lb \le x \le ub \end{cases}$$

其中，$F_i(x)$ 可以是线性函数，也可以为非线性函数；$C_1(x)$ $C_2(x)$ 为非线性向量函数；A_1、A_2 为矩阵；b_1、b_2、lb、ub 为向量。在 MATLAB 优化工具箱中，这种优化问题是通过 fminimax 命令来求解的。

fminimax 命令的调用格式为：

◆ x = fminimax(f,x0)   以 x0 为初始点，求解下面的 Minimax 问题：

$$\min_{x} \max_{\{F_i\}} \left\{ F_1(x), F_2(x), \cdots, F_n(x) \right\}$$

其中函数 f 的返回值为：$\left[F_1(x), F_2(x), \cdots, F_n(x) \right]'$。

◆ x = fminimax(f,x0,A,b)   以 x0 为初始点，求解下面的 Minimax 问题：

$$\min_{x} \max_{\{F_i\}} \left\{ F_1(x), F_2(x), \cdots, F_n(x) \right\}$$

$$\text{s.t.} \quad Ax \le b$$

◆ x = fminimax(f,x0,A,b,Aeq,beq)   以 x0 为初始点，求解下面的 Minimax 问题：

$$\min_{x} \quad \max_{\{F_i\}} \quad \{F_1(x), F_2(x), \cdots, F_n(x)\}$$

$$\text{s.t.} \begin{cases} Ax \le b \\ Aeqx = beq \end{cases}$$

若没有不等式约束，则设 Aeq=[ ]，beq=[ ]，此时等价于上面的命令。

◆　x = fminimax(f,x0,A,b,Aeq,beq,lb,ub)　　以 x0 为初始点，求解下面的 Minimax 问题：

$$\min_{x} \quad \max_{\{F_i\}} \quad \{F_1(x), F_2(x), \cdots, F_n(x)\}$$

$$\text{s.t.} \begin{cases} Ax \le b \\ Aeqx = beq \\ lb \le x \le ub \end{cases}$$

若没有界约束，则令 lb,ub 为空矩阵；若 x 无下界，则令 lb=-Inf；若 x 无上界，则令 ub=Inf。

◆　x = fminimax(f,x0,A,b,Aeq,beq,lb,ub,nonlcon)　　以 x0 为初始点，求解下面的 Minimax 问题：

$$\min_{x} \quad \max_{\{F_i\}} \quad \{F_1(x), F_2(x), \cdots, F_n(x)\}$$

$$\text{s.t.} \begin{cases} Ax \le b \\ Aeqx = beq \\ C_1(x) \le 0 \\ C_2(x) = 0 \\ lb \le x \le ub \end{cases}$$

其中，nonlcon 函数的定义如下：

```
function [C1,C2,GC1,GC2]=nonlcon(x)
C1=…        %x 处的非线性不等式约束
C2=…        %x 处的非线性等式约束
if nargout>2    %被调用的函数有 4 个输出变量
    GC1=…       %非线性不等式约束在 x 处的梯度
    GC2=…       %非线性等式约束在 x 处的梯度
end
```

◆　x = fminimax(f,x0,A,b,Aeq,beq,lb,ub,nonlcon,options)　　options 为指定优化参数选项，见表 8-20。

◆　[x,fval] = fminimax(…)　　除返回最优解 x 外，还返回 f 在 x 处的值，即

fval=$\left[F_1(x), F_2(x), \cdots, F_n(x) \right]'$。

◆　[x,fval,maxfval] = fminimax(…)　　其中 maxfval 为 fval 中的最大元。

◆　[x,fval,maxfval,exitflag] = fminimax(…)　　在上述命令功能的基础上，还输出终止迭代的

条件信息 exitflag，它的值及含义说明见表 8-21。

表 8-20　fminimax 命令的优化参数及说明

优化参数	说　明
DerivativeCheck	对用户提供的导数和有限差分求出的导数进行对比（中小规模算法）
Diagnostics	打印要极小化的函数的诊断信息
DiffMaxChange	变量有限差分梯度的最大变化
DiffMinChange	变量有限差分梯度的最小变化
Display	设置为 'off' 不显示输出；'iter' 显示每一次的迭代输出；'final' 只显示最终结果
GradConstr	用户定义的约束函数的梯度
GradObj	用户定义的目标函数梯度，对于大规模问题是必选项，对中小规模问题是可选项
MaxFunEvals	函数评价的最大次数
MaxIter	函数所允许的最大迭代次数
MeritFunction	若设置为 'multiobj'，则使用目标达到最大或最小的势函数；若设置为 'singleobj'，则使用 fmincon 计算目标函数
MinAbsMax	极小化最坏情况绝对值的次数
OutputFcn	在每一次迭代之后给出用户定义的输出函数
TolCon	约束的容忍度
TolFun	函数值的容忍度
TolX	X 处的容忍度

表 8-21　exitflag 的值及含义说明

exitflag 的值	说　明
1	表示函数收敛到解 x
4	表示搜索方向的级小于给定的容忍度且约束的违背量小于 options.TolCon
5	表示方向导数的级小于给定的容忍度且约束的违背量小于 options.TolCon
0	表示迭代次数超过 options.MaxIter 或函数的赋值次数超过 options.FunEvals
-1	表示算法被输出函数终止
-2	表示该优化问题没有可行解

◆ [x,fval,maxfval,exitflag,output] = fminimax(…)　在上面命令功能的基础上，输出关于算法的信息变量 output，它的内容与表 8-18 相同。

◆ [x,fval,maxfval,exitflag,output,lambda] = fminimax(…)　在上面命令功能的基础上，输出各个约束所对应的 Lagrange 乘子 lambda，它是一个结构体变量，同表 8-19。

例 8-10：求解下面的 Minimax 问题。

$$\min_x \ \max_{\{F_i\}} \ \{F_1(x), F_2(x), F_3(x), F_4(x), F_5(x)\}$$

$$\text{s.t.} \begin{cases} x_1^2 + x_2^2 \le 8 \\ x_1 + x_2 \le 3 \\ -3 \le x_1 \le 3 \\ -2 \le x_2 \le 2 \end{cases}$$

其中：$F_1(x) = 2x_1^2 + x_2^2 - 48x_1 - 40x_2 + 304$

$$F_2(x) = -x_2^2 - 3x_2^2$$
$$F_3(x) = x_1 + 3x_2 - 18$$
$$F_4(x) = -x_1 - x_2$$
$$F_5(x) = x_1 + x_2 - 8$$

解：首先编写目标函数的 M 文件如下：

```
function f=example8_10(x)
f(1)=2*x(1)^2+x(2)^2-48*x(1)-40*x(2)+304;
f(2)=-x(1)^2-3*x(2)^2;
f(3)=x(1)+3*x(2)-18;
f(4)=-x(1)-x(2);
f(5)= x(1)+x(2)-8;
```

编写非线性约束函数的 M 文件如下：

```
function [c1,c2]=nonlcon(x)
c1=x(1)^2+x(2)^2-8;
c2=[];      %没有非线性等式约束
```

然后在命令窗口输入下面的命令：

```
>> clear
>> A=[1 1];      %线性约束系数矩阵
>> b=3;
>> lb=[-3 -2]';      %变量下界
>> ub=[3 2]';      %变量上界
>> Aeq=[];beq=[];      %没有线性等式约束
>> x0=[0 0]';      %初始点选
>>[x,fval,maxfval,exitflag,output,lambda]
    =fminimax(@example8_10,x0,A,b,Aeq,beq,lb,ub,@nonlcon)
Optimization terminated: Search direction less than 2*options.TolX
 and maximum constraint violation is less than options.TolCon.
Active inequalities (to within options.TolCon = 1e-006):
  lower        upper      ineqlin    ineqnonlin
                             1            2

x =
    2.3333      0.6667
fval =
  176.6667    -6.7778    -13.6667    -3.0000    -5.0000
maxfval =
  176.6667
exitflag =
```

```
          4
output =
          iterations: 7
           funcCount: 42
            stepsize: 0.5000
           algorithm: 'minimax SQP, Quasi-Newton, line_search'
      firstorderopt: []
        cgiterations: []
             message: [1x129 char]
lambda =          %相应的 Lagrange 乘子

               lower: [2x1 double]
               upper: [2x1 double]
               eqlin: [0x1 double]
            eqnonlin: [0x1 double]
             ineqlin: 38.6667
ineqnonlin: 0
```

8.4.4 二次规划问题

二次规划问题（Quadratic Programming）是最简单的一类约束非线性规划问题，它在证券投资、交通规划等众多领域都有着广泛的应用。二次规划即目标函数为二次函数，约束均为线性约束的优化问题，它的标准形式为

$$\min \quad \frac{1}{2}x^{\mathrm{T}}Hx + c^{\mathrm{T}}x$$

$$\text{s.t.} \quad \begin{cases} A_1 x \le b_1 \\ A_2 x = b_2 \end{cases}$$

其中，H 为方阵，即为目标函数的黑塞(Hessian)矩阵；A_1、A_2 为矩阵；c、b_1、b_2 为向量。其他形式的二次规划问题都可以转化为这种标准形式，这只是为了理论分析方便。MATLAB 可以求解各种形式的二次规划问题，而不用转为上面的标准形式。

通过逐步二次规划能使一般的非线性规划问题的求解过程得到简化，因此，二次规划迭代法也是目前求解最优化问题时常用的方法。

在 MATLAB 的优化工具箱中，求解二次规划的命令是 quadprog，它的调用格式如下：

◆　x = quadprog(H,c,A,b)　　求解下面形式的二次规划问题：

$$\min \quad \frac{1}{2}x^{\mathrm{T}}Hx + c^{\mathrm{T}}x$$

$$\text{s.t.} \quad Ax \le b$$

◆　x = quadprog(H,c,A,b,Aeq,beq)　　求解下面形式的二次规划问题：

$$\min \quad \frac{1}{2}x^{\mathrm{T}}Hx + c^{\mathrm{T}}x$$

$$\text{s.t.} \quad \begin{cases} Ax \le b \\ Aeqx = beq \end{cases}$$

◆　x = quadprog(H,c,A,b,Aeq,beq,lb,ub)　　求解下面形式的二次规划问题:

$$\min \quad \frac{1}{2}x^{\mathrm{T}}Hx + c^{\mathrm{T}}x$$

$$\text{s.t.} \quad \begin{cases} Ax \le b \\ Aeqx = beq \\ lb \le x \le ub \end{cases}$$

若没有界约束,则可令 lb=[ ], ub=[ ], 此时等价于上面的命令。

◆　x = quadprog(H,c,A,b,Aeq,beq,lb,ub,x0)　　以 x0 为初始点解上面的二次规划问题。

◆　x = quadprog(H,c,A,b,Aeq,beq,lb,ub,x0,options)　　options 为指定的优化参数,与表 8-10 大致相同。

◆　[x,fval] = quadprog(⋯)　　除返回最优解 x 外,还返回目标函数最优值 fval。

◆　[x,fval,exitflag] = quadprog(⋯)　　在上述命令功能的基础上,还输出终止迭代的条件信息 exitflag, 它的值及含义说明见表 8-22。

表 8-22　exitflag 的值及含义说明

exitflag 的值	说　明
1	表示函数收敛到解 x
3	表示目标函数值在相邻两次迭代点处的变化小于预先给定的容忍度
4	表示找到了局部极小点
0	表示超出了最大迭代次数
-2	表示没有找到可行解
-3	表示此二次规划问题是无界的
-4	表示当前的搜索方向不是一个下降方向
-7	表示该搜索方向不能使目标函数值继续下降

◆　[x,fval,exitflag,output] = quadprog(⋯)　　在上面命令功能的基础上,输出关于算法的信息变量 output, 它的内容与表 8-13 相同。

◆　[x,fval,exitflag,output,lambda] = quadprog(⋯)　　在上面命令功能的基础上,输出各个约束所对应的拉格朗日乘子 lambda, 它是一个结构体变量,其内容同表 8-5。

例 8-11:求解下面的二次规划问题:

$$\min \quad (x_1 - 1)^2 + (x_2 - 2.5)^2$$

$$\text{s.t.} \quad \begin{cases} x_1 - 2x_2 + 2 \ge 0 \\ -x_1 - 2x_2 + 6 \ge 0 \\ -x_1 + 2x_2 + 2 \ge 0 \\ x_1 \ge 0, x_2 \ge 0 \end{cases}$$

解:先将该二次规划转化为下面的形式:

$$\min \quad x_1^2 + x_2^2 - 2x_1 - 5x_2 + 7.25$$

$$\text{s.t.} \begin{cases} -x_1 + 2x_2 \le 2 \\ x_1 + 2x_2 \le 6 \\ x_1 - 2x_2 \le 2 \\ x_1 \ge 0, x_2 \ge 0 \end{cases}$$

对于目标函数表达式，需要说明的是，后面的常数项（7.25）不会影响最优解，它只会影响目标函数值。下面为利用 MATLAB 求解上述二次规划问题的代码：

```
>> clear
>> H=[2 0;0 2];      %目标函数的 Hessian 矩阵
>> c=[-2 -5]';
>> A=[-1 2;1 2;1 -2];      %线性约束的系数矩阵
>> b=[2 6 2]';
>> lb=[0 0]';ub=[Inf Inf]';      %界约束
>> Aeq=[];beq=[];      %没有等式约束
>> [x,fva,exitflag,output,lambda]=quadprog(H,c,A,b,Aeq,beq,lb,ub)
Warning: Large-scale method does not currently solve this problem formulation,
switching to medium-scale method.
> In quadprog at 236
Optimization terminated.
x =
    1.4000
    1.7000
fva =
    -6.4500        %原问题目标函数的最优值为-6.45+7.25=0.8
exitflag =
    1
output =
        iterations: 2        %算法共迭代两次
         algorithm: 'medium-scale: active-set'        %调用的为积极法
    firstorderopt: []
       cgiterations: []
           message: 'Optimization terminated.'
lambda =
        lower: [2x1 double]
        upper: [2x1 double]
        eqlin: [0x1 double]
      ineqlin: [3x1 double]
>> lambda.ineqlin      %线性不等式对应的拉格朗日乘子向量
```

```
ans =
    0.8000
         0
         0
```

8.5 最小二乘优化

最小二乘优化是一类非常特殊的优化问题，它在实际中，尤其是在处理一些曲线拟合问题、线性方程组无解时的近似解等问题，用得非常多。

最小二乘优化问题的目标函数一般为若干个函数的平方和，即

$$\min \quad F(x) \triangleq \sum_{i=1}^{m} f_i^2(x) \quad x \in R^n \tag{8-8}$$

对于这种问题，有时也把 $F(x)$ 当做向量函数，那么问题(8-8)又可写为

$$\min \quad \frac{1}{2}\|F(x)\|_2^2$$

其中，$F(x) = \begin{bmatrix} f_1(x) & f_2(x) & \cdots & f_m(x) \end{bmatrix}^T$。

本节将讲述如何利用 MATLAB 提供的优化工具箱来解决上述问题。

8.5.1 线性最小二乘优化

如果式(8-8)中的 $f_i(x)$ 是关于 x 的线性函数，则称这种问题为线性最小二乘优化问题。事实上，此时它相当于一个二次规划问题，但因为其目标函数比较特殊，使得它还有更简单的解法。MATLAB 的优化工具箱就专门提供了求解这种问题的命令：lsqlin, lsqnonneg。

1. lsqlin 命令

这个命令用来求解有线性约束的线性最小二乘优化问题，它的调用格式为：

◆ x = lsqlin(C,d,A,b) 求解下面的最小二乘问题：

$$\min \quad \frac{1}{2}\|Cx-d\|_2^2$$

$$\text{s.t.} \quad Ax \le b$$

其中 C 为 m×n 矩阵，若没有不等式约束，则设 A=[ ]，b=[ ]。

◆ x = lsqlin(C,d,A,b,Aeq,beq) 求解下面的最小二乘问题：

$$\min \quad \frac{1}{2}\|Cx-d\|_2^2$$

$$\text{s.t.} \quad \begin{cases} Ax \le b \\ Aeqx = beq \end{cases}$$

若没有等式约束，则 Aeq=[ ]，beq=[ ]，此时等价于上面的命令。

◆ x = lsqlin(C,d,A,b,Aeq,beq,lb,ub) 求解下面的最小二乘问题：

$$\min \quad \frac{1}{2}\|Cx-d\|_2^2$$

$$\text{s.t.} \quad \begin{cases} Ax \le b \\ Aeqx = beq \\ lb \le x \le ub \end{cases}$$

若 x 没有界约束，则 lb=[ ]，ub=[ ]，此时等价于上面的命令。

◆ x = lsqlin(C,d,A,b,Aeq,beq,lb,ub,x0) 以 x0 为初始点求解；

◆ x = lsqlin(C,d,A,b,Aeq,beq,lb,ub,x0,options) options 为指定优化参数，见表 8-23。

表 8-23 lsqlin 命令的优化参数及说明

优化参数	说 明
LargeScale	若设置为'on'，则使用大规模算法；若设置为'off'，则使用中小规模算法
Diagnostics	打印要极小化的函数的诊断信息
Display	设置为：'off'不显示输出；'iter'显示每一次的迭代输出；'final'只显示最终结果
MaxIter	函数所允许的最大迭代次数
TypicalX	典型 x 值
JacobMult	Jacobian 矩阵乘法函数的句柄（大规模算法）
MaxPCGIter	共轭梯度迭代的最大次数（大规模算法）
PrecondBandWidth	带宽处理，对于有些问题，增加带宽可以减少迭代次数（大规模算法）
TolFun	函数值的容忍度（大规模算法）
TolPCG	共轭梯度迭代的终止容忍度（大规模算法）

◆ [x,resnorm] = lsqlin(⋯) 除输出最优解 x 外，还输出最优解处的残差向量 2-范数的平方，即 resnorm=$\|Cx-d\|_2^2$。

◆ [x,resnorm,residual] = lsqlin(⋯) 在上面命令功能的基础上，还输出残差向量，即 residual=$Cx-d$。

◆ [x,resnorm,residual,exitflag] = lsqlin(⋯) 在上述命令功能的基础上，还输出终止迭代的条件信息 exitflag，它的值及含义说明同表 8-22。

◆ [x,resnorm,residual,exitflag,output] = lsqlin(⋯) 在上面命令功能的基础上，输出关于算法的信息变量 output，它的内容与表 8-13 相同。

◆ [x,resnorm,residual,exitflag,output,lambda] = lsqlin(⋯) 在上面命令功能的基础上，再输出 Lagrange 乘子。

例 8-12：求解下面的最小二乘优化问题：

$$\min \quad \frac{1}{2}\|Cx-d\|_2^2$$

$$\text{s.t.} \quad \begin{cases} x_1 + 2x_2 + x_3 \le 1 \\ -2x_1 + x_2 + 3x_3 \le 1 \\ -5 \le x_1, x_2 \le 5 \\ -2 \le x_3 \le 2 \end{cases}$$

$$其中，C=\begin{bmatrix} 0 & -1 & 2 \\ 1 & 0 & -1 \\ -3 & 2 & 0 \end{bmatrix}, d=\begin{bmatrix} 1 \\ 0 \\ 1 \end{bmatrix}。$$

解： 在 MATLAB 命令窗口中输入以下命令：

```
>> clear
>> A=[1 2 1;-2 1 3];
>> b=[1 1]';
>> C=[0 -1 2;1 0 -1;-3 2 0];
>> d=[1 0 1]';
>> lb=[-5 -5 -2]';
>> ub=[5 5 2]';
>> Aeq=[];beq=[];
>> [x,resnorm,residual,exitflag,output,lambda]=lsqlin(C,d,A,b,Aeq,beq,lb,ub)
Warning: Large-scale method can handle bound constraints only;
    switching to medium-scale method.
> In lsqlin at 221
Optimization terminated.
x =        %最优解
    -0.4578
    -0.3133
     0.1325
resnorm =      %残差向量 2-范数的平方，即 resnorm=norm(residual)^2
     0.5904
residual =      %残差向量
    -0.4217
    -0.5904
    -0.2530
exitflag =
     1      %函数收敛到最优解
output =
        iterations: 4      %迭代 4 次
         algorithm: 'medium-scale: active-set'      %调用的积极集算法
      firstorderopt: []
        cgiterations: []
           message: 'Optimization terminated.'
lambda =        %Lagrange 乘子
        lower: [3x1 double]
        upper: [3x1 double]
```

eqlin: [0x1 double]

ineqlin: [2x1 double]

2. lsqnonneg 命令

在实际中，经常会遇到下面的最小二乘问题：

$$\min \quad \frac{1}{2}\|Cx-d\|_2^2$$
$$\text{s.t.} \quad x \geq 0$$

即所谓的非负约束的线性最小二乘优化问题。对于这种问题，可以利用 lsqnonneg 命令轻松解决，它的调用格式为见表 8-24。

表 8-24　lsqnonneg 命令的调用格式及说明

调用格式	说　明
x = lsqnonneg(C,d)	求解上面的非负约束线性最小二乘问题
x = lsqnonneg(C,d,x0)	若 x0 的所有分量均大于 0，则以 x0 为初始点求解上面的问题，否则以原点为初始点求解上述问题，默认值为原点
x = lsqnonneg(C,d,x0,options)	options 为指定优化参数，其中 Display 为显示水平，若设置为'off'，则不显示输出；若设置为'final'，则显示最终输出；若设置为'notify'（系统默认值），则只有函数不收敛时才显示输出
[x,resnorm] = lsqnonneg(⋯)	除输出最优解 x 外，还输出最优解处的残差向量 2-范数的平方 resnorm，即 resnorm=$\|Cx-d\|_2^2$
[x,resnorm,residual] = lsqnonneg(⋯)	在上面命令功能的基础上，还输出残差向量，residual 即 residual=Cx-d
[x,resnorm,residual,exitflag] = lsqnonneg(⋯)	在上述命令功能的基础上，还输出终止迭代的条件信息 exitflag，若其值为 1，则说明函数收敛到最优解 x；若其值为 0，则说明超过了迭代的最大次数
[x,resnorm,residual,exitflag,output] = lsqnonneg(⋯)	在上面命令功能的基础上，输出关于算法的信息变量 output
[x,resnorm,residual,exitflag,output,lambda] = lsqnonneg(⋯)	在上面命令功能的基础上，再输出拉格朗日乘子

例 8-13： 设 $C = \begin{bmatrix} 1 & 2 & -1 & 0 \\ 0 & 4 & -3 & 2 \\ 1 & 0 & -1 & 1 \\ 2 & 8 & 1 & 7 \end{bmatrix}, d = \begin{bmatrix} 1 \\ 1 \\ 1 \\ 1 \end{bmatrix}$，求使 $\|Cx-d\|_2$ 最小的非负向量 x。

解： 在 MATLAB 命令窗口中输入以下命令：

```
>> clear
>> C=[1 2 -1 0;0 4 -3 2;1 0 -1 1;2 8 1 7];
>> d=[1 1 1 1]';
>> [x,resnorm,residual,exitflag,output,lambda]=lsqnonneg(C,d)
```

```
x =
     0.4667
     0.0667
          0
          0
resnorm =      %残差向量 2-范数的平方，即 resnorm=norm(residual)^2
     1.2000
residual =      %残差向量
     0.4000
     0.7333
     0.5333
    -0.4667
exitflag =
     1        %函数收敛到解
output =
     iterations: 2
      algorithm: 'active-set using svd'
        message: 'Optimization terminated.'
lambda =      %Lagrange 乘子向量
    -0.0000
    -0.0000
    -3.6000
-1.2667
```

8.5.2 非线性最小二乘优化

非线性最小二乘问题在数据拟合、参数估计和函数逼近等方面有广泛应用。

如果式(8-8)中的 $f_i(x)$ 是关于 x 的非线性函数，则称这种问题为非线性最小二乘优化问题。在 MATLAB 的优化工具箱中，求解这种问题的命令是 lsqnonlin，它的调用格式如下：

◆　x = lsqnonlin(F,x0)　　以 x0 为初始点求解下面的非线性最小二乘优化问题：

$$\min \quad \frac{1}{2}\left\|F(x)\right\|_2^2$$

其中，$F(x) = \begin{bmatrix} f_1(x) & f_2(x) & \cdots & f_m(x) \end{bmatrix}^{\mathrm{T}}$，$f_i(x)$ 为关于 x 的非线性函数。

◆　x = lsqnonlin(F,x0,lb,ub)　　以 $x0$ 为初始点求解下面的非线性最小二乘优化问题：

$$\min \quad \frac{1}{2}\left\|F(x)\right\|_2^2$$
$$\text{s.t.} \quad lb \le x \le ub$$

其中，$F(x)$ 同上；lb,ub 为向量，若 x 没有界约束，则 lb=[ ]，ub=[ ]。

◆　x = lsqnonlin(F,x0,lb,ub,options)　　options 为指定优化参数，见表 8-25。

表 8-25　lsqnonlin 命令的优化参数及说明

优化参数	说　明
LargeScale	若设置为'on'，则使用大规模算法；若设置为'off'，则使用中小规模算法
DerivativeCheck	对用户提供的导数和有限差分求出的导数进行对比
Diagnostics	打印要极小化的函数的诊断信息
Display	设置为：'off'不显示输出；'iter'显示每一次的迭代输出；'final'只显示最终结果
Jacobian	若设置为'on'，则利用用户定义的雅可比矩阵或雅可比信息（使用 JacobMult 时）；若设置为'off'，则利用有限差分来近似雅可比矩阵
MaxFunEvals	函数评价的最大次数
MaxIter	函数所允许的最大迭代次数
OutputFcn	在每一次迭代之后给出用户定义的输出函数
TolFun	函数值的容忍度
TolX	x 处的容忍度
TypicalX	典型 x 值
JacobMult	雅可比矩阵乘法函数的句柄（大规模算法）
JacobPattern	用于有限差分的雅可比矩阵的稀疏形式（大规模算法）
MaxPCGIter	共轭梯度迭代的最大次数（大规模算法）
PrecondBandWidth	带宽处理，对于有些问题，增加带宽可以减少迭代次数（大规模算法）
TolPCG	共轭梯度迭代的终止容忍度（大规模算法）
DiffMaxChange	变量有限差分梯度的最大变化（中小规模算法）
DiffMinChange	变量有限差分梯度的最小变化（中小规模算法）
LevenbergMarquardt	在高斯-牛顿(Gauss-Newton)算法上选择 Levenberg-Marquardt（中小规模算法）
LineSearchType	选择线搜索算法（中小规模算法）

表 8-26　exitflag 的值及含义说明

exitflag 的值	说　明
1	表示函数收敛到解 x
2	表示相邻两次迭代点处的变化小于预先给定的容忍度
3	表示残差的变化小于预先给定的容忍度
4	表示搜索方向的级小于预先给定的容忍度
0	表示超出了最大迭代次数或函数的最大赋值次数
-1	表示算法被输出函数终止
-2	表示违背的变量的界约束
-4	表示沿当前的搜索方向不能使残差继续下降

◆　[x,resnorm] = lsqnonlin(…)　　输出变量 resnorm= $\left\|F(x)\right\|_2^2$；

◆　[x,resnorm,residual] = lsqnonlin(…)　　输出变量 residual=$F(x)$；

◆　[x,resnorm,residual,exitflag] = lsqnonlin(…)　　在上述命令功能的基础上，还输出终止迭代的条件信息 exitflag，它的值及相应说明见表 8-26。

◆　[x,resnorm,residual,exitflag,output] = lsqnonlin(…)　　在上面命令功能的基础上，输出关于算法的信息变量 output，它的内容与表 8-12 相同。

◆　[x,resnorm,residual,exitflag,output,lambda] = lsqnonlin(…)　　在上面命令功能的基础上，再输出 Lagrange 乘子。

◆　[x,resnorm,residual,exitflag,output,lambda,J] =lsqnonlin(…)　　在上面命令功能的基础上，再输出在解 x 处的雅可比矩阵 J。

例 8-14： 设 $F(x) = \begin{bmatrix} f_1(x) & f_2(x) & \cdots & f_m(x) \end{bmatrix}^T$，其中 $f_k(x) = k\cos x_1 + (2k+1)\sin x_2 + kx_3$，求下面的非线性最小二乘优化问题：

$$\min \quad \frac{1}{2}\|F(x)\|_2^2$$
$$\text{s.t.} \quad -2\pi \le x_1, x_2, x_3 \le 2\pi$$

解： 首先建立函数 F 的 M 文件如下：

```
function F=example8_14(x)
for k=1:5
    F(k)=k*cos(x(1))+(2*k+1)*sin(x(2))+k*x(3);
end
```

在 MATLAB 命令窗口输入下面命令：

```
>> x0=[0 0 0]';          %初始点选为原点
>> lb=-2*[pi pi pi]';ub=2*[pi pi pi]';          %界约束
>> [x,resnorm,residual,exitflag,output,lambda,J] =lsqnonlin(@example8_14,x0,lb,ub)
Optimization terminated: relative function value
  changing by less than OPTIONS.TolFun.
x =          %最优解
    0.8908
   -0.0000
   -0.6288
resnorm =          %残差向量 2-范数的平方，即 resnorm=norm(residual)^2
   8.0228e-013
residual =          %残差向量
  1.0e-006 *
  -0.1973    -0.2883    -0.3793    -0.4703    -0.5614
exitflag =
      3          %表示残差的变化小于预先给定的容忍度，从而终止迭代
output =          %关于算法的一些信息
    firstorderopt: 9.4855e-005
```

```
        iterations: 8
        funcCount: 36
      cgiterations: 7
         algorithm: 'large-scale: trust-region reflective Newton'
           message: [1x87 char]
lambda =          %拉格朗日乘子
      lower: [3x1 double]
      upper: [3x1 double]
J =            %最优解处的雅可比矩阵
    (1,1)      -0.7776
    (2,1)      -1.5552
    (3,1)      -2.3328
    (4,1)      -3.1104
    (5,1)      -3.8880
    (1,2)       3.0000
    (2,2)       5.0000
    (3,2)       7.0000
    (4,2)       9.0000
    (5,2)      11.0000
    (1,3)       1.0000
    (2,3)       2.0000
    (3,3)       3.0000
    (4,3)       4.0000
    (5,3)       5.0000
```

8.5.3 最小二乘曲线拟合

非线性最小二乘优化在曲线拟合、参数估计等问题中有着广泛应用。例如，我们要拟合观测数据 $(t_i, y_i), i = 1, 2, \cdots, m$，拟合函数为 $\phi(t, x)$，它是关于 x 的非线性函数。我们需要选择 x 使得拟合函数 $f(t, x)$ 在残量平方和的意义上尽可能好地拟合数据，其中残量为

$$r_i(x) = f(t_i, x) - y_i \qquad i = 1, 2 \cdots, m$$

实际上，这就是下面的非线性最小二乘优化问题：

$$\min_{x \in R^n} \quad F(x) \Box \frac{1}{2} \sum_{i=1}^{m} r_i^2(x) = \frac{1}{2} \|r(x)\|_2^2$$

对于这种最小二乘曲线拟合问题，可以通过 MATLAB 优化工具箱中的 lsqcurvefit 命令求解，它的调用格式见表 8-27。

例 8-15: 在工程实验中，测得下面一组数据（见表 8-28）。求系数 a、b、c、d，使得函数

$$f(t) = a + b\sin t + c\cos t + dt^3$$

为表中数据的最佳拟合函数。

表 8-27　lsqcurvefit 命令的调用格式及说明

调用格式	说 明
x = lsqcurvefit(f,x0,ti,yi)	f 为拟合函数；(ti, yi) 为一组观测数据，满足 $yi = f(ti, x)$，以 x0 为初始点求解该数据拟合问题
x = lsqcurvefit(f,x0, ti,yi,lb,ub)	以 x0 为初始点求解该数据拟合问题，lb、ub 为向量，分别为变量 x 的下界与上界
x = lsqcurvefit(f,x0,ti,yi,lb,ub,options)	options 为指定优化参数，同表 8-24
[x,resnorm] = lsqcurvefit(⋯)	在上面命令功能的基础上，输出变量 resnorm= $\left\| r(x) \right\|_2^2$
[x,resnorm,residual] = lsqcurvefit(⋯)	在上面命令功能的基础上，输出变量 residual=r(x)
[x,resnorm,residual,exitflag] = lsqcurvefit(⋯)	在上述命令功能的基础上，还输出终止迭代的条件信息 exitflag，它的值及相应说明与表 8-25 相同
[x,resnorm,residual,exitflag,output] = lsqcurvefit(⋯)	在上面命令功能的基础上，输出关于算法的信息变量 output，它的内容与表 8-12 相同
[x,resnorm,residual,exitflag,output,lambda] = lsqcurvefit(⋯)	在上面命令功能的基础上，再输出拉格朗日乘子
[x,resnorm,residual,exitflag,output,lambda,J] =lsqcurvefit(⋯)	在上面命令功能的基础上，再输出在解 x 处的雅可比矩阵 J

表 8-28　观测数据表

t_i	0	0.5	1	1.5	2	2.5	3	3.5	4
y_i	0	3.4	4.1	4.6	5.9	6.9	8.1	9.8	11

解： 首先建立拟合函数的 M 文件如下：

```
function f=example8_15(x,ti)
n=length(ti);
for i=1:n
    f(i)=x(1)+x(2)*sin(ti(i))+x(3)*cos(ti(i))+x(4)*ti(i)^3;
end
```

然后从命令窗口输入观测数据并求解，步骤如下：

```
>> ti=[0 0.5 1 1.5 2 2.5 3 3.5 4];
>> yi=[0 3.4 4.1 4.6 5.9 6.9 8.1 9.8 11];
>> x0=[1 1 1 1]';    %初始点选为全 1 向量
>> [x,resnorm,residual,exitflag,output,lambda,J]=lsqcurvefit(@example8_15,x0,ti,yi)
Optimization terminated: relative function value
  changing by less than OPTIONS.TolFun.
x =    %最优解
    1.8683
    2.7738
```

```
        -1.0464
         0.1709
resnorm =    %残差向量的 2-范数的平方
         2.9080
residual =   %残差向量 r(x)
  0.8218    -1.0989    -0.2922    0.5378    0.2930    0.1367    -0.1906    -0.5983
  0.3893
exitflag =
      3    %表示残差的变化小于预先给定的容忍度，从而终止迭代
output =     %关于算法的信息
    firstorderopt: 0.0150
       iterations: 48
        funcCount: 245
      cgiterations: 96
         algorithm: 'large-scale: trust-region reflective Newton'
          message: [1x87 char]
lambda =     %拉格朗日乘子
    lower: [4x1 double]
    upper: [4x1 double]
J =     %Jacobian 矩阵
     (1,1)       1.0000
     (2,1)       1.0000
     (3,1)       1.0000
     (4,1)       1.0000
     (5,1)       1.0000
     (6,1)       1.0000
     (7,1)       1.0000
     (8,1)       1.0000
     (9,1)       1.0000
     (2,2)       0.4794
     (3,2)       0.8415
     (4,2)       0.9975
     (5,2)       0.9093
     (6,2)       0.5985
     (7,2)       0.1411
     (8,2)      -0.3508
     (9,2)      -0.7568
     (1,3)       1.0000
     (2,3)       0.8776
```

(3,3)	0.5403
(4,3)	0.0707
(5,3)	-0.4161
(6,3)	-0.8011
(7,3)	-0.9900
(8,3)	-0.9365
(9,3)	-0.6536
(2,4)	0.1250
(3,4)	1.0000
(4,4)	3.3750
(5,4)	8.0000
(6,4)	15.6250
(7,4)	27.0000
(8,4)	42.8750
(9,4)	64.0000

从而拟合函数为

$$f(t) = 1.8683 + 2.7738\sin t - 1.0464\cos t + 0.1709t^3$$

最后来看一下数据拟合情况，在命令窗口输入下面命令：

```
>> xi=0:0.1:4;
>> y=example8_15(x,xi);
>> plot(ti,yi,'r*')
>> grid on
>> hold on
>> plot(xi,y)
>> legend('观测数据点','拟合曲线')
>> title('最小二乘曲线拟合')
```

拟合图像如图 8-4 所示。

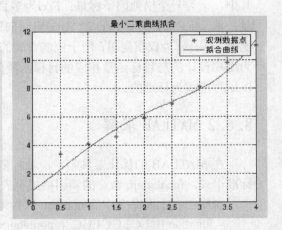

图 8-4 最小二乘曲线拟合图

8.6 多目标规划

多目标规划即有多个目标函数的优化问题，这种问题在实际中遇到得非常多，例如，工厂的经营者往往希望所生产的产品能够获得高额利润，同时又希望生产的成本低、耗能少、对环境污染小等等，这种问题的数学模型即多目标规划问题。本节就讲述如何利用 MATLAB 提供的优化工具箱来解决这种问题。

8.6.1 表述形式

在大多数的优化教材中，都将多目标规划的一般形式表述为

$$\min \quad F(x) = \begin{bmatrix} f_1(x) & f_2(x) & \cdots & f_p(x) \end{bmatrix}^{\mathrm{T}}$$

$$\text{s.t.} \begin{cases} g_i(x) \geq 0, & i = 1, 2, \cdots, m \\ h_i(x) = 0, & i = 1, 2, \cdots, n \end{cases} \tag{8-9}$$

其中，$f_i(x)$、$g_i(x)$、$h_i(x)$ 既可以是线性函数，也可以是非线性函数。

在 MATLAB 中，将目标函数作为约束条件来处理，即将多目标规划转化为下面的形式来求解：

$$\min_{x,\gamma} \quad \gamma$$

$$\text{s.t.} \begin{cases} F(x) - weight \cdot \gamma \leq goal \\ C(x) \leq 0 \\ Ceq(x) = 0 \\ Ax \leq b \\ Aeqx = beq \\ lb \leq x \leq ub \end{cases} \tag{8-10}$$

其中，γ 为一个松弛因子标量；$F(x)$ 为多目标规划中的目标函数向量；x、b、beq、lb、ub 是向量；A、Aeq 为矩阵；$C(x)$、$Ceq(x)$ 返回向量的函数，它们既可以是线性函数，也可以是非线性函数；$weight$ 为权重向量，用于控制对应的目标函数与用户定义的目标函数值的接近程度；$goal$ 为用户设计的与目标函数相应的目标函数值向量。下一节所要讲的求解多目标规划的命令都是以这种形式为标准的。

8.6.2 MATLAB 求解

在 MATLAB 的优化工具箱中，求解多目标规划的命令是 fgoalattain，它的求解以式(8-9)为标准形式。fgoalattain 命令的调用格式见表 8-29。

说明：在上面命令中的 nonlcon 函数编写格式如下：

```
function [C1,C2,GC1,GC2]=nonlcon(x)
C1=...          %x 处的非线性不等式约束
C2=...          %x 处的非线性等式约束
if nargout>2    %被调用的函数有 4 个输出变量
    GC1=...     %非线性不等式约束在 x 处的梯度
    GC2=...     %非线性等式约束在 x 处的梯度
end
```

例 8-16（生产计划问题）：某企业拟生产 A 和 B 两种产品，其生产投资费用分别为 2100 元/吨和 4800 元/吨。A、B 两种产品的利润分别为 3600 元/吨和 6500 元/吨。A、B 产品每月的最大生产能力分别为 5 吨和 8 吨；市场对这两种产品总量的需求每月不少于 9 吨。试问该企业应该如何安排生产计划，才能既能满足市场需求，又节约投资，而且使生产利润达到最大。

表 8-29　fgoalattain 命令的调用格式及说明

调用格式	说　明
x = fgoalattain(F,x0,goal,weight)	以 x0 为初始点求解无约束的多目标规划问题，其中 F 为目标函数向量，goal 为想要达到的目标函数值向量，weight 为权重向量，一般取 weight=abs(goal)
x =fgoalattain(F, x0,goal,weight,A,b)	以 x0 为初始点求解有线性不等式约束 $Ax \le b$ 的多目标规划问题
x = fgoalattain(F,x0,goal,weight, A,b,Aeq,beq)	以 x0 为初始点求解有线性不等式与等式约束 $Ax \le b, Aeqx = beq$ 的多目标规划问题
x = fgoalattain(F,x0,goal,weight, A,b,Aeq,beq,lb,ub)	以 x0 为初始点求解有线性不等式约束、线性等式约束以及界约束 $lb \le x \le ub$ 的多目标规划问题
x = fgoalattain(F,x0,goal,weight, A,b,Aeq,beq,lb,ub,nonlcon)	以 x0 为初始点求解有线性不等式约束、线性等式约束、界约束以及非线性等式与不等式约束的多目标规划问题，其中 nonlcon 函数的定义见表后面的说明部分
x = fgoalattain(F,x0,goal,weight, A,b,Aeq,beq,lb,ub,nonlcon,options)	options 为指定优化参数，见表 8-30
[x,fval] = fgoalattain(…)	除返回最优解 x 外，还返回多目标函数在 x 处的函数值
[x,fval,attainfactor] = fgoalattain(…)	attainfactor 为目标达到因子，若其为负值，则说明目标已经溢出；若为正值，则说明还未达到目标个数
[x,fval,attainfactor,exitflag] = fgoalattain(…)	在上述命令功能的基础上，还输出终止迭代的条件信息 exitflag，它的值及相应说明与表 8-21 相同
[x,fval,attainfactor,exitflag,output] = fgoalattain(…)	在上面命令功能的基础上，输出关于算法的信息变量 output，它的内容与表 8-13 相同
[x,fval,attainfactor,exitflag,output,lambda] = fgoalattain(…)	在上面命令功能的基础上，再输出拉格朗日乘子

表 8-30　fgoalattain 命令的优化参数及说明

优化参数	说　明
DerivativeCheck	比较用户提供的导数（目标函数或约束函数的梯度）和有限差分导数
Diagnostics	打印将要最小化或求解的函数的信息
DiffMaxChange	变量中有限差分梯度的最大变化
DiffMinChange	变量中有限差分梯度的最小变化
Display	设置为：'off'不显示输出；'iter'显示每一次的迭代输出；'final'（默认值）只显示最终结果
GoalsExactAchieve	使得目标个数刚好达到
GradConstr	用户定义的约束函数的梯度
GradObj	用户定义的目标函数的梯度
MaxFunEvals	函数评价所允许的最大次数
MaxIter	函数迭代允许的最大次数
MeritFunction	若设置为'multiobj'，使用目标达到最大或最小的势函数；若设置为 'singleobj'，使用 fmincon 计算目标函数
TolCon	约束的容忍度
TolFun	函数值的容忍度
TolX	x 的容忍度

解： 该问题是一个多目标规划问题。设 A、B 两产品每月的生产量分别为 x_1 吨与 x_2 吨； $f_1(x_1, x_2)$ 表示两种产品的总投资费用； $f_2(x_1, x_2)$ 表示生产 A、B 两种产品的总利润。则有：

$$f_1(x_1, x_2) = 2100x_1 + 4800x_2$$
$$f_2(x_1, x_2) = 3600x_1 + 6500x_2$$

该问题的数学模型即下面的多目标规划问题：

$$\min \quad f_1(x_1, x_2)$$
$$\max \quad f_2(x_1, x_2)$$
$$\text{s.t.} \quad \begin{cases} x_1 + x_2 \geq 9 \\ 0 \leq x_1 \leq 5 \\ 0 \leq x_2 \leq 8 \end{cases}$$

将上面的模型化为标准形式即

$$\min \quad \begin{bmatrix} f_1(x_1, x_2) & -f_2(x_1, x_2) \end{bmatrix}^{\mathrm{T}}$$
$$\text{s.t.} \quad \begin{cases} -x_1 - x_2 \leq -9 \\ 0 \leq x_1 \leq 5 \\ 0 \leq x_2 \leq 8 \end{cases}$$

为了利用 MATLAB 求解上面的多目标规划问题，先编写目标的 M 文件如下：

```
function f=example8_16(x)
f(1)=2100*x(1)+4800*x(2);
f(2)=-3600*x(1)-6500*x(2);
```

然后在命令窗口输入下面的命令：

```
>> goal=[50000 -70000];        %设置目标
>> weight=[50000 -70000];      %设置权重
>> x0=[1 1]';   %选取初始点
>> A=[-1 -1];    %线性不等式约束的系数矩阵
>> b=-9;
>> lb=[0 0]';ub=[5 8]';     %界约束
>>[x,fval,attainfactor,exitflag,output,lambda]          %求解
    =fgoalattain(@example8_16,x0,goal,weight,A,b,[],[],lb,ub)
```

Optimization terminated: Search direction less than 2*options.TolX
 and maximum constraint violation is less than options.TolCon.
Active inequalities (to within options.TolCon = 1e-006):

lower	upper	ineqlin	ineqnonlin
	1	1	2

x =   %最优解

```
       5.0000
       4.0000
fval =       %相应的目标函数最优值
   1.0e+004 *
       2.9700      -4.4000
attainfactor =
   -0.3714      %表示目标溢出
exitflag =
       4      %说明搜索方向的级小于预先给定的容忍度，且约束的违背量小于 options.TolCon
output =       %输出关于算法的一些信息
            iterations: 4
             funcCount: 24
              stepsize: 1
             algorithm: 'goal attainment SQP, Quasi-Newton, line_search'
         firstorderopt: []
           cgiterations: []
               message: [1x129 char]
lambda =       %拉格朗日乘子
              lower: [2x1 double]
              upper: [2x1 double]
              eqlin: [0x1 double]
           eqnonlin: [0x1 double]
            ineqlin: 0.0929
         ineqnonlin: [0x1 double]
```

　　由上面的计算可知，每月生产 5 吨 A 产品，4 吨 B 产品可以使得投资费用最小（为 29700 元），并且可以获得最大的总利润（为 44000 元）。

注意

　　当目标值中的任意一个为零时，设置 weight=abs(goal) 将导致目标函数看起来更像硬性约束；当 weight 为正时，fgoalattain 函数试图使对象小于目标值，为了使目标函数值大于目标值，可以将 weight 设为负值；若想使目标函数尽可能地接近目标值，可以使用 GoalsExactAchieve 参数，并将函数返回的第一个元素作为目标。

8.7 非线性方程（组）的求解

　　MATLAB 的优化工具箱中，还提供了用于求解非线性方程及非线性方程组的命令。下面分别来看一下这两种问题的求解。

8.7.1 非线性方程的求解

非线性方程是实际中经常遇见的。在 MATLAB 的优化工具箱中，用于求解非线性方程的命令是 fzero，它的调用格式见表 8-31。

例 8-17：求 $x^5 + 2x^3 - 5x + 3 = 0$ 在 -1 附近的根。

解：首先编写函数的 M 文件如下：

```
function y=example8_17(x)
y=x^5+2*x^3-5*x+3;
```

然后在命令窗口输入如下命令求解：

表 8-31　fzero 命令的调用格式及说明

调用格式	说明
x = fzero (f,x0)	求非线性方程 f(x)=0 在 x0 点附近的解，若 x0 是一个 2 维向量，则 fzero 假设 x0 是一个区间，且 x0(1) 与 x0(2) 异号，否则会报错
x = fzero (f,x0,options)	options 为优化参数，见表 8-32
[x,fval] = fzero(…)	除输出最优解 x 外，还输出相应函数值 fval，即 fval=f(x)
[x,fval,exitflag] = fzero(…)	在上述命令功能的基础上，输出终止迭代的条件信息 exitflag，它的值及相应说明见表 8-33
[x,fval,exitflag,output] = fzero(…)	在上面命令功能的基础上，输出关于算法的信息变量 output

表 8-32　fzero 命令优化参数及说明

优化参数	说明
Display	设置为：'off'不显示输出；'iter'显示每一次的迭代输出；'final'只显示最终结果；'notify'（默认值）只有当函数不收敛时才显示输出
TolX	x 的终止容忍度

表 8-33　exitflag 的值及相应说明

exitflag 的值	说明
1	函数找到了一个零点 x
-1	算法被输出函数终止
-3	算法在搜索过程中遇到函数值为 NaN 或 Inf 的情况
-4	算法在搜索过程中遇到函数值为复数的情况
-5	函数可能已经收敛到一个奇异点

```
>> x0=-1;
>> [x,fval,exitflag,output]=fzero(@example8_17,x0)
x =
   -1.3650
fval =
```

```
 -8.8818e-016
exitflag =
      1      %说明函数收敛到解
output =
      intervaliterations: 9    %寻找区间的迭代次数
                iterations: 8      %算法迭代次数
                funcCount: 27      %函数评价次数
                algorithm: 'bisection, interpolation'       %所使用的算法
                  message: 'Zero found in the interval [-0.547452, -1.45255]'    %零点所在区间
```

8.7.2 非线性方程组的求解

非线性方程组的求解在数值上比较困难，幸好在 MATLAB 的优化工具箱中，有用于求解非线性方程组的命令，即 fsolve 命令。其调用格式见表 8-34。

例 8-18：求下面非线性方程组的解：

$$\begin{cases} \cos x_1 + \sin x_2 = 1 \\ e^{x_1 + x_2} - e^{2x_1 - x_2} = 5 \end{cases}$$

表 8-34　fsolve 命令的调用格式及说明

调用格式	说　明
x = fsolve(F,x0)	求解非线性方程组，其中函数 F 为方程组的向量表示，且有 F(x)=0，x0 为初始点
x = fsolve(F,x0,options)	options 为优化参数，同表 8-25
[x,fval] = fsolve(⋯)	除输出最优解 x 外，还输出相应方程组的值向量 fval
[x,fval,exitflag] = fsolve(⋯)	在上述命令功能的基础上，输出终止迭代的条件信息 exitflag，它的值及相应说明见表 8-35
[x,fval,exitflag,output] = fsolve(⋯)	在上面命令功能的基础上，输出关于算法的信息变量 output
[x,fval,exitflag,output,J] = fsolve(⋯)	在上面命令功能的基础上，输出解 x 处的雅可比矩阵 J

表 8-35　exitflag 的值及相应说明

exitflag 的值	说　明
1	函数收敛到解 x
2	x 的改变小于预先给定的容忍度
3	残差的改变小于预先给定的容忍度
4	搜索方向级的改变小于预先给定的容忍度
0	迭代次数超过 options.MaxIter 或函数的评价次数超过 options.FunEvals
-1	算法被输出函数终止
-2	算法趋于收敛的点不是方程组的根
-3	依赖域的半径变得太小
-4	沿着当前的搜索方向，线搜索策略不能使残差充分下降

解：首先将上面的非线性方程组化为 MATLAB 所要求的形式：

$$\begin{cases} \cos x_1 + \sin x_2 - 1 = 0 \\ e^{x_1+x_2} - e^{2x_1-x_2} - 5 = 0 \end{cases}$$

然后编写非线性方程组的 M 文件如下：

```
function F=example8_18(x)
F(1)=cos(x(1))+sin(x(2))-1;
F(2)=exp(x(1)+x(2))-exp(2*x(1)-x(2))-5;
```

最后在 MATLAB 的命令窗口输入下面命令求解该非线性方程组：

```
>> x0=[0 0]';
>> [x,fval,exitflag,output,J]=fsolve(@example8_18,x0)
Optimization terminated: first-order optimality is less than options.TolFun.
x =        %非线性方程组的解

    1.4129
    1.0024
fval =     %在解 x 处方程组的值向量 fval
  1.0e-010 *
    -0.0026    -0.2208
exitflag =    %说明函数收敛到解
     1
output =      %关于算法的一些信息
        iterations: 16
         funcCount: 41
         algorithm: 'trust-region dogleg'
      firstorderopt: 3.8399e-010
           message: 'Optimization terminated: first-order optimality is less than options.TolFun.'
J =        %解 x 处的 Jacobian 矩阵 J
   -0.9876      0.5383
   -1.1930     17.3859
```

8.8 优化参数设置

在前面几节，我们已经多次提到优化参数的设置问题。在优化工具箱中，每个求解命令都有相应的优化参数选项 options，它是一个结构参数，这些参数的不同设置可满足不同的要求。

8.8.1 设置优化参数

对于求解优化问题的各种命令，我们都可以对其中的优化参数进行设置，从而达到我们所预期的效果。例如：可以通过设置参数'Display'，使得函数显示算法每一步的迭代结果：可以通过设置参数'MaxIter'的值，来改变算法所允许迭代的最大次数等。

设置优化参数的命令是 optimset，它的调用格式见表 8-36。

表 8-36　optimset 命令的调用格式及说明

调用格式	说　明
options=optimset('param1',value1, 'param2', value2,…)	创建一个名为 options 的优化参数结构体，并设置其成员 param 的值为 value，若选择用系统的默认值，则只需将参数的值设为[ ]
optimset	列出一个完整的优化参数列表及相应的可选值，见例 8-19
options=optimset	创建一个名为 options 优化参数结构体，其成员参数的取值为系统的默认值
options=optimset(optimfun)	创建一个名为 options 优化参数结构体，其所有参数名及值为优化函数 optimfun 的默认值
options=optimset(oldopts, 'param1',value1,…)	将优化参数结构体 oldopts 中参数 param1 改为 value1，并将更改后的优化参数结构体命名为 options
options=optimset(oldopts,newopts)	将已有的优化参数结构体 oldopts 与新的优化参数结构体 newopts 合并，newopts 中的任意非空参数值将覆盖 oldopts 中的相应参数值

例 8-19：列出所有的优化参数列表，通过设置优化参数，重新求解例 8-18，使得显示每一步的迭代结果。

解：所有的优化参数列表如下：

```
>> optimset
                Display: [ off | on | iter | notify | final ]
            MaxFunEvals: [ positive scalar ]
                MaxIter: [ positive scalar ]
                 TolFun: [ positive scalar ]
                   TolX: [ positive scalar ]
            FunValCheck: [ {off} | on ]
              OutputFcn: [ function | {[]} ]
         BranchStrategy: [ mininfeas | {maxinfeas} ]
        DerivativeCheck: [ on | {off} ]
            Diagnostics: [ on | {off} ]
          DiffMaxChange: [ positive scalar {1e-1} ]
          DiffMinChange: [ positive scalar {1e-8} ]
       GoalsExactAchieve: [ positive scalar | {0} ]
             GradConstr: [ on | {off} ]
                GradObj: [ on | {off} ]
                Hessian: [ on | {off} ]
               HessMult: [ function | {[]} ]
            HessPattern: [ sparse matrix | {sparse(ones(NumberOfVariables))} ]
              HessUpdate: [ dfp | steepdesc | {bfgs} ]
          InitialHessType: [ identity | {scaled-identity} | user-supplied ]
        InitialHessMatrix: [ scalar | vector | {[]} ]
               Jacobian: [ on | {off} ]
              JacobMult: [ function | ([]) ]
```

```
                  JacobPattern: [ sparse matrix | {sparse(ones(Jrows,Jcols))} ]
                    LargeScale: [ {on} | off ]
          LevenbergMarquardt: [ on | off ]
              LineSearchType: [ cubicpoly | {quadcubic} ]
                     MaxNodes: [ positive scalar | {1000*NumberOfVariables} ]
                    MaxPCGIter: [ positive scalar | {max(1,floor(NumberOfVariables/2))} ]
                    MaxRLPIter: [ positive scalar | {100*NumberOfVariables} ]
                    MaxSQPIter:              [              positive          scalar         |
{10*max(NumberOfVariables,NumberOfInequalities+NumberOfBounds)} ]
                       MaxTime: [ positive scalar | {7200} ]
                  MeritFunction: [ singleobj | {multiobj} ]
                     MinAbsMax: [ positive scalar | {0} ]
           NodeDisplayInterval: [ positive scalar | {20} ]
          NodeSearchStrategy: [ df | {bn} ]
             NonlEqnAlgorithm: [ {dogleg} | lm | gn ]
            PrecondBandWidth: [ positive scalar | {0} | Inf ]
                        Simplex: [ on | {off} ]
                         TolCon: [ positive scalar ]
                         TolPCG: [ positive scalar | {0.1} ]
                      TolRLPFun: [ positive scalar | {1e-6} ]
                     TolXInteger: [ positive scalar | {1e-8} ]
                       TypicalX: [ vector | {ones(NumberOfVariables,1)} ]
```

重新求解例 8-18，使得显示每一步的迭代结果，步骤如下：

```
>> opt1=optimset(@fsolve);
>> opt2=optimset(opt1,'Display','iter');
>> [x,fval,exitflag,output,J]=fsolve(@example8_18,x0,opt2)
```

Iteration	Func-count	f(x)	Norm of step	First-order optimality	Trust-region radius
0	3	25		10	1
1	6	13.4475	1	5.81	1
2	9	2.11244	1	6.88	1
3	10	2.11244	2.5	6.88	2.5
4	13	0.706547	0.625	1.3	0.625
5	14	0.706547	1.34881	1.3	1.56
6	17	0.365841	0.337203	1.61	0.337
7	18	0.365841	0.667182	1.61	0.843
8	21	0.178751	0.166795	0.513	0.167
9	22	0.178751	0.416988	0.513	0.417

10	25	0.103371	0.104247	0.336	0.104
11	26	0.103371	0.260618	0.336	0.261
12	29	0.067056	0.0651545	0.226	0.0652
13	32	0.0356641	0.162886	2.39	0.163
14	35	0.00130573	0.107315	0.628	0.163
15	38	6.09176e-012	0.0020744	3.05e-005	0.268
16	41	4.87522e-022	1.82921e-006	3.84e-010	0.268

Optimization terminated: first-order optimality is less than options.TolFun.
```
x =
      1.4129
      1.0024
fval =
   1.0e-010 *
    -0.0026    -0.2208
exitflag =
        1
output =
        iterations: 16
         funcCount: 41
         algorithm: 'trust-region dogleg'
     firstorderopt: 3.8399e-010
           message: [1x76 char]
J =
   -0.9876     0.5383
   -1.1930    17.3859
```

8.8.2 获取优化参数

在实际应用中，如果我们想查看某个优化参数的值，可以通过 optimget 命令来获取，它的调用格式见表 8-37。

表 8-37 optimget 命令的调用格式及说明

调用格式	说明
val=optimget(options, 'param')	获取优化参数结构体 options 中参数 param 的值
val=optimget(options, 'param', default)	如果参数 param 在 options 中没有定义，则返回其默认值 default

例 8-20：查看上例中的优化参数 'Display' 与 'MaxIter'的值。
解：在命令窗口输入下面命令：
```
>> val1=optimget(opt2,'Display')
val1 =
iter
```

```
>> val2=optimget(opt2,'MaxIter')
val2 =
    400
```

第 **9** 章

MATLAB 联合编程

MATLAB 的编程效率高，但运行效率低，不能成为通用的软件开发平台。实际使用中，可以利用 MATLAB 的应用程序接口实现 MATLAB 与通用编程平台的混合编程。这样可以充分发挥 MATLAB 与其他高级语言的优势，降低开发难度，缩短编程时间。

学 习 要 点

- 详细讲解 MATLAB Builder for .NET
- 介绍 Excel Link 工具
- 介绍 MATLAB Builder for Excel

9.1 应用程序接口介绍

MATLAB 不仅自身功能强大、环境友善、能十分有效地处理各种科学和工程问题，而且具有极好的开放性。其开放性表现在以下两方面：

（1）MATLAB 适应各科学、专业研究的需要，提供了各种专业性的工具包。

（2）MATLAB 为实现与外部应用程序的"无缝"结合，提供了专门的应用程序接口（Application Program Interface，简称 API）。

MATLAB 的 API 包括以下三部分内容：

（1）MATLAB 解释器所识别并执行的动态链接库（MEX 文件），使得可以在 MATLAB 环境下直接调用 C 语言或 FORTRAN 等语言编写的程序段。

（2）MATLAB 计算引擎函数库，使得可以在 C 语言或 FORTRAN 等语言中直接使用 MATLAB 的内置函数。

（3）MAT 文件应用程序，可读写 MATLAB 数据文件（MAT 文件），以实现 MATLAB 与 C 语言或 FORTRAN 等语言程序间的数据交换。

9.1.1 MEX 文件简介

在大规模优化问题中，MATLAB 本身所带的工具箱十分完善，但是有些特殊的问题需要用户通过自己设计一些算法和程序来实现。由于问题的规模很大，单纯依靠 MATLAB 本身将会给计算机带来巨大的压力，这就需要靠一些其他比较节省系统空间的高级语言的帮助。

MEX 是 MATLAB 和 Executable 两个单词的缩写。MEX 文件是一种具有特定格式的文件，是能够被 MATLAB 解释器识别并执行的动态链接函数。它可由 C 语言等高级语言编写。在 Microsoft Windows 操作系统中，这种文件类型的扩展名为 .dll。

MEX 文件是在 MATLAB 环境下调用外部程序的应用接口，通过 MEX 文件，可以在 MATLAB 环境下调用由 C 语言等高级语言编写的应用程序模块。在 MATLAB 中调用 MEX 文件也相当方便，其调用方式与使用 MATLAB 的 M 文件相同，只需要在命令窗口中键入相应的 MEX 文件名即可。同时，在 MATLAB 中 MEX 文件的调用优先级高于 M 文件，所以，即使 MEX 文件同 M 文件重名，也不会影响 MEX 文件的执行。更重要的是，在调用过程中并不对所调用的程序进行任何的重新编译处理。

由于 MEX 文件本身不带有 MATLAB 可以识别的帮助信息，在程序设计的过程中都会为 MEX 文件另外建立一个 M 文件，用来说明 MEX 文件。一般情况下，在实际操作中，为 MEX 文件建立同名的 M 文件，这样在查询所使用的 MEX 文件的帮助时，就可以通过 MATLAB 的帮助系统查看同名的 M 文件来获取帮助信息。

9.1.2 mx-函数库和 MEX 文件的区别

编写 MEX 文件源程序时，要用到两类 API 库函数，即 mx-库函数和 mex-库函数，分别以 mx 和 mex 为前缀，并且分别完成不同的功能。

（1）mx-函数库　是 MATLAB 外部程序接口函数库中提供的一系列函数，它们均以 mx 为前缀，主要功能是为用户提供了一种在 C 语言等高级程序设计语言中创建、访问、操作和删除 mxArray 结构体对象的方法。在 C 语言中，mxArray 结构体用于定义 MATLAB 矩阵，即 MATLAB 唯一能处理的对象。

（2）mex-函数库　同样是 MATLAB 外部程序接口函数库中提供的一系列函数，它们均以 mex 为前缀，主要功能是与 MATLAB 环境进行交互，从 MATLAB 环境中获取必要的阵列数据，并且返回一定的信息，包括文本提示、数据阵列等。这里必须注意，以 mex 为前缀的函数只能用于 MEX 文件中。

有关这些库函数的详细说明可参阅 MATLAB 的 help 文件。

9.1.3 MAT 文件

MAT 文件是 MATLAB 数据存储的默认文件格式，在 MATLAB 环境下生成的数据存储时，都是以.mat 作为扩展名。MAT 文件由文件头、变量名和变量数据三部分组成。其中，MAT 文件的文件头又是由 MATLAB 的版本信息、使用的操作系统平台和文件的创建时间三部分组成的。

在 MATLAB 中，用户可以直接使用 save 命令存储在当前工作内存区中的数据，把这些数据存储成二进制的 MAT 文件，load 则执行相反的操作，它把磁盘中的 MAT 文件数据读取到 MATLAB 工作区中，而且 MATLAB 提供了带 mat 前缀的 API 库函数，这样用户就能够比较容易地对 MAT 文件进行操作。

值得注意的是，对 MAT 文件的操作与所用的操作系统无关，这是因为在 MAT 文件中包含了有关操作系统的信息，在调用过程中，MAT 文件本身会进行必要的转换，这也表现出了 MATLAB 的灵活性和可移植性。

9.2　MEX 文件的编辑与使用

作为应用程序接口的组成部分，MEX 文件在 MATLAB 与其他应用程序设计语言的交互程序设计中发挥着重要的作用。

9.2.1 编写 C 语言 MEX 文件

C 语言 MEX 文件，就是基于 C 语言编写的 MEX 文件，是 MATLAB 应用程序接口的一个重要组成部分。通过它不但可以将现有的使用 C 语言编写的函数轻松地引入 MATLAB 环境中使用，避免了重复的程序设计，而且可以使用 C 语言为 MATLAB 定制用于特定目的的函数，以完成在 MATLAB 中不易实现的任务，同时还可以使用 C 语言提高 MATLAB 环境中数据的处理效率。

下面通过一个实例来演示 C MEX 文件的编写过程。

例：传递一个数量。

解：这是一个 C 语言程序，用来求解一个数量的 2 倍。示例代码如下：

```
#include <math.h>
void timestwo(double y[], double x[])
{
  y[0] = 2.0*x[0];
  return;
}
```

下面是相应的 MEX-文件

```
#include "mex.h"

void timestwo(double y[], double x[])
{
  y[0] = 2.0*x[0];
}


void mexFunction(int nlhs, mxArray *plhs[], int nrhs,
                 const mxArray *prhs[])
{
  double *x, *y;
  int mrows, ncols;

  /* Check for proper number of arguments. */
  if (nrhs != 1) {
    mexErrMsgTxt("One input required.");
  } else if (nlhs > 1) {
    mexErrMsgTxt("Too many output arguments");
  }

  /* The input must be a noncomplex scalar double.*/
  mrows = mxGetM(prhs[0]);
  ncols = mxGetN(prhs[0]);
  if (!mxIsDouble(prhs[0]) || mxIsComplex(prhs[0]) ||
      !(mrows == 1 && ncols == 1)) {
    mexErrMsgTxt("Input must be a noncomplex scalar double.");
  }

  /* Create matrix for the return argument. */
  plhs[0] = mxCreateDoubleMatrix(mrows,ncols, mxREAL);
  /* Assign pointers to each input and output. */
  x = mxGetPr(prhs[0]);
```

```
    y = mxGetPr(plhs[0]);

    /* Call the timestwo subroutine. */
    timestwo(y, x);
}
```

从上面的示例程序可以看出，C 语言编写的 MEX 文件与一般的 C 语言程序相同，没有复杂的内容和格式。较为独特的是，在输入参数中出现的一种新的数据类型 mxArray，该数据类型就是 MATLAB 矩阵在 C 语言中的表述，是一种已经在 C 语言头文件 matrix.h 中预定义的结构类型，所以，在实际编写 MEX 文件过程中，应当在文件开始声明这个头文件，否则，在执行过程中会报错。

在 MATLAB 命令窗口中输入下述命令，进行编译和链接：
```
>> mex timestwo.c
```
这样，就可以把上述文件当做 MATLAB 中的 M 文件一样调用了。
```
>> x = 2;
>> y = timestwo(x)


y =

    4
```

9.2.2 编写 FORTRAN 语言 MEX 文件

与 C 语言相同，FORTRAN 语言也可以实现与 MATLAB 语言的通信。

同 C 语言编写的 MEX 文件相比，FORTRAN 语言在数据的存储上表现得更为简单一些，这是因为 MATLAB 的数据存储方式与 FORTRAN 语言相同，均是按列存储，所以，编制的 MEX 文件在数据存储上相对简单（C 语言的数据存储是按行进行的）。但是，在 C 语言中使用 mxArray 数据类型表示的 MATLAB 的数据在 FORTRAN 中没有显性地定义该数据结构，且 FORTRAN 语言没有灵活的指针运算，所以，在程序的编制过程中是通过一种所谓的"指针"类型数据完成 FORTRAN 与 MATLAB 之间的数据传递。

MATLAB 将需要传递的 mxArray 数据指针保存为一个整数类型的变量，例如在 mexFunction 入口函数中声明的 prhs 和 plhs，然后在 FORTRAN 程序中通过能够访问指针的 FORTRAN 语言 mx 函数访问 mxArray 数据，获取其中的实际数据。

FORTRAN 语言编写的 MEX 文件与普通的 FORTRAN 程序也没有特别的差别。同 C 语言编写的 MEX 文件相同，FORTRAN 语言编写的 MEX 文件也需要入口程序，并且入口程序的参数与 C 语言完全相似。

本节不拟对 FORTRAN 语言的 MEX 文件作实例分析，但是值得注意的是，在 FORTRAN 语言中的函数调用必须加以声明，而不能像 C 语言那样仅仅给出头文件即可，所以，在使用 mx 函数或 mex 函数时应作出适当的声明。

9.3 MATLAB 与.NET 联合编程

MATLAB Builder for .NET（也叫.NET Builder）是一个对 MATLAB Compiler 的扩充。它可以将 MATLAB 函数文件进行打包成.NET 组件，提供给.NET 程序员通过 C#、VB 等通用编程语言调用。在调用这些打包的函数时，只需要安装 MATLAB Component Runtime（MCR）就可以了，它是一组独立的共享库，支持 MATLAB 语言的所有功能。

9.3.1 MATLAB Builder for.NET 主要功能

MATLAB Builder for .NET 的主要功能如下：
◆ 将 MATLAB 函数打包使得.NET 程序员可以通过 CLS 语言调用；
◆ 创造能够保持 MATLAB 灵活性的组件；
◆ 提供强健的数据转换、索引和数据队列格式化能力；
◆ 提供源自 MATLAB 函数的句柄错误，作为标准托管异常；
◆ 创建 com 组件。

 注意

为了支持 MATLAB 的数据类型，.NET Builder 提供了 MWarray 继承类，它在.net Builder MWarray assembly 中定义。需要在托管程序中引用这个组件来实现由本地类向 Matlab array 间的转换。

被打包的 M 文件必须是函数类型。

MATLAB 面向.NET、C、Java 等环境的编译都集成在 Deployment Tool 工具中。

9.3.2 MATLAB Builder for.NET 原理

在创建.NET 组件之前，首先要创建.NET 项目，它包含有创建.NET 组件需要的 M 文件、类和方法的设置。在创建.NET 组件的过程中，M 文件将被编译成 MicroSoft .NET 框架中的类的方法。

在项目设置过程中，需要对组件名（也是将被引用的的 DLL 库命）和类名进行设置。在这个过程中，MATLAB Builder for .NET 支持 MicroSoft .NET 框架中使用的 Pascal case 规则（这不同于 MATLAB 命名规则，MATLAB 命名规则中，函数名都为小写字母）。

一个典型的 MATLAB 函数如下所示：

function   [Out1,Out2,...,varargout] = foo(In1,In2,...,varargin)

其中等号左边为一系列可选择的输出参数，右边为一系列输入参数以及可选择的定义，当然这些参数都是 MATLAB 数据类型。而当.NET Builder 对 M 语言编码进行处理的时候，会创建一系列可以实现 MATLAB 函数功能的重用方法，每一个对应着对 M 函数的一次访问。除此之外，.NET Builder 还创建另外一个方法来定义 M 函数的返回值。

为了 MATLAB 环境与.NET 环境之间的数据类型转换，.NET Builder 提供了一套衍生于抽象类"MWArray"的数据转换类。所以，当调用.NET 组件的时候，输入和输出参数都是 MWArray 的衍生类型（也可叫子类）。抽象类 MWArray 是数据类型转换类层的基础，对应于 MATLAB 的数据类型，它主要包括以下几个子类：MWNumericArray、MWLogicalArray、MWCharArray、MWCellArray 和 MWStructArray。实际使用中，大部分数据类型转换都是按照对应规则自动进行的，所以，只要直接提供给组件.NET 中使用的计算机语言的数据类型就可以了。

$$result = theFourier.plotfft(3, data, interval);$$

其中，对 interval 参数以 C#的数据类型"System.Double"输入，.NET Builder 会自动将其转换成 MWNumericArray 供组件使用。

 注意

VB 语言必须有一个明确的数据类型转换，不能使用这种自动转换。

在创建一个组件的过程中，.NET Builder 要完成以下工作：

1）　生成两个 C#文件：一个组件数据文件（包含静态组件信息）和一个组件包装文件（包含组件的执行代码以及项目设计阶段添加的 M 文件的.NET 应用程序接口 API）。

2）　编译以上两个 C#文件并生成"/distrib"和"/src"两个子目录。其中"/src"下存放的是组件数据文件（组件名_mcc_component_data.cs）和组件包装文件（类名_cs），"/distrib"存放的是组件动态链接库（组件名.dll）、CTF 文件（组件名.ctf）、XML 文件（组件名.xml）和 debug 文件（组件名.pdb，需要选择"Debug"）。

.NET Builder 为每个组件创建一个 MCR 实例，供组件中的所有类重复使用。这样可以省去每次启动 MCR 的资源占用，提高内存利用效率。

3）　最后，生成一个名为"组件名.exe"的可执行程序，压缩有以下内容：

    a)　动态链接库文件（组件名.dll）

    b)　CTF 文件（组件名.ctf）

    c)　XML 文件（组件名.xml）

    d)　debug 文件（组件名.pdb，需要选择"Debug"）

    e)　MCRInstaller.exe（需要选择"Include MCR"）

    f)　_install.bat

 提示

CTF 的全称是 Component Technology File，这是一种归档技术，通过它，MATLAB 将可部署文件包装起来。需要注意的是，位于 CTF 归档文件中的所有 M 文件都采用了 AES（Advanced Encryption Standard）进行加密，AES 的对成密钥则通过 1024 位的 RSA 密钥保护。除此之外，CTF 还对归档文件进行了压缩。显然，通过这种方式，可以只将可执行的应用程序或者组件发布给终端用户，而保证源代码不被泄漏。

要部署一个已完成的组件,首先运行其安装程序(组件名.exe),然后按以下步骤进行:

1) 如果还没有安装过 MCR,则安装 MCR。

2) 安装组件动态链接库。

3) 将 MWArray 库复制到 Global Assembly Cache (GAC)。

这样,一个 MATLAB 的.NET 组件就部署在一台计算机上了。

9.3.3 MATLAB Builder for.NET 应用实例

本例是在 C#语言中调用.NET 组件,实现矩阵计算的功能。在介绍实例之前,先简要介绍一下使用 Deployment Tool 的操作流程,如图 9-1 所示。

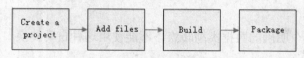

图 9-1 操作流程

从图 9-1 中可以看出,使用 Deployment Tool 要完成以下工作:

◆ 创建一个项目;

◆ 添加 M 文件;

◆ 生成 DDL;

◆ 打包发布。

本例具体的操作步骤如下:

建立一个 M 函数文件:

```
function y = makesquare(x)
y = magic(x);
```

创建组件:在 MATLAB 命令窗口中键入 "deploytool",打开 "Deployment Project" 对话框,如图 9-2 所示。

1) 在 "Name" 右侧的文本框中键入项目名称。本例项目命名为 "Magic"。

2) 在 "Location" 右侧的文本框中指定项目保存路径,或单击其后的 ⋯ 按钮,浏览到需要的路径,通常为工作目录。本例保留默认设置。

3) 在 "Type" 下拉列表中选择项目类型。本例选择 ".NET Assembly",如图 9-3 所示。

图 9-2 "Deployment Project" 对话框

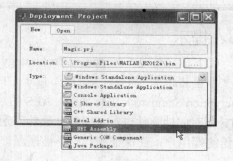

图 9-3 新建项目

4）单击"OK"按钮，打开".NET Assembly"对话框，如图 9-4 左图所示。单击"Add class"，或单击 ⚙▾ 按钮，在弹出的下拉菜单中选择"Add Class"命令，可以添加需要在.NET 项目中访问的类。如图 9-4 右图所示，单击"Add files"，在弹出"Add Files"对话框中选择需要的类文件。本例选择 makesquare.m。

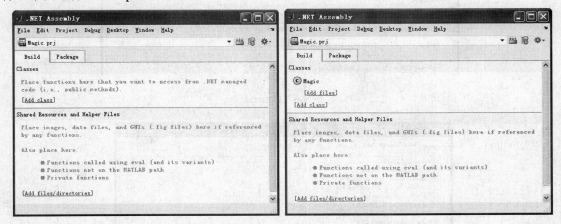

图 9-4　类操作

单击 ⚙▾ 按钮，在弹出的下拉菜单中可以重命名类或重命名项目。

单击"Add files/directories"添加共享文件或帮助文件。

5）单击项目名称右侧的 📇 按钮，开始创建。创建成功会提示"Compilation completed succesfully"。

6）单击 Package 选项卡，对打包文件进行设置，如是否对其他文件进行打包（比如一些说明文档）、是否包含 MCR（包含 MCR 将方便组件的发布）等，如图 9-5 所示。

单击项目名称右侧的 🗃 按钮，即可开始打包。

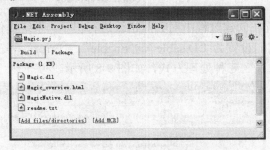

图 9-5　对打包文件进行设置

组件属性设置：

在正式创建组件之前，可以通过单击图 9-5 中的 ⚙▾ 按钮，然后在弹出的下拉菜单中选择 Settings 命令项进行组件设置。主要有以下几个设置项目：

◆　General：设置组件名、路径等，如图 9-6 所示。

◆　Toolboxes On Path：设置组件中将包含的工具箱，工具箱数量将影响创建时间长短和 CTF 文件大小，但是如果没有选中 M 文件中需要的工具箱，在组件生成过程中会产生错误，所以建议选中所有工具箱，如图 9-7 所示。

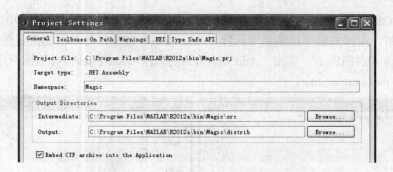

图 9-6　General

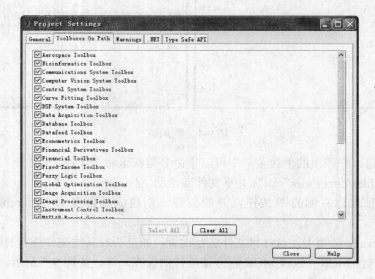

图 9-7　Toolboxes On Path

◆　Warning：设置在创建过程中对哪些错误进行提示，系统提供了五种错误提示供用户选择，用户可以将它们设置为"Disable"、"Enable"、"Error"等三种状态，分别对应于"忽略"、"警告"、"错误"三种处理方式，如图 9-8 所示。

图 9-8　Warning

◆　.NET：设置.NET 版本、动态链接库属性等，目前提供.NET2.0、.NET3.0、.NET3.5和.NET4.0 四种版本供用户选择，如图 9-9 所示。

◆　Type Safe API：该界面用于设置类型安全的 API，如图 9-10 所示。

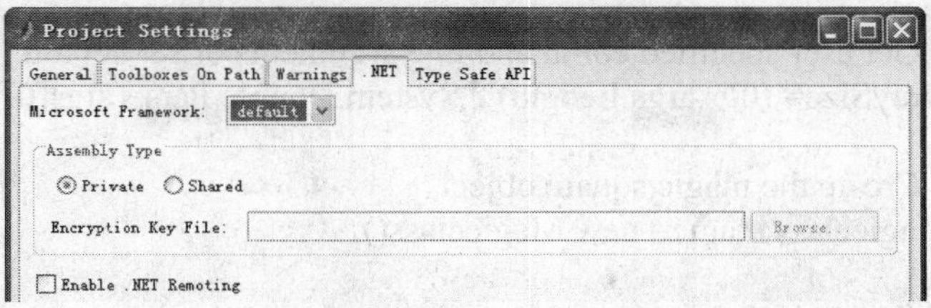

图 9-9　设置.NET 属性

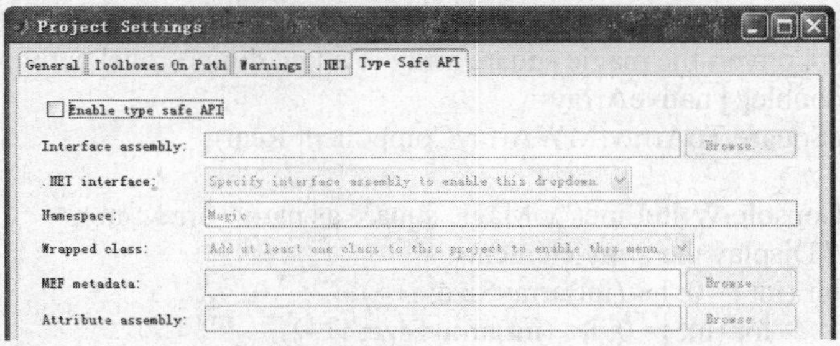

图 9-10　Type Safe API

　　所谓"类型安全",就是要求类的指针"确实"指向类的一个对象。为实现这一点,需要对每一个需要类型安全的类,提供运行时类信息(RTTI),即包含类的名字、版本号等信息的静态数据。每一个支持类型安全的类都与唯一一个 RTTI 一 一对应。 此外,还需要提供一个虚函数访问该 RTTI。 这样当我们有一个该类的指针确实是指向我们所规定的类的对象,就可能通过该指针访问 RTTI 以验证类的名字、版本号等信息了。反之,如果该指针不指向一个实际的对象,就不可能得到正确的信息。

　　调用:在 Microsft Visual Studio .Net 2005 中创建 C#项目——控制台命令程序,源程序如下:

```
using System;
using MathWorks.MATLAB.NET.Utility;
using MathWorks.MATLAB.NET.Arrays;
using Magic;
namespace DemoApplication
{
/// <summary>
/// Class1  的摘要说明。
/// </summary>
class Class1
{
    /// <summary>
    /// 应用程序的主入口点。
    /// </summary>
    [STAThread]
    static void Main(string[] args)
    {
        MWNumericArray arraySize= null;
        MWNumericArray magicSquare= null;
        try
```

```
        {
                // Get user specified command line arguments or set default
                arraySize= (0!= args.Length) ? System.Double.Parse(args[0]):4;

                // Create the magic square object
                Magicclass magic= new Magicclass();

                // Compute the magic square and print the result
                magicSquare= (MWNumericArray)magic.makesquare((MWArray)arraySize);
                Console.WriteLine("Magic square of order {0}\n\n{1}",arraySize,magicSquare);

                // Convert the magic square array to a two dimensional native double array
                double[,] nativeArray=
(double[,])magicSquare.ToArray(MWArrayComponent.Real);

                Console.WriteLine("\nMagic square as native array:\n");
                // Display the array elements:
                for (int i= 0; i < (int)arraySize; i++)
                    for (int j= 0; j < (int)arraySize; j++)
                            Console.WriteLine("Element({0},{1})= {2}", i, j, nativeArray[i,j]);
                Console.ReadLine();    // Wait for user to exit application
        }
        catch(Exception exception)
        {
                Console.WriteLine("Error: {0}", exception);
        }
    }
}
}
```

将 "MWArray.dll" 和 "Magic.dll" 复制到 "\DemoApplication" 文件夹内，并在.NET 环境中添加为引用，运行程序，可得运行结果，如图 9-11 所示。

图 9-11　运行结果

提示

　　Deployment Tool 是 MATLAB 提供的用来创建联合编程组件的图形用户界面（GUI）。它将以前版本中的 dotnettool、xmltool 等工具集成到了一起，并取代它们。其主要操作流程就是："创建项目" → "添加文件" → "生成组件" → "打包"。

9.4　MATLAB 与 C/C++语言联合编程

　　MATLAB 作为一个优秀的数学工具软件，很早就具有了与 C 语言进行交互操作的功能。这种操作不仅包括数据本身的传递，还包括相互之间的函数调用等深层次处理。MATLAB 与 C/C++语言的联合编程有创建独立应用程序和创建动态链接库（DLL）两种形式。这两种方式都被集成在了 Deployment Tool 中。

9.4.1　独立应用程序

　　创建独立应用程序是将编写的 M 文件打包并编译出 C 代码的函数，这样该 M 文件就可以在 C/C++语言环境中调用了。创建的独立应用程序包含有 M 文件、MEX 文件、C/C++代码文件等三部分。

　　独立应用程序的创建过程与本章第 1 节中.NET 组件的创建过程类似，在新建的时候，选择"Start" → "MATLAB Compiler" → "Deployment Tool"，在弹出的"Deployment Project"对话框的"Type"下拉列表中选择"Windows Standalone Application"选项就可以了，如图 9-12 所示。

　　独立应用程序不仅可以将 M 文件打包供 C 语言调用，还可以将 M 文件和 C/C++代码文件一起打包，实现以下功能：

- ◆　继承 C/C++函数以供调用；
- ◆　实现对 C/C++函数输出结果的操作。

　　要将 M 文件和 C/C++代码文件混合编译，需要在如图 9-13 所示的添加文件窗口中单击"Add main file"添加 M 文件，单击"Add files/directories"添加 C/C++代码文件。项目的设置和最终生成和本章上一节中.NET 组件的过程类似。

9.4.2　面向 C/C++的 DLL

　　另一个将 MATLAB 和 C/C++联合起来的方式是创建动态链接库 DLL 供在 C/C++环境直接调用。这种方式和 MATLAB 与.NET 联合编程的原理是一致的。

　　要创建面向 C/C++的 DLL，在 Deployment Project 的新建窗口中，选择 "C Shared Library"或者 "C++ Shared Library"即可。

　　编译之后，将生成一个包装文件、一个头文件和一个输出清单。头文件包含所有被编译的

M 文件的输入点，输出清单包含 DLL 的所有输出参数。

图 9-12　新建独立应用程序

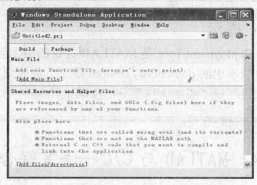

图 9-13　添加文件窗口

下面是分别进行矩阵加、乘、取特征值的 M 函数文件，将它们编译成面向 C 语言的 DLL。

```
function a = addmatrix(a1, a2)
a = a1 + a2;
function m = multiplymatrix(a1, a2)
m =   a1*a2;
function e = eigmatrix(a1)
e = eig(a1);
```

下面的 C 程序将调用刚才生成的 DLL。

```c
#include <stdio.h>
#ifdef __APPLE_CC__
#include <CoreFoundation/CoreFoundation.h>
#endif
/* Include the MCR header file and the library specific header file
 * as generated by MATLAB Compiler */
#include "libmatrix.h"
/* This function is used to display a double matrix stored in an mxArray */
void display(const mxArray* in);
void *run_main(void *x)
{
    int *err = x;
    mxArray *in1, *in2; /* Define input parameters */
    mxArray *out = NULL;/* and output parameters to be passed to the library functions */
    double data[] = {1,2,3,4,5,6,7,8,9};
    if( !mclInitializeApplication(NULL,0) )
    {
        fprintf(stderr, "Could not initialize the application.\n");
*err = -1;
```

```
        return(x);
    }
    /* Create the input data */
    in1 = mxCreateDoubleMatrix(3,3,mxREAL);
    in2 = mxCreateDoubleMatrix(3,3,mxREAL);
    memcpy(mxGetPr(in1), data, 9*sizeof(double));
    memcpy(mxGetPr(in2), data, 9*sizeof(double));
    /* Call the library intialization routine and make sure that the
      * library was initialized properly. */
    if (!libmatrixInitialize()){
        fprintf(stderr,"Could not initialize the library.\n");
        *err = -2;
    }
    else
    {
        /* Call the library function */
        mlfAddmatrix(1, &out, in1, in2);
/* Display the return value of the library function */
printf("The value of added matrix is:\n");
display(out);
/* Destroy the return value since this varaible will be resued in
  * the next function call. Since we are going to reuse the variable,
  * we have to set it to NULL. Refer to MATLAB Compiler documentation
  * for more information on this. */
mxDestroyArray(out); out=0;
mlfMultiplymatrix(1, &out, in1, in2);
printf("The value of the multiplied matrix is:\n");
display(out);
mxDestroyArray(out); out=0;
mlfEigmatrix(1, &out, in1);
printf("The eigenvalues of the first matrix are:\n");
display(out);
mxDestroyArray(out); out=0;
/* Call the library termination routine */
libmatrixTerminate();
/* Free the memory created */
mxDestroyArray(in1); in1=0;
mxDestroyArray(in2); in2 = 0;
    }
```

```
    /* On MAC, you need to call mclSetExitCode with the appropriate exit status
     * Also, note that you should call mclTerminate application in the end of
     * your application. mclTerminateApplication terminates the entire
     * application and exits with the exit code set using mclSetExitCode. Note
     * that this behavior is only on MAC platform.
     */
#ifdef __APPLE_CC__
    mclSetExitCode(*err);
#endif
    mclTerminateApplication();
    return 0;
}
/*DISPLAY This function will display the double matrix stored in an mxArray.
 * This function assumes that the mxArray passed as input contains double
 * array.
 */
void display(const mxArray* in)
{
    int i=0, j=0; /* loop index variables */
    int r=0, c=0; /* variables to store the row and column length of the matrix */
    double *data; /* variable to point to the double data stored within the mxArray */
    /* Get the size of the matrix */
    r = mxGetM(in);
    c = mxGetN(in);
    /* Get a pointer to the double data in mxArray */
    data = mxGetPr(in);
    /* Loop through the data and display the same in matrix format */
    for( i = 0; i < c; i++ ){
        for( j = 0; j < r; j++){
            printf("%4.2f\t",data[j*c+i]);
        }
        printf("\n");
    }
    printf("\n");
}
int main()
{
    int err = 0;
#ifdef __APPLE_CC__
```

```
    pthread_t id;
    pthread_create(&id, NULL, run_main, &err);
    CFRunLoopSourceContext sourceContext;
    sourceContext.version          = 0;
    sourceContext.info             = NULL;
    sourceContext.retain           = NULL;
    sourceContext.release          = NULL;
    sourceContext.copyDescription  = NULL;
    sourceContext.equal            = NULL;
    sourceContext.hash             = NULL;
    sourceContext.schedule         = NULL;
    sourceContext.cancel           = NULL;
    sourceContext.perform          = NULL;
    CFRunLoopSourceRef sourceRef = CFRunLoopSourceCreate(NULL, 0, &sourceContext);
    CFRunLoopAddSource(CFRunLoopGetCurrent(),                            sourceRef,
kCFRunLoopCommonModes);
    CFRunLoopRun();
#else
    run_main(&err);
#endif
    return err;
}
```

调用的结果如下：

```
The value of added matrix is:
2.00         8.00          14.00
4.00         10.00         16.00
6.00         12.00         18.00
The value of the multiplied matrix is:
30.00        66.00         102.00
36.00        81.00         126.00
42.00        96.00         150.00
The eigenvalues of the first matrix are:
16.12        -1.12         -0.00
```

9.5　MATLAB 与 Excel 联合编程

MATLAB 与 Excel 的联合编程有两种方式：一种是 Excel Link，另一种是 MATLAB Builder for Excel。

9.5.1 Excel Link 安装与运行

Excel Link 是在 Microsoft Windows 环境下对 MATLAB 和 Microsoft Excel 进行链接的插件。通过这种链接，用户可以在 Excel 的工作空间中利用其宏编程工具，使用 MATLAB 强大的数据处理、计算与图形处理功能进行各种操作，并保持两个工作环境中的数据交换与同步更新。

要使用 Excel Link，首先要在 Windows 系统下安装 Excel，然后再安装 MATLAB 和 Excel Link。其中 Excel Link 在安装 MATLAB 的时候选中对应的选择框即可。安装完毕之后，要进行 Excel 的设置，完成两个环境之间的链接。设置步骤如下：

1）启动 Microsoft Excel；

2）选择"工具"→"加载宏"→"浏览"菜单命令；

3）在弹出的对话框中，选择路径到"matlab 安装目录/toolbox/exlink"，选中"excllink.xla"；

4）此时的"加载宏"对话框如图 9-14 所示，单击"确定"，设置完成。

5）此时，将弹出 MATLAB 命令窗口，同时在 Excel 的工作空间中出现 Excel Link 工具条，如图 9-15 所示。

图 9-14 "加载宏"对话框　　　　　　　　　图 9-15 Excel Link 工具条

在默认的状况下，成功设置了 Excel Link 之后，每次运行 Excel 将自动启动 Excel Link 和 MATLAB。如果不需要自动启动 Excel Link，在 Excel 数据表单元中输入"=MLAutoStart("no")"，可以将自动启动取消。如图 9-16 所示，在 A1 单元中输入"=MLAutoStart("no")"并按下键盘上的 Enter 键之后，A1 的内容如图 9-17 所示，变为"0"。当再次启动该文件时，Excel Link 和 MATLAB 将不再自动启动运行。

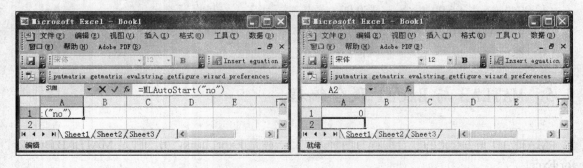

图 9-16 取消自动启动　　　　　　　　　　图 9-17 A1 内容

在取消了自动启动之后，如果要启动 Excel Link，可以在 Excel 窗口中选择"工具"→"宏"，如图 9-18 所示。在弹出的对话框中输入"matlabinit"之后，单击"执行"即可。

图 9-18　手动启动

终止 Excel Link 运行有以下两种方式：

◆　直接关闭 Excel，Excel Link 和 MATLAB 将同时被终止；

◆　在 Excel 环境中终止：在工作表单元中输入"=MLClose()"，如图 9-19 所示。

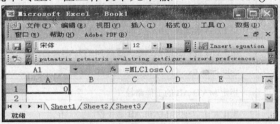

图 9-19　终止 Excel Link 和 MATLAB

当需要重新启动 Excel Link 和 MATLAB 时，可以使用"MLOpen"命令或者启动宏"MATLABinit"的方式进行。

如果用户直接关闭了 MATLAB 命令窗口，而 Excel 仍在运行，可以直接在 Excel 中输入"=MLClose()"。这个命令将会通知 Excel：MATLAB 已经不再运行。

9.5.2　Excel Link 函数

Excel Link 提供了连接管理函数和数据操作函数等两种函数，进行数据连接和数据操作。

➤　连接管理函数

Excel Link 提供了以下 4 个连接管理函数，见表 9-1。其中，"MATLABinit"只能以宏命令的方式运行，其他命令都可作为数据单元函数或宏命令执行。

表 9-1　连接管理函数

函数名称	函数作用
matlabinit	初始化 Excel Link，启动 MATLAB
MLAutoStart	自动启动 MATLAB
MLClose	终止 MATLAB 进程
MLOpen	启动 MATLAB 进程

➤ 数据操作函数

Excel Link 提供了 13 个数据操作函数实现 Excel 与 MATLAB 之间的数据传输以及在 Excel 中执行 MATLAB 命令等一系列功能，见表 9-2。其中，"MLPutVar"函数只能以宏命令的形式被调用，其余的函数既可以以数据表单元函数的形式调用，也可以以宏命令的形式调用。

表 9-2 数据操作函数

函数名称	函数作用
matlabfcn	用给出的 MATLAB 命令对 Excel 进行操作
matlabsub	用给出的 MATLAB 命令对 Excel 进行操作，并指定输出位置
MLAppendMatrix	向 MATLAB 空间写入 Excel 数据表数据
MLDeleteMatrix	删除 MATLAB 矩阵
MLEvalString	执行 MATLAB 命令
MLGetFigure	将 MATLAB 图像导入 Excel 工作空间
MLGetMatrix	向 Excel 数据表写入 MATLAB 矩阵数据内容
MLGetVar	向 Excel 数据表 VBA 写入 MATLAB 矩阵数据内容
MLPutVar	用 Excel 数据表 VBA 创建或覆盖 MATLAB 矩阵
MLPutMatrix	用 Excel 数据表数据创建或覆盖 MATLAB 矩阵
MLShowMatlabErrors	返回标准 Excel Link 错误或 MATLAB 错误
MLStartDir	指定 MATLAB 的工作路径
MLUseFullDesktop	指定是否只使用 MATLAB 命令窗口

9.5.3 Excel Link 应用示例

打开 MATLAB 安装目录"toolbox/exlink"中的"ExliSamp.xls"文件，可以看到 sheet1，如图 9-20 所示。这是一个数据回归的例子，DATA 区域是对三个变量的 25 次观测值，右侧的 Excel Link Functions 区域是操作提示。Excel Link 命令将 DATA 区域中的数据复制到 MATLAB 工作空间，然后运行 MATLAB 的计算和作图命令，由宏将计算结果和作图结果返回到 Excel 的工作空间中。

1）对 DATA 区域中的数据一次进行以下操作：

2）执行 "=MLPutMatrix("data",DATA2)"，将 DATA 复制到 MATLAB 中；

3）执行 "=MLEvalString("y = data(:,3)")"，用 y 来存储第 3 列的数据；

4）执行 "=MLEvalString("e = ones(length(data),1)")"，生成单位向量；

5）执行 "=MLEvalString("A = [e data(:,1:2)]")"，A 的第一列为单位向量，后两列是 data 的第一和第二列；

6）执行 "=MLEvalString("beta = A\y")"，计算回归系数；

7）执行 "=MLEvalString("fit = A*beta")"，利用上一步结果进行回归计算；

8）执行 "=MLEvalString("[y,k] = sort(y)")"，对原始数据进行排序；

9）执行 "=MLEvalString("fit = fit(k)")"，进行比较；

10）执行 "=MLEvalString("n = size(data,1)")"；

11）执行 "=MLEvalString("[p,S] = polyfit(1:n,y',5)")"；

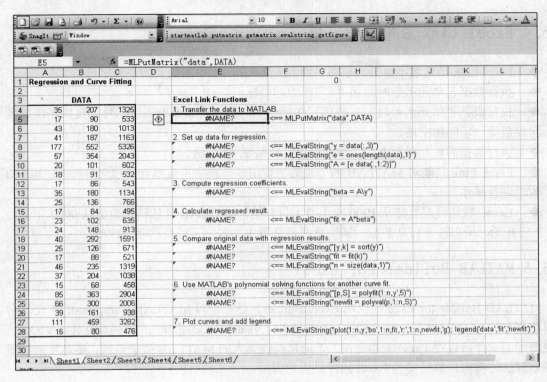

图 9-20　ExliSamp.xls

12）执行"=MLEvalString("newfit = polyval(p,1:n,S)")"，进行多项式拟合；

13）执行"=MLEvalString("plot(1:n,y,'bo',1:n,fit,'r:',1:n,newfit,'g'); legend('data','fit','newfit')")"对原始数据、拟合数据、多项式拟合数据进行画图显示，如图 9-21 所示。

可以看出，Excel Link 将 Excel 工作空间与 MATLAB 很好地结合起来，既充分利用了 Excel对数据管理的直观、整齐等特点，有充分利用了 MATLAB 计算、作图的强大功能。

在"ExliSamp.xls"文件中，还包含了多个使用 Excel Link 进行数据分析的例子，并带有详细的操作说明。感兴趣的读者可以动手去操作一下，这里不再赘述。

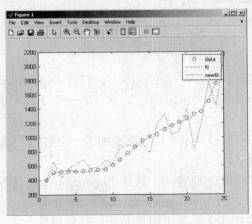

图 9-21　拟合效果

9.5.4 Excel Link 应用注意事项

◆ Excel Link 函数名不区分大小写，而 MATLAB 的标准函数名为小写字母。

◆ 执行数据表单元函数时，加 "=" 作为起始标记。

◆ 执行数据表单元函数时，参数填写在括号中；执行宏命令不需要括号，直接在函数名与参数第一项间加空格。

◆ 执行数据表单元函数之后，该数据单元将被赋 "0" 值。

◆ Excel Link 只能对 MATLAB 的二维数值数组、一维字符数组合只包含字符的二维 cell 数组进行操作。

◆ Excel 默认日期数值从 1900 年 1 月 1 日开始，MATLAB 默认日期数值从 0000 年 1 月 1 日开始，所以涉及日期数据，请注意两种环境中的日期可能会相差 693960。

9.5.5 MATLAB Builder for Excel

MATLAB Builder for Excel（也叫 Excel Builder）是一个对 MATLAB Compiler 的扩充。它可以将复杂的 MATLAB 算法转变成 Excel 的插件（Visual Basic Application 函数文件，VBA），转变得到的文件可以在 Excel 表格使用。无论是功能强大的 MATLAB 数学函数，还是复杂的图形函数算法，都可以被转变为 Excel 插件供用户调用。

Excel Builder 主要有以下特点：

◆ 通过简单易行的图形界面完成 MATLAB 算法函数到 Excel 宏的转化；

◆ 自动生成 DLL 文件和相应的 VBA 文件，都可以被 Excel 直接调用；

◆ 创建生成的 DLL 插件的运行速度愿远远超过直接使用 VBA 开发的算法；

◆ 隐藏数学算法，允许免费发布开发的 MATLAB 算法。

9.5.6 Excel Builder 创建实例

将下面的 M 文件创建成 Excel 插件：

```
function y = mymagic(x)
y = magic(x);
```

➢ 创建组件

1）在 MATLAB 命令窗口中键入 "deploytool"，打开 Deployment Tool。

2）在 "Name" 文本框中键入 "mymagic"，在 "Type" 下拉列表中选择 "Excel Add-in"，如图 9-22 所示。

3）单击 "OK" 按钮，可以看到系统已自动添加了一个名为 "Class1" 的类，可以右击选择 "Rename Class" 进行重命名。

单击 "Add files"，在弹出的对话框中，选择 "mymagic.m 文件"，单击工具条中的 按钮，开始创建。创建成功会提示 "Compilation completed succesfully"。

在成功创建之后，可以单击工具条中的 按钮，打包组件。

➢ 部署组件，生成宏

图 9-22　新建 Excel 组件

1）启动 Excel。

2）选择"工具"→"宏"→"Visuzal Basic 编辑器"。

3）在 Visuzal Basic 编辑器编辑器中，选择"文件"→"导入文件"，如图 9-23 所示。

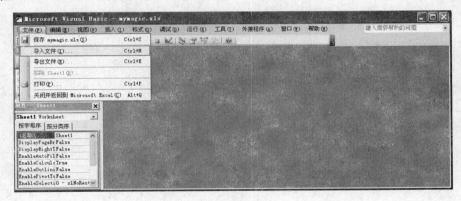

图 9-23　VB 编辑器导入文件

4）从创建组件的"distirb"路径中选择 VBA 文件（.bas）。

5）关闭 Visuzal Basic 编辑器。

6）在 Excel 窗口中，选择"文件"→"另存为"菜单命令。

7）将另存的文件方式选择为".xla"格式，如图 9-24 所示。

图 9-24　生成宏

8）将文件保存在创建组件的"distirb"路径路径下。

在一个 Excel 文件中，选择"工具"→"加载宏"，选中"Mymagic"，就把我们新生成的宏加载进来了。然后选择"工具"→"宏"，键入"mymagic"，单击"执行"，就可以对其进行调用。